KB107375

공주

시련을 극복한 흔적

임찬웅의 역사문화해설 ③

공주

시련을 극복한 흔적

펴 낸 날 2022년 10월 25일 1판1쇄

지 은 이 임 찬 웅
펴 낸 이 허 복 만
편 집 기 획 나 인 북
표지디자인 디자인 일그램
펴 낸 곳 야 스 미 디 어

등 록 번 호 제10-2569호
주 소 서울 영등포구 양산로 193 남양빌딩 310호
전 화 02-3143-6651
팩 스 02-3143-6652
이 메 일 yasmediaa@daum.net
I S B N 978-89-91105-03-4 (03980)

정가 20,000원

• 잘못된 책은 바꾸어 드립니다.
• 본 서의 수입금 일부분은 선교사들을 지원합니다.

임찬웅의 역사문화해설 ❸

공주

시련을 극복한 흔적

임찬웅 지음

YAS 야스

책머리에

공주는 웅진입니다. 웅진을 빼고는 공주를 말할 수 없습니다. 웅진은 곧 백제입니다. 그러니 공주를 소개할 때는 백제를 빼고는 말할 수 없겠지요. 그런데 웅진백제를 말하려면 한성백제를 알아야 합니다. 한성백제가 아픔을 극복하고 다시 도약하기 위해 몸부림치던 곳이 웅진이기 때문입니다.

한성백제가 가진 기원전 18년~기원후 475년, 즉 493년을 다 말하기에는 그 분량을 감당할 수 없고, 아는 것이 짧은 까닭에 한성백제는 조금만 다루었습니다. 한성백제기의 대표 유적은 풍납토성, 몽촌토성, 석촌동고분군입니다. 이 유적들을 통해서 웅진백제로 이어지는 이야기를 풀어가고자 합니다. 493년, 유구한 시간의 흔적은 서울의 확장과 함께 사라지고 선심 쓰듯 남겨진 곳이 세 유적입니다. 사라진 것은 어쩔 수 없다 하더라도 있는 것마저도 지키지 못한다면 후손들에게 무슨 면목이 있겠습니까? 관심을 두지 않고 찾아가지 않는다면 쓸모없는 것이라 여겨 개발론자들의 손에 넘겨질 것입니다.

백제가 태동기-유년기-청년기를 보낸 때가 한성백제입니다. 건국시조 온조왕 이후 마한의 소국들을 차례로 점령하면서 서서히 성장했던 백제는 근초고왕-근구수왕 때에 동아시아를 호령합니다. 그러나 영원한 제국은 없다는 말처럼 백제는 큰 어려움에 봉착합니다. 고구려가 와신상담(臥薪嘗膽)을 끝내고 백제를 공격하기 시작한 것입니다. 다져놓은 내공이 있었기에 잘 막아내고 있었지만 결국 고구려의 공격에 한성은 무너지고 개로왕마저 목숨을 잃습니다.

절체절명의 순간 웅진은 백제를 구원하는 역할을 맡았습니다. 문주왕-삼근왕-동성왕-무령왕-성왕이 이어가며 위축된 백제를 일으키고자 혼신의 노력을 하였습니다. 그래서 웅진 땅 곳곳에는 숨가빴던 백제 63년의 이야기가 잔뜩 남아 있습니다. 공산성, 송산리고분군, 정지산, 대통사터, 수원사터 등을 둘러보다 보면 백제의 꿈과 성취, 그리고 좌절, 다시 꿈꾸는 백제를 만나게 됩니다. 사비시대 백제는 차원 높은 문화선진국이 되는데, 그 원동력은 웅진시대가 자양분이 되었기 때문입니다.

웅진을 여행하려면 곰나루에 서서 금강을 바라보아야 합니다. 비단결 같은 금강보다 더 고운 이야기가 소슬바람을 타고 귓전에 닿을 것입니다. 곰나루 언덕 우거진 솔밭에서, 금강 고운 모래밭에서 웅진이 들려주는 그들의 이야기를 듣기 바랍니다. 그리한다면 신동엽 시인이 노래했듯이 백제는 엊그제, 그끄제에 있었음을 알게 될 것입니다.

공산성은 백제의 왕성이었을 것으로 추측되는 곳입니다. 성벽이 금강을 따라 오르내기에 성벽 어느 지점에 서더라도 절경을 감상하게 될 것입니다. 비록 63년이라는 짧은 기간(?)이었지만 백제의 흔적이 공산성 내에는 많이 남아 있습니다. 산성 내에 평평한 대지마다 백제 건물터가 확인되었습니다. 백제가 멸망할 때 의자왕이 이곳으로 피란 왔다가 돌연 성문을 열고 나가 항복했습니다. 통일신라 때 김헌창이 공산성에 웅거하며 반란을 일으키기도 했습니다. 조선시대에는 충청감영이 설치되기도 했고, 인조가 이괄의 난을 피해서 공산성으로 온 적도 있었습니다. 그러니 공주 답사에서 가장 많은 시간을 보내야 하는 곳은 공산성입니다.

송산리고분군에는 7기의 백제고분이 있습니다. 7기 중 한 기가 무령왕릉입니다. 무령왕릉은 삼국시대 고분 중에서 무덤의 주인을 알 수 있는 유일한 곳입니다. 무령왕의 치세에 백제가 다시 강국이 되었다고 하는데, 발굴된 유물의 수준을 보면 허언이 아님을 알 수 있습니다. 무령왕릉에서 출토된 유물을 보려면 공주박물관에 가야 합니다.

웅진에는 백제시대 불교의 흔적도 일부 확인할 수 있습니다. 수원사터, 대통사터는 백제 때에 창건된 사찰의 흔적이 틀림없습니다. 불교를 흥기시켰던 성왕 때에 지어진 사찰로 보입니다. 사비시대에 불교가 왕성하게 일어나는데 웅진시기에 어느 정도 기틀이 다져진 것으로 보입니다. 신라 승려 진자가 미륵 선화를 모셔가기 위해 어려운 발걸음을 옮겼던 수원사에서는 들꽃향기에 취하게 될 것입니다.

공주에는 백제 유적만 있는 것이 아닙니다. 공주 북쪽에 있는 마곡사는 세계문화유산으로 등재된 천년 고찰입니다. 계룡산에 가면 갑사, 동학사, 신원사가 있어서 계룡산의 품격을 높여 줍니다. 각 산사는 문화재가 풍성할 뿐 아니라 계절별로 형언할 수 없는 아름다움이 있으니 계절을 달리해서 찾아보기 바랍니다.

우금티는 어떤가요? 우금티에 서서 고개 이쪽, 저쪽을 번갈아 바라보기 바랍니다. 끝끝내 우금티를 넘지 못했던 동학농민군의 의기(義氣)가 결코 좌절된 것이 아님을 알게 됩니다. 우금티는 말합니다. "가만히 있으면 이룰 수 있는 것이 아무것도 없다!” 동학농민운동 이후 이어진 3.1만세운동, 독립투쟁, 민주화운동, 촛불에 이르기까지 우리가 걸어왔던 수많은 곡절이 이 땅의 주인은 국민임을 선포했습니다. 전제군주제에서 무너졌던 동학농민군의 피와 아픔이 자양분이 되어, 국민이 주인이 된 대한민국으로 성장했음을 말해주고 있습니다. 민주주의는 권력을 쥔 자가 이룬 것이 아니라, 부당한 권력에 굴복하지 않았던 국민 스스로가 만들어왔다고 말하고 있습니다.

황새바위성지에서 신앙을 지키며 순교한 수많은 선조들을 만날 수 있습니다. 유불리를 따져가며 마음의 향배를 결정하는 시대에 큰 울림을 줄 것입니다. 우리는 공주에서 유관순 열사를 만날 수 있습니다. 공주제일교회와 영명학교를 오고갔던 유관순 열사의 마음 한자락을 읽을 수 있을지 모릅니다.

공주는 우리에게 결코 좌절하지 말라고 말합니다. 도저히 일어설 수 없을 것 같은 상황일지라도 포기하지 말라고 권합니다. 넘어지고 또 넘어져도 희망의 끈을 놓지 않으면 다시 일어설 수 있다고 말합니다. 백제가 갱위강국(更爲强國, 다시 강국이 되었다)을 선포했던 것처럼 할 수 있다고 말합니다.

내 안에서 해답을 찾으려 하면 답은 정해져 있습니다. 눈을 돌려 더 넓은 세상을 보아야 합니다. 나만 겪고 있는 아픔이 아니기 때문입니다. 백제가 그러했던 것처럼 말입니다. 꿈과 좌절, 다시 일어섬을 알기 위해서 우리는 공주를 찾아가야 합니다.

목차

간추린 웅진 백제사

웅진백제의 터전

웅진백제 왕성, 공산성

왕들의 안식처 송산리고분군

갱위강국(更爲强國)을 선포한 무령왕릉

웅진백제, 불교를 붙잡다

산사, 한국의 산지 승원 - 마곡사

영규대사의 의기가 서린 갑사

좌절과 희망의 고개 – 우금티

공주의 기독교 유적

시련을 극복한 흔적

설화로 시작한 백제

1 삼국사기가 알려주는 백제 건국

백제는 기원전 18년에 건국되었다. 건국과 관련된 이야기는『삼국사기』에 자세히 기록되어 있다.

백제의 시조는 온조왕이다. 그의 아버지는 추모로서 주몽이라고도 하는데, 북부여로부터 난을 피해 졸본부여에 이르렀다. 졸본부여의 왕에게는 아들이 없고 단지 딸만 셋이 있었다. 주몽을 보더니 보통 사람이 아님을 알고 둘째 딸을 아내로 삼게 하였다. 얼마 지나지 않아 부여의 왕이 죽자 주몽이 왕위를 이었다. 두 아들을 낳았는데, 맏아들을 비류(沸流)라 하고 둘째 아들을 온조(溫祚)라 하였다.

비류수 주몽이 북부여로부터 난을 피해 졸본부여에 이를 때 건넜던 비류수. 주몽이 고구려를 건국했던 오녀산성에서 내려다 본 모습

주몽이 북부여에 있을 때 낳은 아들이 와서 태자가 되었다. 그러자 비류와 온조는 태자에게 용납되지 못할까 두려워하다가 마침내 오간, 마려 등 10명의 신하와 함께 남쪽으로 가니 백성 가운데 따르는 자가 많았다.[1]

『삼국사기』는 백제 건국 이야기를 풀어가면서, 고구려 건국을 먼저 다루고 있다. '백제 건국 시조 온조왕'을 설명하기 위해서는 고구려 건국 시조 주몽을 말해야 하기 때문이다. 백제는 고구려와 뿌리가 같음을 인정해야 풀어갈 수 있는 건국 이야기이기 때문이다. 주몽은 북부여에서 졸본부여로 왔다. '부여'라는 국명은 어떤 특정 국가를 지칭하는 것이 아니라 비슷한 문화권에 속한 나라를 '부여'라는 호칭으로 부른 듯하다. 주몽은 졸본(홀본) 지역에 있던 소국 졸본부여왕의 딸과 혼인해서 아들을 둘 낳았는데 비류와 온조였다. 졸본부여왕이 죽자 사위였던 주몽이 왕위에 올랐다. 그는 졸본부여를 기반으로 세력을 크게 확대하면서 졸본부여가 아닌 고구려(高句麗)를 개국하였다. 미약한 국가였지만 권력 집단 내부 다툼은 국가의 크기와는 상관없었다. 주몽의 전부인이 낳은 아들이 후계자가 되어야 한다는 측과 건국에 큰 지분을 갖고 있는 비류가 후계자가 되어야 한다는 주장이 팽팽하게 맞섰다. 이 과정에서 비류와 온조를 지지했던 졸본부여의 원세력이 권력 다툼에서 밀린 듯하다. 이에 비류와 온조는 따르는 무리를 이끌고 남쪽으로 떠났다.

1 삼국사기, 한국학중앙연구원출판부

2 비류와 온조가 남하한 이유

또 다른 이야기로는 북부여의 탄압을 피해 도망친 주몽은 졸본부여 족장 연타발의 도움을 받아 그곳에 정착하였다. 연타발에게 소서노라는 딸이 있었다. 그녀는 앞에서 소개한 『삼국사기』의 기록과 달리 죽은 남편과의 사이에서 아들 둘이 이미 있었다. 비류와 온조는 주몽의 아들이 아니었다. 연타발은 주몽과 소서노를 혼인시켰다. 주몽은 20대 초반, 소서노는 20대 후반의 나이였다. 그렇기에 주몽의 친아들이 찾아오자 고구려는 두 파로 나뉘게 되었다. 어쩌면 건국의 절대적 지분을 갖고 있는 '소서노파', 주몽과 동고동락했던 세력 그리고 새로 고구려에 편입된 세력은 '주몽파'가 되었고 이 두 세력은 태자 자리를 두고 다투게 되었다. 소서노파가 승리할 경우 고구려 조정의 모든 권력은 그 집안이 틀어쥐게 된다. 다툼의 결과 주몽의 친아들이 태자가 되었다. 힘에서 밀린 소서노파는 그들의 뜻을 펼칠 세상을 찾아 떠났다. 아니 떠나야 했다.

3 남하 경로와 두 형제의 선택

북한산 북한산은 비류와 온조가 도읍지를 물색하기 위해 올랐던 부아악으로 비정되고 있다. (사진: 문화재청)

드디어 한산(漢山)에 이르러 부아악에 올라 살만한 땅을 바라보았다. 비류가 바닷가에서 살고 싶다고 하니 10명의 신하가 간하였다. "생각하건대 이 강 남쪽의 땅은 북쪽으로 한수(漢水)를 끼고, 동쪽으로 높은 산악에 의지하며, 남쪽으로 기름진 들을 바라보고, 서쪽으로 큰 바다에 막혀있으니, 그 천혜의 험준함과 땅의 이로움은 좀체 얻기 어려운 형세입니다. 이곳에 도읍을 만드는 것이 또한 좋지 않겠습니까?"

비류는 말을 듣지 않고 그 백성을 나누어 미추홀로 가서 살았다.

온조는 강 남쪽의 위례성에 도읍하고 10명의 신하를 보좌로 삼았으며, 나라 이름을 십제(十濟)라고 하였다. 이때가 전한(前漢) 성제(成帝)의 홍가(鴻嘉) 3년이다.

비류는 미추의 땅이 습하고 물이 짜서 편히 살 수 없었는데, 위례로 돌아와 보니 도읍이 안정되고 백성들이 편안하였다. 마침내 부끄러워하고 후회하다 죽으니, 그 신하와 백성이 모두 위례로 돌아왔다. 나중에 백성들이 올 때 즐거이 따라왔다 하여 국호를 백제(百濟)로 바꾸었다. 그 세계가 고구려와 마찬가지로 부여에서 나왔으므로 부여(扶餘)를 성씨로 삼았다.[2]

'드디어'라는 말은 오랜 기다림 끝에, 노력 후에 그것을 이루었을 때 붙이는 단어다. 일사천리로 남하(南下)해 부아악에 오른 것이 아니라 우여곡절이 있었다는 뜻이다. 비류와 온조 두 형제가 어떤 경로로 남하했는지 알려지지 않았다. 육로로 내려왔다면 낙랑군을 어떻게 통과했는지 설명이 되어야 한다. 수천 또는 수백의 무리를 이끌고 내려왔을 텐데 어떻게 무사히 통과했는지 알 수 없다. 만약 육로를 이용했다면 마땅히 낙랑군의 군사들과 부딪쳤을 것이다. 그렇다면 그 과정이 건국 이야기 어딘가에는 남아서 전해졌을 것이다. 매우 중요한 여정이기 때문이다.

육로로 남하한 것이 맞다면 추가령구조곡을 따라 남하했을 가능성

---

2 위의 책

이 있다. 추가령구조곡은 함경도 원산만에서 시작하여 철원–서울을 거쳐 서해안에 이르는 좁고 낮은 긴 골짜기다. 동쪽에서 시작해 서남쪽으로 비스듬하게 뻗어내린 골짜기를 말한다. 이 루트를 따라 남하했다면 다른 세력과 부딪칠 가능성이 없다고는 할 수 없으나 비교적 안전한 루트가 된다. 추가령구조곡을 따라 남하했다면 한탄강–임진강–한강으로 나아가서 미추홀에 정착했을 가능성이 있다.

해상 루트를 이용했을 가능성도 배제할 수 없다. 해상으로 남하한 이들은 미추홀에 닿았고 그곳에서 한동안 머물렀다. 무리를 이끌고 무작정 내륙으로 들어갈 수 없다. 더 강력한 세력을 만날 때는 정복되어 노예가 되기 때문이다. 그들은 미추홀에 정착해 있으면서 주변 탐색에 들어갔다. 그리고 조금씩 내륙으로 들어왔다. 그리고 부아악에 올라 주변을 살핀 끝에 지금의 서울 강남(江南) 일대가 좋아 보여서 그곳을 지목했다. 그런데 여기서 문제가 발생했다. 형인 비류가 미추홀에 그대로 있자고 고집을 부린 것이다. 『삼국사기』는 '비류가 미추홀로 돌아갔다(歸)' 고 기록했다. 원래 있던 곳으로 갔다는 뜻이다. 만약 해상루트를 이용하지 않았다면 또 미추홀에 한동안 정착해 있지 않았더라면 비류는 미추홀을 어떻게 알고 무리를 이끌고 그곳으로 갔겠는가? 이미 알고 있었고 그에게는 익숙한 곳이었던 셈이다.

비류는 신하들의 만류에도 미추홀을 선택했다. 동생은 신하들의 의견을 들어 지금의 한강 남쪽을 선택했다. 비류는 호기로웠다. 자신감이 충만했다. 지금까지 해 오던 것처럼 미추홀에 정착해 국가를 일구어 갔다. 그런데 그가 미처 생각하지 못한 부분이 있었다. 바다라는 환경과 토질의 문제였다. 농사를 짓기에는 여건이 좋지 않았다. 물 문제도 그들을 괴롭혔다. 그리하여 함께 이주했던 백성들이 그를 원망하기 시작했다. 작은 규모의 집단이었기 때문에 힘으로 눌렀다가는 그대로 와해 될 것이 뻔했다. 어쩔 수 없이 동생이 있는 위례성으로 왔다. 이때 어머니 소서노는 큰아들 비류를 따르고 있었다. 그녀는 온조에게 양보를 요구했다. 그런데 이는 형제간에 해결할 문제가 아니었다. 두 집단 간의 문제였다. 온조를 도와 국가의 기초를 다졌던 집단은 모든 것을 눈뜨고 빼앗길 상황이다. 만약 비류가 그 자리를 차지한다면 비류는 자신을 따랐던 신하들을 중용할 것이다. 두 세력은 싸웠다. 그 와중에 어머니가 죽었다. 소서노가 왜 죽었는지 알 수 없다. 이에 비류는 모든 것을 포기하고 동생에게 항복했다. 비류를 따르던 백성들이 기뻐하며 온조를 따랐다.

비류는 온조가 이루어놓은 국가 모습을 보고 번민하다가 죽었다. 비류는 왜 번민했을까? 여전히 동생보다 자신이 뛰어나다는 교만함이 있었던 것일까? 지금까지 형으로써, 더 나은 능력자로 인정받아 무리를 이끌어 왔는데 이제보니 허상이었던 것이다. 번민하다 죽은 이유가 그것이다. 비류가 동생을 시원하게 인정하고, 곁에서 도왔더라면 더 큰 사람으로 기억되었을 텐데 비류는 그러지 못했다.

4 신화가 아닌 설화로 시작한 나라

백제의 건국은 신화(神話)가 아니다. 실제로 있었던 사실에 기초하였다. '하늘에서 내려왔다' 또는 '알에서 나왔다'는 허무맹랑한 이야기로 시작하지 않는다. 이 설화는 백제의 성격을 알려주는 아주 중요한 부분이다. 신화 또는 전설에 바탕을 두지 않고 사실에 본적을 두었다. 백제는 사실적인 나라였다. 그것이 무엇이든 현실에 도움이 된다면 인정하고 받아들이는 나라였다. 그래서 각 분야의 전문가를 인정하였고, 전문가들은 당당하게 자신의 이름을 걸고 나라 일을 하였다. 백제 문화재 곳곳에 장인의 이름이 기록된 것은 같은 시기 다른 국가에서는 보기 어려운 현상이었다. 탑을 쌓는 기술자는 노반박사, 기와나 벽돌을 제작하는 와박사, 유교경전에 해박한 오경박사 등이 있었다. 노반박사와 와박사를 오경박사와 동급으로 대우했던 것이다. 신분제가 있었으나 신분의 한계는 기술로 극복되었다. 백제는 그런 나라였다.

5 백제의 뿌리는 고구려가 아닌 부여

『삼국사기』는 백제 건국과 관련하여 다른 내용도 소개하고 있다.

또 어떤 책에서는 다음과 같이 말하였다. 시조 비류왕의 아버지는 우태로 북부여 왕 해부루의 서손이었고, 어머니는 소서노로 졸본 사람 연타발의 딸이었다. 소서노는 처음에 우태에게 시집가서 아들 둘을 낳았는데 첫째는 비류라 하였고 둘째는 온조라 하였다. 우태가 죽자 소서노는 졸본에서 과부로 지냈다. 뒤에 주몽이 부여에서 (중략) 국호를 고구려라 하고 소서노를 맞아들여 왕비로 삼았다. 주몽은 그녀가 나라를 창업하는 데 잘 도와주었기 때문에 총애하고 대접하는 것이 특히 후하였고, 비류 등을 자기 자식처럼 대하였다. 주몽이 부여에 있을 때 예씨에게서 낳은 아들 유류가 오자 (중략) 드디어 동생과 함께 무리를 거느리고 패수(浿水)와 대수(大水) 두 강을 건너 미추홀에 이르러 살았다.[3]

고구려와 백제의 뿌리가 같다는 것은 누구나 인정한다. 『삼국사기』가 말하는 뿌리는 두 갈래이다. 첫째는 비류와 온조는 주몽의 아들, 둘째는 비류와 온조는 구태의 아들이라는 주장이다. 만약 비류와 온조

---

3 위의 책

가 주몽의 친아들이라면 그들이 살던 고향을 떠나 남쪽으로 내려올 이유가 없다. 아버지의 첫 번째 부인이 낳은 아들이 태자가 되었다고 해서 아버지를 떠난다는 설정은 아무래도 어색하다. 그러므로 비류와 온조는 구태의 아들로 봐야 한다. 그럼 우태(구태)는 누구인가?

"시조 비류왕의 아버지는 우태로 북부여 왕 해부루의 서손이었고"

비류를 시조로 표현하고 있다. 조금 헷갈릴 수 있겠다. 온조가 아닌 비류를 시조를 표현한 것에서 뭔가 이상한 기운이 감지된다. 이 때문에 백제사 전문가들은 백제는 온조계와 비류계가 서로 다른 시기에 남하했으며 나중에 백제국 내에서 융합되면서 형제관계로 설정되었다고 설명한다. 일단 그건 접어두고 우태에 대해서 집중하자. 우태는 북부여 왕 해부루의 서손이라고 하였다. 그렇다면 비류와 온조는 우태의 아들이고 그들의 뿌리는 우태이자 부여가 된다. 고구려 주몽왕도 부여국의 해모수의 아들이니 결국 부여라는 뿌리는 같다. 『삼국사기』에 소개된 또 다른 내용을 살펴보자.

『북사 北史』『수서 隋書』에서는 모두 다음과 같이 기록하였다. "동명의 후손에 구태(仇台)라는 사람이 있었는데 어질고 신의가 돈독하였다. 그는 처음에 대방의 옛 땅에 나라를 세웠다. 한(漢)나라 요동태수 공손도가 자기 딸을 아내로 삼게 하였으며, 마침내 동이의 강국이 되었다." 그러나 어느 것이 옳은지 알지 못하겠다.

우태와 구태는 동일한 인물로 봐야 한다. 『북사 北史』『수서 隋書』에서는 구태를 동명의 후손이라고 한다. '동명=주몽'이 아니다. 동명은 부여의 건국시조다. 『삼국사기』 고구려본기에서 동명왕=주몽으로 설정하였기 때문에 동일 인물로 인식되었다. 김부식도 그가 살던 시기에 전해지던 기록 또는 이야기를 채록했을 것이니 그의 잘못은 아니다. 고구려는 부여가 멸망하자 자신들의 정통성을 전통적 강국이었던 부여에 연결하였다. 즉 부여를 건국했던 동명왕을 자신들의 시조와 동일 인물로 설정한 것이다. 어찌보면 고구려 입장에서는 주몽이 해모수의 아들이라 생각했으므로 부여계는 틀림없는 것이다. 고구려인들에게 위대한 인물, 신화적 인물로 여겨지던 동명왕의 이야기를 끌어와 주몽의 건국 이야기로 둔갑시키고 동일 인물로 설정하고 설명했던 것이다. 세월이 흘러 이런 이야기를 의심없이 받아들이게 되었고 두 인물은 동일 인물로 기정사실화 되었던 것이다. 그러나 두 인물은 분명히 다른 존재다.

다시 백제의 구태로 돌아가 보자. 구태는 동명의 후손이라 하였다. 부여계라는 뜻이다. 구태가 왕실의 서손이었기 때문에 왕권에 도전할 정도의 위치는 아니었던 것으로 보인다. 그런데 구태가 나라를 세웠고 요동태수가 그의 딸을 주었다는 것이다. 그렇다면 소서노가 요동태수의 딸이 되는 설정이다. 그러니 김부식도 '어느 것이 옳은지 모르겠다'라고 해버렸다.

그렇다면 백제인들은 자신들의 뿌리를 어떻게 인식하고 있었을까?

"그 세계가 고구려와 마찬가지로 부여에서 나왔으므로 부여(扶餘)를 성씨로 삼았다" –『삼국사기』

"시조 동명왕묘에 배알하였다" –『삼국사기』다루왕 2년 조

"구태의 제사를 받드는데, 부여의 후예임을 계승하였다"

– 중국 역사서『한원 翰苑』

"대저 백제 태조 도모대왕(都慕大王)은 일신(日神)의 영(靈)이 몸에 내려왔기에, 부여 땅을 모두 차지하고 개국했다" –『속일본기』

백제의 개로왕이 472년에 북위에 보낸 국서(國書)에서 "저희는 고구려와 함께 근원이 부여에서 나왔습니다"라고 하였다. 백제 왕실 스스로 자신들의 뿌리를 부여라고 말하고 있다. 대부분 기록이 '백제의 뿌리는 부여'라고 소개하고 있다. 기록뿐만 아니라 석촌동 백제고분군은 그 뿌리가 북방에 있음을 실증해주고 있다. 개로왕이 주장한 것처럼 백제와 고구려는 그 뿌리를 부여에 두고 있었기 때문에 무덤의 양식도 같았다. 두 나라는 돌을 계단처럼 쌓아 올리는 피라미드 모양의 왕실 무덤을 조성하였다. 문화사에서 무덤 양식이 같다는 것은 뿌리가 같은 것으로 본다.

장군총 고구려의 계단식돌무지무덤과 백제의 계단식돌무지무덤이 형태가 같다는 것은 뿌리가 같음을 말해준다.

한성백제, 주목할 몇 가지

1 근초고왕 때에 만든 칠지도

풍납토성에서 몽촌토성으로 가다 보면 칠지도를 형상화한 조형물이 있다. 또 몽촌토성을 답사하다 보면 토성으로 올라가는 층계에서 매우 큰 칠지도 형상을 볼 수 있다. 칠지도가 한성백제 시기를 상징하는 중요한 유물 중 하나이기 때문이다. 그러나 중요성에 비해서 칠지도에 대해서 아는 이 또한 많지 않다.

이 칼은 가지가 일곱 개라서 七支刀(칠지도)라는 이름을 붙였다. 전체 길이는 74.9cm이며 손잡이를 뺀 날부분은 66.5cm이다. 이 칼은 일본 덴리시 이소노카미신궁(石上神宮)에 있다. 신궁은 천황가와 관련된 신사를 일컫는 말이다.

칠지도 백제 근초고왕이 왜국에 하사한 칼이다. 각종 재앙을 물리칠 수 있다는 명문이 기록되어 있다. (한성백제박물관도록 발췌)

1873-1877년에 오랫동안 신물(神物)로 보관되어 오던 칠지도를 꺼내어 녹을 닦아내는 작업을 했다. 그러다 칼 몸에 새겨진 명문을 발견했다. 칼 몸에 음각으로 글씨를 새기고 금으로 상감하였다. 칠지도 각 면에서 34자, 27자의 글씨가 확인되었다. 34자가 새겨진 면을 앞면이라 부르고, 27자가 새겨진 면을

뒷면이라 한다. 새겨진 글에 대한 연구가 활발히 진행되어 그 내용이 어느 정도 밝혀졌다.

[앞면] 泰△四年△月十六日丙午正陽造百練鋼七支刀生酸百兵宜供侯王△△△△作

태△4년 5월 16일은 병오인데, 이날 한낮에 백번이나 단련한 강철로 칠지도를 만들었다. 이 칼은 온갖 적병을 물리칠 수 있으니, 제후국의 왕에게 나누어 줄만하다. △△△△가 만들었다.

'태△'가 제일 중요한 부분인데 뒷글자를 읽을 수 없어 안타깝다. '태△'는 연호가 분명하다. 이 한 글자가 없어서 칠지도 제작 시기를 알 수 없게 되었다. '태~'로 시작하는 연호를 살펴보면 대략 중국 위나라의 태화(泰和:227-232), 동진의 태화(太和:366-371), 북위의 태화(太和: 477-499)가 있다. 백제의 독자적인 연호일 수도 있다. 대다수 연구자들은 근초고왕(346-375) 때에 제작해서 일본에 전해준 것이라 주장한다. 그밖에 전지왕(408년), 동성왕(480년) 때에 제작되어 전해준 것이라 주장하는 학자도 있다.

칼 모양으로 봤을 때 전투용이라기보다는 주술용으로 제작한 것이 틀림없다. 상징물이었던 것이다. '이 칼은 온갖 적병을 물리칠 수 있으니~'라고 표현한 것에서 '적병'은 실질적인 '적'이라기보다는 나라에 닥치는 온갖 재앙, 우환 등을 말한다. 신라에는 '만파식적'이 있었던 것처럼 칠지도도 그와 같은 기능을 하였던 것으로 보인다. 또 명문에 의하면 이 칼은 제작할 때부터 '칠지도'라 불렀다는 것을 알 수 있다. 공예품에 장인(匠人)의 이름을 당당히 기록한 나라는 백제였다. '△△△△가 만들었다'라는 명문이 지워져 알 수 없지만 장인의 이름이 틀림없다.

칠지도를 만든 목적이 무엇이었을까? 또 한 개만 만들었을까? 다음 명문을 보자.

[뒷면] 先世以來未有此刀百濟王世△奇生聖音故爲倭王旨造傳△後世

선세이래 이러한 칼은 없었는데, 백제 왕이 놀랍게도 성스러운 소리로 만들어 세상에 내놓은바, 곧 왜왕 지(旨)를 위해 만들었으니 후세에 전하여 보이라.

칠지도를 만든 이유에 대해서 여러 가지 설이 제기되었다. ① 백제왕이 왜왕에게 바친 것이다. ② 백제왕이 왜왕에게 하사했다 ③ 중국 동진의 왕이 백제를 통해 왜왕에게 하사했다. ④ 대등한 관계에서 백제왕이 왜왕에게 선물로 주었다.

①은 『일본서기』 신공기 52년 조의 기록에 근거한 것으로 주로 일본 학자들의 주장이다. "백제의 구저(久底) 등이 천웅장언(千熊長彦)을 따라와서 칠지도 하나와 칠자경 하나, 그리고 여러 가지 귀중한 보물을 바쳤다"는 것이다. 이 책에 기록된 신공왕후 편은 왜곡이 심하기로 익히 알려져 있다. 당시 일본은 나라 이름조차 없었다. 통일된 왕국도

없었다. 이곳저곳에 다양한 소집단이 흩어져 있을 때다. 일본열도에는 가야계, 백제계, 신라계 주민들이 미지의 땅을 개척하며 살고 있었다. 백제(百濟)와 왜(倭)는 국력에서 비교 대상이 되지 못했다. 그런데 뭐가 아쉬워서 왜국의 왕에게 백제 왕이 칼을 바치겠는가? 그것도 백제 최고 전성기를 이룩했던 근초고왕이 말이다. 설사 일본의 주장이 맞다고 한다면 스스로 모순에 빠지게 된다. 아랫사람이 바친 물품을 신성하게 여겨서 신궁에 보관했다는 것이 말이 된다고 생각하는지 모르겠다. 신사나 신궁에 보관되는 신물은 당시 일본열도 사람들이 한번도 경험하지 못했던 신비로운 물건들이었다. 당시 문화적 수혈은 한반도로부터였다. 그랬기에 그들에게 새로운 물건이 공급되면 그것 자체가 신물이 되었다.

②의 주장처럼 칼은 하사품이다. 칼은 왕이 신하에게 내리는 물건이다. 특히 온갖 재앙을 물리칠 수 있는 주술적인 칼은 아랫사람이 만들어 윗사람에게 바치는 것이 아니다. 온갖 재앙을 물리칠 수 있는 '만파식적'은 바다의 용이 된 문무왕과 천신이 된 김유신이 신문왕에게 내린 것이다. 하늘과 연결된 존재인 왕이 하늘의 신령한 기운을 담아 칼을 만든 후 이 땅에서 살아가는 존재인 아랫사람에게 하사했던 것이다.

③의 주장은 중국의 연호가 사용되었다는 데서 근거한다. 그러나 우리나라에서 출토되는 수많은 유물에서 중국 연호가 확인된다. 이렇게 주장한다면 연호가 기록된 모든 유물을 중국산이라고 주장해야 할 판이다. 설득력이 없다.

④의 주장은 ①에서 반박했던 것처럼 왜국과 백제는 대등한 관계가 아니었다. 시대적 상황이 맞지 않는다. 왜국은 나라 이름도 없이 지내다가 백제와 고구려가 멸망하자 그들은 자립을 모색했다. 이때 '日本(일본)'이라는 국호를 정해서 사용했다. 이후로 일본은 자국의 역사를 기록하면서 자신들의 입장에서 지난 시간을 바라보았다.

칠지도 조형물 풍납토성과 몽촌토성 사이에 있다. 한성백제 최고의 전성기를 열었던 근초고왕이 만들었다는 것이 확실시 되는 최고의 상징물이다.

현재의 한일관계로 고대를 바라보면 오류가 발생한다. 당시 한반도와 일본열도에 살았던 사람들은 서로 말이 통할 정도였다. 일본열도에 살았던 사람들도 대부분 한반도에서 살다가 건너간 이들이었다. 지금이야 말과 글이 다른 민족이 되어 살고 있지만 그때는 달랐다. 원수처럼 살지 않았다.

2 오경박사 고흥, 역사서를 쓰다

백제는 근초고왕 때에 오경박사 고흥이 『서기(書記)』라는 역사서를 썼다. 고흥이라는 인물에 대해서는 역사서를 쓴 것 외에 알려진 것이 없다. 근초고왕은 백제 최고 전성기를 이루었던 위대한 군주였다. 이때 백제는 세상을 호령하는 강대한 국가였다. 백제국은 자신감으로 가득 차 있었다. 세상을 보는 눈은 외부의 기준이 아닌 자국 중심으로 변했다. 시간과 공간의 중심도 백제국이었다. 조선은 중국의 눈으로 자신을 봤고, 대한민국은 선진국, OECD의 눈으로 자신을 보았다. 이제 대한민국이 세상을 주도하는 분야가 늘어나면서 대한민국의 눈으로 세상을 바라볼 날이 올 것이라 생각된다. 근초고왕 때 백제는 최절정기를 누리고 있었다. 백제국의 위대함을 만천하에 알려야 한다. 천하(天下)가 백제에 고개를 숙이지 않는가! 그렇다면 백제가 걸어온 위대한 시간을 정리할 필요가 있다. 박사 고흥으로 하여금 역사를 기록하게 하였다.

백제뿐만 아니라 모든 국가가 최고 전성기에 자국의 역사서를 남겼다. 고구려는 한참 성장하던 때에 『유기(留記) 100권』을 저술했고, 영양왕 때에 『신집(新集) 5권』을 남겼다. 영양왕 때는 수나라의 침공을 막아냈던 역사가 있었다. 신라는 진흥왕 때 거칠부가 역사서인 『국사(國史)』를 썼다.

한성백제기 오경박사 고흥이 남긴 역사서는 전하지 않는다. 그러나 그가 쓴 역사서 내용은 『삼국사기』나 『삼국유사』, 일본의 역사서인 『일본서기』, 『고사기』 등에 인용되어 편린으로 남아 있을 것이다. 후대의 역사서는 그때까지 전해오던 자료를 바탕으로 기록하기 때문이다.

3 아직기와 왕인, 왜로 건너가다

아직기(阿直岐)와 왕인(王仁)이 왜로 건너간 시기는 한성백제기이다. 근초고왕(재위 346-375) 때라고 주장하는 학자가 있는가 하면 아신왕(재위 392-405) 때라고 주장하기도 한다. 시기적으로 큰 차이가 없다.

백제는 근초고왕 때 왜(倭)와 외교관계를 맺었다. 그동안 왜는 가락국을 중심으로 한반도와 교류했다. 백제-가락국-왜가 서로 연결되어 있었지만, 백제가 왜와 직접 교류하지 않았다. 왜는 가락국을 통하여 백제의 문물을 수입하고 있었다. 그러나 근초고왕 때에 백제국이 급격하게 팽창하면서 왜와 직접 교류를 하게 된 것이다. 왜의 입장에서는 백제의 수준 높은 문물을 직접 수입할 수 있는 장점이 있었다.

반면 신라는 고구려와 관계를 맺고 있었다. 따라서 신라는 고구려와 적대 관계에 있던 백제와는 사이가 좋지 않았다. 한때 삼국(백제, 가야, 왜)이 연합하여 신라를 침공했는데 서라벌이 함락될 뻔한 위기도 있었다. 고구려 광개토태왕의 도움이 없었다면 신라는 이때 멸망했을 것이다.

아직기가 왜로 건너간 이유는 왜왕에게 선물로 보낸 말 2마리를 돌보게 하기 위해서였다. 일본열도에는 이때까지 말이 없었다. 왜인(倭人)들 입장에서는 말은 기이한 동물이었다. 왜국에서 아직기는 말을 관리하는 역할을 맡았다. 말을 관리한다고 해서 천한 직업으로 생각하는 이들이 있으나 그렇지 않다. 말은 매우 귀한 동물이었다. 말을 관리하는 사람은 매우 중요한 역할을 맡은 것이었다. 아직기는 그런 사람이었다. 왜국에서 아직기의 학문이 높은 것을 보고 '백제에 당신보다 학문이 뛰어난 사람이 있냐?'고 물었다. 아직기는 '왕인(王仁)'이라고 대답했다. 왜국 왕은 백제 왕에게 정식으로 왕인을 보내 달라고 부탁했다. 그리하여 왕인은 왜국으로 떠났다. 그가 도착한 곳은 지금의 오사카 난바 지역이다. 그는 왜국에서 왕자들의 교육을 담당했으며 오사카 지역을 개척해서 살았다. 왕인이 이때 왜국에 전한 것은 논어 10권과 천자문 1권이었다고 한다. 왕인의 후손은 지금도 일본에 살고 있다. 왕인은 일본에서 서수(書首)들의 선조이자, 문수(文首)들의 선조로 대접받는다. 이는 일본의 문왕(文王:학문의 왕)이자 학문의 시조라는 뜻이다.

4 불교를 수용한 침류왕

『삼국사기』 침류왕 조는 매우 짧다.

침류왕은 근구수왕의 맏아들이요 어머니는 아이부인이다. 아버지를 이어 왕위에 올랐다. 가을 7월에 사신을 진나라에 보내 조공하였다. 9월에 호승(胡僧) 마라난타(摩羅難陁)가 진나라에서 왔다. 왕이 그를 맞이하여 궁궐 안으로 모셔 예우하고 공경하니, 불교가 이로부터 시작되었다.

2년(385) 봄 2월에 한산(漢山)에 절을 세우고 열 사람이 승려가 되는 것을 허가하였다. 겨울 11월에 왕이 죽었다.[4]

아주 짧은 기간을 재위한 침류왕이지만 불교를 수용한 왕으로 교과서에 수록되었다. 고구려 소수림왕, 신라 법흥왕과 함께 불교를 서술

4 위의 책

할 때 반드시 언급된다.

백제에 왔던 마라난타는 인도승으로 짐작된다. 호승(胡僧)이라는 표현이 그것을 짐작하게 한다. 그는 지금의 전라도 영광 법성포구로 들어왔다. 그가 무슨 이유로 한성으로 곧장 가지 않고 남쪽 법성포에 상륙했는지는 모른다. 백제는 7월에 진나라(동진)에 조공했다. 그리고 9월에 마라난타가 왔다. 이는 백제 사신단이 귀국할 때 함께 왔다는 뜻이 된다. 그렇다면 한성으로 바로 갔을 텐데 무슨 이유로 저 남쪽에 도착했던 것일까? 전라도 일대가 백제 영토로 완전히 병합되지 않았던 시기였다. 마한 일부 세력들이 여전히 남아 있었다. 배를 타고 왔을 것이고 그렇다면 한강을 거슬러 올라가 한성에 도착했을 것이다. 법성포에 도착한 것이 맞다면 이유는 항해술 때문이다. 당시는 동력선이 아니라 풍력과 조류를 이용한 항해를 했기 때문에 조류에 따라 도착한 곳이 법성포였을 가능성이 있다.

마라난타는 몰래 들어와 불교를 전하던 승려가 아니었다. 어디까지나 동진과 백제의 외교 사절단에 동행했던 인물이었다. 그랬기에 백제왕을 곧바로 만날 수 있었다. 그리고 백제는 불교를 곧 수용했다. 그리고 한산에 절을 짓고 승려가 되기 위한 출가를 허락했다.

385년에 불교를 수용하고 475년에 웅진으로 천도했으니 불교 수용 후 90년이 한성백제기였다. 90년은 매우 긴 세월이다. 그런데 한성백제 유적지에서 불교 흔적을 찾을 수 없다. 또 이 시기에 불교 관련 기록이 역사서에 나타나지 않는다. 불교를 받아들이고 출가를 허용했지만 국가가 적극 신봉하지 않았다는 뜻이다. 불교를 국가적으로 신봉했다면

법성포 마라난타가 불교를 전하기 위해 첫 발을 딛은 곳이라서 법성포라 불렀다. 영광 불갑사는 마라난타가 창건한 절이라 한다. 법성포에는 백제불교 초전법륜지 기념물이 있다.

어떤 방식으로든 여러 기록에 등장했을 것이다. 신라의 경우 불교를 수용한 후에는 역사 기록의 많은 부분이 불교로 채워졌다. 백제는 불교 수용 후 그런 모습이 보이지 않는다. 불교가 절실하게 필요한 상황에서 수용한 것이 아니기 때문에 형식적인 수용이었을 가능성이 있다. 국가가 공식적으로 수용했지만 그렇다고 적극 나서서 국교화하지 않았다. 백제의 불교는 사비 천도를 단행한 성왕 때에야 진작(振作)되었다.

5 한성백제 문을 닫은 개로왕

한성백제의 마지막 왕은 개로왕이다. 그는 고구려 첩자 도림의 충동질에 넘어가 토목사업을 일으켰다. 일을 제대로 해내지 못한 사람에게는 가혹한 형벌을 가했다. 이에 많은 이들이 고구려로 도망쳤다. 백제가 분열을 겪고 있음을 확인한 고구려 장수왕은 군대를 보냈다.

이때에 이르러 고구려의 대로인 제우 · 재증걸루 · 고이만년 등이 군사를 거느리고 와서 북성(北城)을 공격하여 7일 만에 함락시키고, 남성(南城)으로 옮겨 공격하였다. 성 안 사람은 위태롭고 두려움에 떨었다. 왕이 나가 도망가자 고구려의 장수 걸루 등이 왕을 보고 말에서 내려 절한 다음에 왕의 얼굴을 향하여 세 번 침을 뱉고는 그 죄를 꾸짖었다. 그리고는 왕을 포박하여 아차성(아단성) 아래로 보내 죽였다. 걸루와 만년은 백제 사람이었는데 죄를 짓고 고구려로 도망하였다.[5]

한성백제 마지막 날이었다. 강력했던 한성백제가 허무하게 무너진 이유는 무엇일까? 고구려는 백제를 치는 데 어려움을 겪고 있었다. 군사력을 남쪽에 집중투입할 수 없었기 때문이었다. 그들에게는 북쪽에도 적이 많았다. 남쪽으로 군대를 보내면 북쪽의 적이 쳐들어왔다.

---

5 삼국사기, 한국학중앙연구원출판부

백제를 공략하기 위해서는 효과적인 공격을 해야 했다. 짧은 시기에 그것도 단숨에 백제의 숨통을 끊어야 했다. 그러려면 백제 내부를 분열시켜야 했다.

고구려 장수왕이 몰래 백제를 도모하려 하여 백제에서 간첩할 만한 자를 구하였다. 이때 승려 도림이 모집에 응하여 말하였다.

"어리석은 이 승려가 아직 도를 알지 못하였으나 나라의 은혜에 보답하고자 생각합니다. 원컨대 대왕은 신(臣)을 어리석다 하지 마시고 지시하여 시키신다면 기약코 왕명을 욕되게 하지 않겠습니다."

왕이 기뻐하여 비밀리에 백제를 속이게 하였다. 이에 도림은 거짓으로 죄를 짓고 도망하여 온 것 같이 하여 백제로 들어왔다. 이때에 백제왕은 바둑과 장기를 좋아하였다.[6]

의자왕의 바둑판 의자왕 때 왜국에 전해준 바둑판이다. 삼국시대부터 일본 천황가의 보물창고인 정창원에 보관되어 왔다. 개로왕이 바둑을 좋아했다는데 당시 바둑판의 모양을 유추할 수 있다.(한성백제박물관도록 발췌)

---

6 위의 책

도림은 개로왕과 바둑 친구가 되었다. 바둑을 두기 위해 자주 만나자 어느덧 흉금을 터놓고 이야기를 나누게 되었다. 도림은 고구려에서 죄를 짓고 도망쳐 와 왕의 큰 은혜를 입었다고 고마워하면서 왕에게 한가지 말씀을 드리고 싶다고 은근히 떠보았다. 도림을 신뢰하고 있던 개로왕은 그의 말에 귀를 기울이게 되었다.

"대왕의 나라는 사방이 모두 산과 언덕과 강과 바다입니다. 이는 하늘이 베푼 험한 요새요 사람의 힘으로 만든 형국이 아닙니다. 그러므로 사방의 이웃 나라들이 감히 엿볼 마음을 먹지 못하고 다만 받들어 섬기고자 하는데 겨를이 없습니다. 그런즉 왕께서는 마땅히 존귀하고 고상한 위세와 부강한 업적으로 남의 이목을 두렵게 해야 할 것입니다. 그러나 성곽은 허물어졌고 궁실은 초라합니다. 선왕의 해골은 맨 땅에 임시로 매장되어 있습니다. 또 백성의 집은 자주 강물에 허물어지고 있습니다. 이래서 대왕의 위엄이 서겠습니까?"

왕이 "옳다. 내가 장차 그렇게 하리라."고 말하였다. 이에 나라 사람들을 모두 징발하여 흙을 쪄서 성을 쌓고, 안에는 궁실과 누각과 대사(臺射) 등을 지었는데 웅장하고 화려하지 않음이 없었다. 또 욱리하에서 큰 돌을 가져다가 곽을 만들어 부왕의 뼈를 장사하고, 강을 따라 둑을 쌓았는데 사성이 동쪽에서 숭산 북쪽까지 이르렀다. 이로 말미암아 창고가 텅 비고 백성들이 곤궁해져서 나라의 위태로움은 알을 쌓아 놓은 것보다 심하였다. 이에 도림이 돌아와서 보고하니 장수왕

이 기뻐하여 백제를 치려고 군사를 장수(將帥)에게 내주었다.[7]

고구려의 작전은 대성공이었다. 백제 내부는 수습할 수 없을 지경으로 분열되었다. 폭정을 견디지 못하고 고구려나 신라로 도망하는 자들이 늘었다. 개로왕을 잡았던 재증걸루와 고이만년은 고구려로 도망친 백제인이었다. 그들은 왕의 얼굴을 잘 알고 있었기 때문에 개로왕을 사로잡을 수 있었다.

개로왕은 고구려를 계속 자극하고 있었다. 재위 18년(472)에 위나라에 사신을 보냈다. 그가 위나라에 보낸 문서에는 "신은 나라가 동쪽 끝에 서 있고 승냥이와 이리가 길을 막아, 비록 대대로 신령한 교화를 받았으나 번병의 예를 바칠 수 없었습니다."라고 한다든가, "지금 고구려 왕은 죄가 있어 나라가 스스로 으깨어지고 대신과 힘센 귀족들은 무너지고 흩어졌습니다. 이는 멸망시킬 수 있는 시기요 손을 쓸 때입니다."라고 하였다. 고구려 장수왕을 승냥이, 이리떼라고 맹렬하게 비난하면서 고구려를 공격하라고 부추기고 있다. 이런 백제의 의도는 거절당했고, 고스란히 고구려에 전해졌다. 개로왕은 위나라를 이용해 고구려를 치고자 했으나, 고구려의 힘을 무시할 수 없었던 위나라는 거부할 수밖에 없었다. 내부는 분열되었고 외교는 실패를 거듭하고 있었다.

---

7 위의 책

3

한성백제의 왕성, 풍납토성

1 493년, 한성백제 왕성

사적으로 지정된 풍납토성은 서울 강동구 천호동에 있다. 백제의 왕성이었던 그 유명한 풍납토성이 그곳에 있지만, 주민들 외에는 찾는 이가 드물다. 주택가 사이에 성벽이 있어서 그것을 헤집고 찾아다니기에는 웬만한 열정이 없다면 시도하지 않게 된다.

백제는 기원전 18년에 시작해서 660년에 멸망했다. 긴 역사를 지닌 나라였다. 백제는 678년 동안 도읍을 세 번이나 옮겼다. 도읍의 위치에 따라 한성백제-웅진백제-사비백제로 불린다. 한성백제의 시간은 493년이었다. 기원전 18년에 건국되어 기원후 475년에 웅진으로 천도하기까지 '한성의 시간'이었다. 그렇기에 한성백제는 백제사에서 무려 70%의 지분을 갖고 있다. 그런데 백제를 공부할 때면 공주나 부여를 먼저 찾는다. 백제 역사의 3분의 2를 보지 않고서 어찌 백제를 안다고 할 수 있겠는가? 백제사를 제대로 공부하기 위해서라도 한성백제의 터전인 풍납토성, 몽촌토성, 석촌동백제고분을 봐야 한다. 도시화가 급속하게 진행되면서 제대로 된 조사없이 중요한 흔적들이 사라졌지만 그나마 남아 있는 것들도 찾지 않는다.

2 흙을 다져 쌓은 대규모 토성

풍납토성은 둘레가 3.5km, 높이는 11~15m, 너비는 40~43m에 이르는 대규모 성이었다. 1925년 을축년 대홍수로 서쪽 성벽이 떠내려가고 현재는 2.2km 정도만 남아 있다. 북쪽과 동쪽 성벽 일부는 원래 모습대로 복원되었으나, 완벽하게 복원된 것은 아니다. 고구려의 침략 후 이 성을 사용하지 않게 되면서 성벽 안과 밖으로 토사가 쌓였다. 한성백제 시절 그들이 살던 지표(地表)는 지하로 3~4m 아래에 있다.

풍납토성 북벽 풍납토성은 흙을 다져 쌓았다. 수천 년을 버틸 수 있었던 것은 판축법 때문이다. 백제 때의 대지는 지하 3~4m 아래 있다.

그만큼 파 내려가야 원래 모습대로 복원한 것이 된다.

그나마 남아 있는 성벽도 오랫동안 훼손되어 현저히 낮아진 상태다. 이곳이 성벽인 줄 몰랐을 때는 성벽에 밭을 갈아 농사를 짓기도 했다. 자연적으로 또는 인위적으로 훼손되었다.

풍납토성은 흙을 다져 쌓은 토성(土城)이다. 475년 고구려의 침략으로 한성을 잃고 웅진으로 천도한 백제는 고토를 회복하기 위한 노력을 하였으나 끝내 되찾지 못했다. 고구려가 차지하였다가 신라의 영토가 되었다. 고구려나 신라 측에서 보면 이 지역은 변방에 불과하였다. 또 평지에 쌓은 대규모 토성을 유지할 인력도 없었고 필요도 없었다. 그래서 풍납토성은 버려졌다. 그럼에도 지금까지 그 모습을 유지하고 있는 것을 보고 있으면 대단한 것을 넘어 경이로움까지 느껴진다. 도대체 어떻게 쌓았길래 흙으로 쌓은 것이 지금까지 있단 말인가?

성벽을 절개해 조사한 결과 이 토성은 판축법을 이용해 쌓았다. 판축법은 흙을 다져 쌓는 것을 말한다. 통나무 4개를 땅에 박고 판자를 끼워 네모난 틀을 만든다. 그 안에 흙을 부어 넣는다. 여러 명이 절구질하여 다진다. 흙을 반복해서 부어 넣어 다진다. 이렇게 쌓은 네모난 흙기둥은 성벽을 지탱하는 기둥(토루) 역할을 한다. 토루 옆으로 또 다른 토루를 붙여 나간다. 원하는 두께와 높이가 되면 그 모양이 피라미드형이 된다. 계단식으로 된 성벽의 겉면에 흙을 보강해서 매끈한 모양을 갖추면 된다. 겉에서 보기엔 흙더미이지만 내부는 판축법으로 쌓았기 때문에 돌덩어리처럼 단단하다. 성벽이 완성되면 그 후 계속 보강하면서 유지하면 된다. 성벽의 절개면을 보면 밖은 급경사이고 안쪽은 완만한 사다리꼴을 이루고 있다(한성백제박물관에서 확인할 수 있다).

풍납토성은 완성된 후 몇 차례 보강하였다. 성벽 안쪽을 더 두껍게 보강한 것이다. 성벽 너비가 40~43m에 이른 것은 두 번이나 더 보강하면서 만들어진 것이다.

이 정도 규모의 토성을 축조하려면 엄청난 인력이 필요하다. 1명이 작업할 수 있는 분량을 계산했을 때 연인원[8] 138만 명은 동원되었을 것으로 보인다. 당시 백제의 인구가 70~80만 명 정도로 확인되기 때문에 상당수 백성이 토성 축조에 동원되었을 것으로 보인다.

성벽을 조사한 결과 언제 시작했는지는 알 수 없지만 3세기 전에는 완성된 것으로 확인되었다. 3세기 중후반에 건설되었다는 설도 있다. 많은 인력을 동원해서 토성을 건설하려면 국가 체계가 어느 정도 안정되어야 가능하다. 백제국이 풍납토성을 건설할 시점에는 국가로서의 기본 체계를 완성했다는 것을 알려준다.

---

8 연인원은 풍납토성을 하루에 완성했다고 봤을 때 동원된 인원을 말한다.

3 풍납토성을 버린 전문가들

한성백제기 왕궁터를 찾지 못했다. 백제사의 3분의 2를 점하고 있는 시기의 왕궁터를 찾지 못한 것이다. 한성백제기 왕궁이 있었던 곳이라 확신했던 몽촌토성은 발굴했으나 마땅한 흔적이 나타나지 않았다. 493년이라는 시간 동안 사용된 왕궁이었다면 상당한 규모의 건물이 있었을 것인데, 그만한 규모의 건물터가 발견되지 않았다. 몽촌토성 발굴 후 한성백제기 왕궁 위치에 대한 논란이 계속되었다. 그럼에도 몽촌토성이라는 설이 유지되고 있었다. 마땅한 대안이 없었기 때문이다. 그렇다면 풍납토성은 상당히 큰 규모였는데 왜 주목을 받지 못한 것일까?

현재 풍납토성 내부에는 상당히 많은 주택이 들어서 있다. 여기저기 솟아 있는 소규모 아파트 단지를 제외하면 대부분 주택이 단층이거나 소규모 빌라들이다. 백제 때 흔적은 지하 3~4m 아래에 있다. 아파트 외 주택은 터파기를 깊이 하지 않기 때문에 한성백제기 유적들은 소규모 주택 아래 지금도 남아 있다.

풍납토성 내부에 들어서 있는 아파트는 백제 유적을 파괴하고 지어졌다. 아파트 터파기 과정에 분명히 유적과 유물이 확인되었을 터인데 신고하지 않고 묻어버린 것이다. 건축 과정에 유물이 나타나면 정식 발굴을 해야 한다. 발굴 비용 또한 건축업자가 부담해야 한다. 그렇게

풍납토성 내 아파트 풍납토성 내 아파트는 유적층을 파괴하고 들어섰다. 개발이 우선이던 시절이었다. 재건축을 위한 구제발굴만 진행되었다.

되면 아파트 건설에 많은 차질이 생긴다. 그래서 터파기는 몰래 진행되었다. 그때는 그런 시대였다. 개발이 우선이던 시대였다.

그렇다면 풍납토성은 왜 주택이 들어서도록 내버려 두었을까? 일찍이 사적(史蹟)으로 지정해서 보존했더라면 발굴하는 데 어려움이 없었을 텐데 말이다. 풍납동 일대가 아직 농촌이었을 때(1963년) 성벽만 사적으로 지정하고 성벽으로 둘러싸인 내부는 지정하지 않았다. 껍데기만 지정하고 알맹이는 버린 것이다.

당시 학자들은 풍납토성이 아닌 몽촌토성을 위례성으로 인식하였다. 이병도 서울대교수가 풍납토성은 왕성을 방어하기 위한 군사적 목적의 성이라 결론 내리자 이런저런 반론도 없이 인정하는 분위기로 흘러버렸다. 반론을 제기하면 벌떼처럼 들고 일어나 눌러 버렸다. 온조왕 때에는 풍납토성 같은 대규모의 성을 축조할 힘이 없었다는 논리가 지배적이었다. 일제강점기에 만들어진 고이왕(재위 234-286) 이전의 백제 역사는 허구라는 인식을 벗어나지 못하고 있었던 것이다.

풍납토성에 대한 첫 조사는 1925년 여름에 일어난 을축년 대홍수 때문이었다. 한강에 접한 서쪽 성벽이 모두 유실된 것이다. 성벽이 유실되자 성벽으로 둘러싸였던 내부도 유실되어 땅속에 감추어졌던 유적층이 노출되었다. 이때 조선총독부에서는 일본학자인 야유카이 후사노신을 보내 첫 조사를 했다. 유실된 곳에서 발견된 것은 청동 초두[9] 2점을 비롯해 금제귀고리 등이었다. 그는 토성 안에 살던 노파로부터 유리옥 십 수 개를 샀다고도 한다. 초두와 금제귀고리, 유리옥 등이 나왔다면 평범한 유적이 아님이 분명하였다. 야유카이 후사노신은 이 유물들을 증거로 풍납토성이 하남위례성이라 주장했다. 그러나 풍납토성에 대한 추가 조사는 없었다.

1964년에 고고학자 김원룡 교수가 서울대 고고학과 학생들을 데리고 풍납토성에서 시굴조사를 했다. 이때 백제 시대의 토기 조각을 여러 편 찾았다. 그는 "이 풍납토성이 한성백제기 중요한 성"이라고 발표했다. 그러나 이러한 주장은 받아들여지지 않았다. 당시 역사학계에서 막강한 힘을 갖고 있던 이병도 서울대교수의 주장을 넘어설 수 없었던 것이다. 그때까지도 몽촌토성이 위례성이라는 주장이 강했다.

학계의 무책임한 논리가 반복되는 사이에 풍납토성 내부에는 건물들이 들어서게 되었다. 심지어 학계 일부에서 풍납토성 안에는 아무것 없다고 주장하여 아파트 건설을 허용하게 만들기도 했다. 안타까운 순간들이었다.

---

9 술을 데워 잔에 따르는 일종의 제사용기

4 유적 위에 세워진 아파트

1997년 새해 풍납토성 내부에서는 아파트 건축을 위한 터파기가 진행되고 있었다. 1996년부터 풍납토성 조사를 진행하고 있었던 이형구 교수는 재건축 현장의 높은 차단벽 너머에 뒹굴고 있는 백제 유구를 확인하고 당국에 신고했다. 이에 국립문화재연구소는 즉시 작업을 중단시키고 조사를 진행했다. 재개발조합과의 여러 마찰이 있었으나 발굴을 통해 백제 초기의 중요한 유적을 확인하게 되었다. 풍납토성이 축성되기 전에 있었던 방어 유적인 3중 환호[10]가 확인되었다. 환호는 기원전 1세기~기원후 2세기 때의 것으로 추정되었다. 그리고 초기 백제시대의 움집터 19기, 쓰레기를 버리기 위한 용도의 구덩이 수십 기, 토기 가마 등이 확인되었다. 대량의 집터 발굴은 이 시기 대규모 주민집단이 밀집되어 정착하고 있었음을 알려주었다. 발굴이 마무리 된 후 현대리버빌아파트가 세워졌다.

1997년 7월 서쪽 성벽 근처에 또다른 재개발 현장을 발굴했으나 홍수로 인한 유실구간이라 별다른 유구나 유물은 없었다. 이곳에 신성노바빌아파트가 들어섰다.

1997년 8월 풍납토성 중심부에 속하는 곳에서 또다른 아파트 건설이 진행되고 있었다. 건축이 시행되기 전에 발굴을 해야하나 시공사,

---

10 마을이나 도시 울타리 밖에 판 깊은 구덩이. 적의 침입을 방어하기 위한 시설이다.

재건축조합과의 마찰로 제대로 된 발굴을 진행할 수 없었다. 발굴을 진행하면 공사기간이 늘어진다는 것을 알고서 막아선 것이다. 공사현장에는 대형항아리 파편들이 흩어져 있었고 움집터들이 있었다. 어려운 환경에서 진행된 발굴로 낙랑토기, 중국제 시유도기, 기와, 벽돌, 돌칼, 철기 등이 나왔다. 이곳에는 대동아파트가 들어섰다.

5 왕실 제례 공간 경당지구

경당지구는 풍납토성 내에서도 중심부에 속한다. 고대 도성 그것도 평지성에서 중심부는 왕궁이 있었을 가능성이 큰 곳이다. 1996년 이후 여러 차례 발굴을 통해 확인한바 풍납토성이 왕성일 가능성이 확실시되었다. 그렇다면 왕궁은 중심부에 있었을 것이고 중요시설 또한 밀집되어 있을 것이다. 그 중심부에 아파트를 재건축하는 사업이 진행되었고 터파기에 앞서 발굴이 진행 중이었다. 발굴 결과 역시 중요 유적이 확인되었고 발굴이 길어질 수밖에 없었다. 발굴이 길어지면서 재건축이 늦어졌고 조합의 부담도 늘어났다. 심지어 발굴 비용까지 늘어나게 되었다. 2001년 5월 13일 화가 난 조합원이 굴착기를 갖고 들어가 유적을 파괴함으로써 세상을 깜짝 놀라게 하였다. 이 충격적인 사태에 김대중 대통령과 박지원 문화관광부 장관이 결단을 내려 재건축

아파트 부지 자체를 사적으로 지정하기에 이르렀다.

대형건물터와 말뼈

경당지구 발굴에서는 이곳이 백제의 왕성이라는 확신을 주는 유적이 다수 발견되었다. 가장 중요한 유적 중 하나로 거론된 대형 구덩이는 13.5m×5.2m에 깊이 2.4m의 규모로 내부에서 토기류 2000점, 기와 120점, '大夫(대부)', '井(정)'이라는 글자(혹은 부호)를 새긴 토기가 발견되었다. 가장 관심을 끈 것은 아래턱뼈만 남은 10마리 분의 말뼈였다. 말뼈 중에서도 특정한 부위의 것만 발견되는 것은 제사와 관련있음을 추정하게 하였다. 안타깝게도 이 구덩이는 굴착기에 의해 완파되었다.

몸자형 건물지도 나왔다. 이 건물은 전실(前室)과 본실(本室)을 비도

대부명 항아리 경당지구에서 大夫명 항아리가 출토되었다. 왕실이나 국가 중요시설에서 사용되던 그릇이었다.

가 연결해주고 있는 구조였다. 16×16m의 규모로 평수로 계산하면 120평에 해당되는 대규모 건물이었다. 건물 외곽으로는 도랑을 팠고 도랑 안에는 돌과 숯을 깔았다. 건물터 내부에서는 유물이 전혀 출토되지 않았다. 이 유적은 제사터로 추정되었다. 이곳이 제사터가 맞다면 대형구덩이와 관련이 깊다고 하겠다. 제사가 끝난 후 제사에 사용된 것을 폐기했던 구덩이일 가능성이 있기 때문이다. 이 건물터는 완벽하게 발굴되지 않았다. 발굴지점 일부가 주택과 겹쳐 있기 때문이다. 언제가 될지 모르지만 터가 확보되어 발굴이 확장되면 건물지의 모양과 용도가 정확히 파악될 것이다.

제사용 우물

1999년 1차 발굴에 이어 2008년 재발굴에서 특이한 우물이 발견되었다. 11m×11m 정도 넓이를 3m 정도 파내고 점토와 모래를 번갈아 다져 넣은 후 다시 3m 정도를 파내서 만든 우물이었다. 우물이긴 하지만 물을 찾기 위한 시설은 아니었다. 현재 지표로부터 5m 아래에 있는 우물 밑바닥에는 井자 모양의 나무틀이 있었다. 나무틀은 5단으로 되어 있었고, 그 위로는 돌을 쌓아서 우물 모양을 만들었다. 석축은 27단이며 높이는 무려 3m였다. 위에서 우물 내부를 들여다보면 석축이 지하로 3m, 그 아래로 나무로 짠 井자 모양의 틀이 있는 구조였다.

그런데 우물 내부에서 200여 점 이상의 토기가 출토되었다는 것이

제사용 우물 경당지구에서 우물이 발견되었는데, 실생활용이 아니라 순전히 제사용이었다. 발굴 후 다시 덮고 그 위에 수도를 설치했다.

다. 우물 속에 그릇을 빠뜨린 것처럼 보였지만 아니었다. 우물에서 물을 길던 중에 빠뜨렸다고 보기에는 너무 많은 그릇이다. 우물은 해마다 청소해야 한다. 일 년에 두세 번은 청소해야 한다. 그래야만 사용할 수 있다. 내부에 빠뜨린 이물질들이 물을 오염시키기 때문이다. 백제가 멸망하던 시점에 우물을 청소할 수 없었다 하더라도 너무 많은 그릇들이다. 또 발견된 그릇들이 무작위로 던져진 것이 아니었다. 질서 정연하게 놓여 있었다. 무려 5층으로 차곡차곡 쌓여 있었던 것이다. 온전한 그릇모양을 갖춘 것이 150점이나 되었다. 모서리 부분에도 차곡차곡 쌓여 있었던 것으로 보아 정성껏 쌓은 것이라 판단된다. 또 일괄적으로 그릇 일부가 깨져 있었는데 일부러 깨서 넣었다는 것을 알 수 있었다. 이러한 정황들을 종합해 볼 때 이곳은 생활용 우물이 아니라 제사용 우물이었다. 우물 안에 그릇을 쌓은 후 우물자체를 폐기했을 가능성도 제기되었다. 여러 시기의 그릇들이 출토된 것이 아니라 한 시기의 것이 집중적으로 쌓여 있었기 때문이다. 또 우물 입구부터 자갈과 흙으로 단단하게 매립된 상태였다. 그래서 처음에는 목탑터로 오인하기도 했다. 밑바닥까지 내려간 후에야 우물이라는 사실을 확인할 수 있었다. 이 우물은 북쪽에 자리한 몸자형 건물터, 대형구덩이와 연계된 제사터였을 가능성이 있다.

왕실 직속 창고

196호 유구에서도 많은 수의 그릇들이 출토되었다. 그릇이 많아서 생활용 건물인가하여 살폈으나 부뚜막을 비롯한 생활 흔적들은 발견되지 않았다. 그릇들을 벽쪽에 가지런히 세워놓았다는 점에서 일종의 창고로 판단되었다. 이곳에서 발견된 유물들 중에서 시유도기(유약을 바른 그릇) 항아리, 전문도기(동전무늬)가 있는 항아리가 있었다. 시유도기와 전문도기는 33점이나 발견되었는데 중국제로 보고 있다. 중국에서 항아리를 수입할 정도였다면 이곳은 단순한 생활용 흔적은 아닌 것이다. 또 이곳에서는 백제 큰항아리 22점, 장경호 40점, 단경호 13점 등 높이 50cm 이상 되는 것들이 주류를 이루고 있었다. 이는 일반적인 생활 공간이 아닌 왕실 직속의 중요 창고로 판단된다. 그릇 내부에서 어류의 뼈가 다수 발견되었다. 복어, 참돔을 비롯한 알 수 없는 뼈들도 출토되었다.

101호 유구는 4개의 구덩이가 서로 겹쳐 있는 모양이었다. 이곳은 폐기장으로 보이는데 구덩이 안에서 각종 동물뼈, 쌀, 팥 등의 곡물 흔적이 나왔으며, 부서진 토기가 많이 나왔다. 주변에 밀집된 유구들과 연계해서 살펴보자면 이곳의 구덩이는 단순한 쓰레기장이 아닌 제사 등에 쓰인 그릇과 동물을 묻은 곳으로 보인다. 유물 중에는 '直'이란 글씨가 새겨진 벽돌, 중국의 화폐인 오수전, 초대형 항아리 등이 나왔다. 대략 3세기 말~4세기 초의 것들로 확인되었다.

6 도로와 생활터 미래지구

경당지구에서 멀지 않은 곳에 풍납백제문화공원이 있다. 이곳은 미래마을이라 불리던 마을이 있었는데, 1999년에 재개발을 추진하였다. 그러나 주민들의 재개발을 막아선 것은 국립문화재연구소였다. 이곳은 아파트 건설이 아니라 백제유적지로 보존해야 한다는 것이었다. 주민들은 믿을 수 없다며 맞섰다. "실제로 파보지 않는 한 믿을 수 없다. 그래서 실제로 파보고 정말 토기 조각이 하나라도 나오면 그때 우리가 양보하겠다." 발굴조사가 진행되자 백제유물이 계속해서 쏟아져 나왔다. 결국 주민들도 아파트를 지을 수 없다는 현실을 받아들였다. 우여곡절 끝에 정부에서는 주민들에게 보상을 해 주었고, 2003년부터 10년간 발굴이 진행되었다. 풍납토성 내에서 시간에 쫓기지 않고 학술조사가 진행된 것은 처음이었다. 풍납백제문화공원 안내판에는 다음과 같이 소개하고 있다.

풍납토성 내에서는 그간 약 1000여 기가 넘는 유구와 수만 점의 유물이 출토되었습니다. 백제 한성기에 조성된 다른 유적과는 비교할 수 없을 정도로 유구의 규모와 종류가 다양합니다.

미래지구 미래지구에서도 백제유물이 쏟아져 나왔다. 백제 도로유구, 주거지, 대형건물지 등이 출토되어 도시구조를 연구하는데 좋은 자료가 되었다.

풍납토성 미래마을 부지에서 확인된 중요한 유구들을 살펴보면, 백제 한성기 최초의 동서남북대로(大路)가 확인되었으며, 내부 잔존 면적이 433.4㎢에 이르는 초대형 수혈건물지를 비롯하여 백제 최초의 지상식 초석건물지 및 기단건물지 등이 확인되었습니다. 이러한 초대형의 수혈건물지 및 지상건물지들은 집회 등을 위한 공공시설물로 추정하고 있습니다.

이 공원을 거닐다 보면 바닥에 그 흔적을 표시한 것이 많은데 실제 유적은 지하 3~4m 아래에 있다. 하나씩 짚어가면서 답사하다 보면 2000년 전 한성백제로 돌아가는 경험을 누릴 수 있다.

다-38호 수혈식 창고

풍납토성에서는 수혈식 창고가 다수 확인되었다. 수혈식 창고는 구덩이를 깊이 파서 만든 지하 창고로 사다리를 타고 내려간다. 다-38호 수혈에서는 대량의 물품을 보관하던 큰 항아리 3점이 확인되었으며, 항아리 내부에서는 중국에서 제작된 연꽃잎 문양을 새긴 청자완(대접)이 출토되었다. 구덩이에 묻힌 큰 항아리는 주거지나 저장 구덩이 등에서 확인되는 저장용 생활용기다. 풍납토성에서는 용량이 60L가 넘는 대형 항아리가 다수 출토되었다.

풍납토성 내에서는 중국에서 수입한 것으로 보이는 물품이 많이 발견되는데, 백제 전 지역에서 발견된 물품의 90% 이상이 된다. 해상활

수혈식 창고 흙구덩이를 깊이 파서 저장창고를 만들었다. 대형 항아리를 두고 음식물, 농산물 등을 저장했던 것으로 보인다.

동을 통해 중국을 오고 가는 것은 대단히 위험한 여정이었다. 해안이 보일 만큼 배를 띄우는 연안 항해를 하였기 때문에 중국으로 가는 길에 고구려 수군에 사로잡힐 위험이 있었다. 파도와 안개, 조류 등 바다 그 자체가 갖고 있는 위협은 개인이 감당하기엔 너무 큰 것이었다. 그렇기 때문에 전문 항해술을 가진 국가가 무역을 주도할 수밖에 없었다. 이렇게 수입된 중국산 물품은 고가에 판매되었다. 중국산 물품이 많이 출토된다는 것은 이곳 풍납토성에 국가시설이 밀집되어 있었다는 것을 방증한다. 또 이곳에 최상류층이 밀집되어 살았음을 보여주는 증거가 되기도 한다.

수혈주거군

수혈주거지는 움집처럼 땅을 파서 지은 집을 말한다. 대략 50cm~1m 가량 파내고 집을 짓는다. 온돌과 같은 난방시설이 발달하지 않았던 시기라 움집 구조를 그대로 사용한 것으로 보인다. 땅을 파서 집을 지으면 겨울에는 따뜻하고, 여름에는 시원하다. 현장 설명문을 보자.

한강변에 자리 잡고 있는 풍납토성은 비옥한 지대였기 때문에 백제가 고대국가로 성장하기 전인 마한부터 백제까지 많은 사람이 삶의 터전을 이루며 살아왔습니다. 발굴조사 결과 미래마을 부지에서만 수혈주거지가 80여 기 이상 확인되어 주거 밀집이 매우 높았음을 알 수

수혈 주거 움집처럼 땅을 파내고 집을 지었다. 내부에는 부뚜막 시설이 있었다.

있습니다.

마한 사람들이 살던 주거지는 백제 한성기 주거지의 특징인 출입구가 돌출된 주거지와 형태는 비슷하지만 취사시설이 바닥에 설치되어 있으며 벽면에 둘러진 쪽구들이 특징입니다. 이후 백제 사람들이 남긴 주거지는 삼국중에서 유일하게 출입구가 돌출된 형태로 만들어졌으며 주거지 안에는 부뚜막과 주방공간 등 다양한 시설이 확인됩니다. 그리고 큰방에서 좁은 통로 공간을 만들어서 작은방과 공간 분할을 하였으며 작은방에는 출입시설을 설치하였습니다. 이밖에도 지붕과 벽체를 지탱했던 벽기둥과 소형의 저장시설 등이 함께 확인됩니다.

한성백제기 초기부터 주거지가 밀집되어 나타났다. 이곳에 많은 사람이 살았음을 증명하는 흔적이다. 흔적은 여러 시기에 걸쳐 있어서 아주 오랫동안 사람이 살았던 곳임을 알려주었다. 주민들이 아주 오랫동안, 밀집되어 살았다는 것은 그만큼 중요한 곳이었다는 뜻이다. 한성백제기 다른 유적에서는 이만한 거주 밀집도를 보여주는 흔적이 없다. 비록 궁궐터는 나오지 않았지만, 왕성이 틀림없음을 증명하는 흔적이라 하겠다.

도로유적

미래마을 부지에서 도로 흔적이 확인되었다. 도시를 구성하는데 있어 도로는 매우 중요하다. 도로 구성은 도시 얼개가 되기 때문이다.

현장 설명문을 보자.

풍납토성에서는 백제 한성기 최초의 동서-남북도로가 확인되었습니다. 도로는 남북도로(길이 41m, 폭 4m)와 동서도로(길이 22m, 폭 4m)가 교차되는 형태입니다. 남북도로는 잔자갈을 바닥에 깔아 지반 침하를 방지하고 비가 오면 질퍽해지는 흙길보다 통행에 편리하도록 조성하였습니다. 반면 동서도로는 남북도로와 다르게 활석재 판석을 깔았으며, 도로의 양편에는 배수 기능을 했던 긴 수로시설도 확인되었습니다. 특히 동서도로는 저장창고가 밀집한 곳을 지나도록 설치되어 있어 수레를 이용한 물품의 이동에 중요한 역할을 했던 것으로 추정됩니다.

이러한 도로유구는 기존에 확인된 백제 사비기의 도로보다 300년가량 앞설 뿐만 아니라 풍납토성 내부의 도시구조를 연구하는데 중요한 자료로 활용되고 있습니다.

도성에서 도로는 매우 중요했다. 그래서 새로운 도읍을 세우면 도로부터 만들었다. 또 도읍을 일신하고자 할 때도 도로부터 정비했다. 도로의 정비상태가 도시의 얼굴이기 때문이다. 풍납토성 내에서 잘 정비된 도로유적이 발굴되었다. 잔자갈을 다져 깔아서 비가 내려도 질퍽거리지 않도록 했다. 수레가 반복해서 다니더라도 깊게 패이지 않도록 했다. 동서로 난 도로는 넓은 판석(박석)을 깔았다. 보도블럭을 깐 것처럼 정교하게 놓았다. 도성 내 주민들 이동에 불편함을 주지 않으면서 백제국의 발전을 과시하는 수단도 되었다. 현대 도시는 IT를 활용한 첨단화가 발전의 척도가 된다. 옛날에는 도로가 주요한 지표가 되었다. 백제의 발전상태를 확인해주는 중요한 유적이 도로유적이다.

지상식 건물지

'건물이 지상식이지 지하식도 있는가?' 라는 반문이 있을 수 있다. 앞서 살펴본 건물지 대부분은 수혈식 즉 움집형태를 하고 있었다. 그런데 구덩이를 파지 않고 지상에 기초를 놓고 건물을 지은 것이 확인되었다. 현장 설명문을 보자.

풍납토성에서는 지상식 건물지가 확인되었습니다. 지상식 건물은 주거용으로 조성된 수혈식주거지와 달리 공공의 목적을 위해 축조된 것으로 추정됩니다.

지상식 건물지는 무기단식(라-1호, 2호)과 기단식(마-1호)이 확인됩니다. 건물의 기단이란 건물지가 축조된 대지면을 지표보다 높게 시설하거나 깎아서 건물 대지를 마련한 구조로 형태에 따라 무기단, 단층기단, 이중기단 등으로 분류할 수 있습니다. 무기단식 건물지는 정리한 대지면에 별도의 시설 없이 바로 기둥받침시설(적심시설:積心施設)을 만들었는데, 풍납토성 이외에는 공주 공산성 내 추정 왕궁지와 부여 관북리 유적, 궁남지 유적 등에서 확인된 바 있습니다.

기단식 건물지는 측면을 마감하는 소재에 따라 석축기단, 토축기단,

와적기단, 전축기단 등으로 구분되며, 풍납토성에서는 자연석을 쌓아 만든 석축기단만 확인되었습니다. 특히 기단의 단면이 2단으로 구성된 이중기단 형태는 사비백제에서는 목탑지나 금당지와 같이 위계가 높은 건물에 주로 사용되는 형태로 풍납토성에서 확인된 기단식 건물지는 이중기단의 시원적 형태로 볼 수 있습니다.

한편 건물지의 주변에는 수천 점의 기와편이 출토된 것으로 보아 지붕에는 기와를 올렸던 것을 알 수 있습니다. 이러한 건물지들은 백제의 지배층들이 생활하던 관청 혹은 신전 등과 같은 권위 있는 시설물이었을 가능성이 높습니다.

한옥은 기단 위에 집을 짓는다. 지표면으로부터 일정한 높이로 기단을 쌓은 후 그 위에 초석을 놓고 집을 짓는다. 마당에서 보면 집이 높다. 그러나 한성백제기에는 달랐다. 수혈식 주거지처럼 구덩이를 파고 그

기단식 건물 수혈식 주거가 대세이던 시대에 기단을 놓는 방식의 건물이 세워졌다. 또 주춧돌을 놓아 기둥을 세우는 건물도 있다. 풍납토성 내부에 중요시설이 밀집되어 있었음을 말해주고 있다.

위에 집을 짓는 방식이었다. 그러다 건물은 차츰 지표면으로 올라왔다. 그리고 지표면보다 더 높아졌다. 풍납토성 내에서 기단 위에 지은 건축물 흔적이 발견된 것이다. 기단을 쌓고 그 위에 건물을 짓는 것이 당연한 것처럼 생각되지만 당시는 달랐다. 기단식 건물이 있다는 것, 건물의 규모가 크다는 것은 이곳이 수준 높은 곳이었음을 말해준다.

마-1호 건물지에는 기단이 있다. 그런데 보통의 경우와 다른 특이한 점이 보인다. 기단건물은 기단을 쌓은 후 그 위에 주춧돌을 놓고 기둥을 올려놓는 방식이다. 그런데 이 건물지는 사각의 기단 밖에 기둥을 세웠는데 땅에 박은 굴립주방식이었다.

풍납토성 내에서 주춧돌 위에 기둥을 올린 건물 흔적도 발견되었다. 라-1호, 라-2호 건물지로 명명되었다. 대지를 단단하게 다진 후 주춧돌을 놓고 기둥을 올려놓았다. 기단은 없다. 주춧돌 위에 기둥을 올리는 것이 뭐 그리 대단한가 할 수 있겠지만, 당시에는 기둥을 땅에 박는 굴립주방식의 건축물이 대부분이었다. 주춧돌 위에 기둥을 올려놓는 방식으로의 변화는 후대에 생겨난 것이다. 라-1호, 2호 건축물은 매우 커서 공공의 건물이었을 것으로 보고 있다.

마-2호 건물지

백제 특유의 呂자형 건물이다. 현관-통로-본실 구조다. 이 건물은 생활용 건물과 모양은 비슷하나 그 규모가 매우 커서 국가시설이었을 것으로 추측된다. 현장 설명문을 보자.

이 건물지는 출입구가 설치된 작은방과 백제인들이 생활하는 큰방 사이에 좁고 짧은 통로가 마련되어 있는 평면형태 呂자형 구조입니다. 큰방의 규모는 동서 13.4m, 남북 18m이며, 출입구를 포함하면 남북길이가 약 25m에 달합니다.

이 건물지의 축조과정은 먼저 땅을 약 2m 가까이 파낸 뒤 다시 흙을 채워 대지를 조성한 후 기둥의 설치를 위해 조성한 대지에 구덩이를 파서 돌로 기둥의 하부시설(적심시설)을 설치합니다. 그리고 그 위에 기둥받침돌(초석)을 놓고 건물의 상부구조물을 축조하였습니다. 풍납토성 내에서 呂자형 평면형태를 가진 건물지는 경당지구 44호 건물지가 있으며, 주로 신전 등 제의 관련 유구로 추정됩니다.

마-2호 건물지는 주거지와 형태가 비슷하나 규모가 상당히 커서 신전이나 국가 중요시설로 보인다. 2m 정도 땅을 파낸 후 다시 흙을 채워 넣어 단단히 다졌다. 그리고 기둥을 놓을 자리를 다시 파낸 후 돌을 채워 단단하게 했다. 그 위에 주춧돌을 놓았다. 한옥에서 기둥 놓을 자리는 집의 무게를 지탱할 수 있도록 단단하게 다져야 한다. 그래서 기둥 놓을 자리만 단단하게 다진다. 주춧돌 놓일 자리에 구덩이를 판 후 진흙, 자갈, 모래 등을 붓고 절구질하여 다진다. 어느 정도 채워지면 작은 돌을 덮는다. 그리고 그 위에 추춧돌을 놓는다. 한옥에서 흔히 보이는 적심시설 흔적이 한성백제기 건축물에서 확인되고 있는 것이다.

7 홍수 위험은 없었을까?

풍납토성는 한강과 너무 가까워 홍수 위험이 있다. 1925년 을축년 대홍수 때 서쪽 성벽이 완전히 유실되었다. 단 한번의 홍수로 성벽이 유실되어 버렸다. 그렇다면 강변에 왕성과 왕궁을 짓는다는 것이 가능하기는 한 것일까? 백제인들은 그것을 몰랐을까?

그런데 우리가 간과한 것이 있다. 백제 때 축성한 후 1925년까지도 성벽이 멀쩡했다는 것이다. 을축년 홍수 전까지 성벽은 멀쩡하게 남아 있었다. 백제 때에도 그 후에도 1,500년 간 수많은 홍수가 있었지만 끄떡없었다. 그렇다면 1925년에 무슨 일이 있었던 것일까?

조선 후기가 되면 산에 나무가 없어진다. 땔감, 화전 등으로 민둥산이 늘어났다. 비가 오면 토사가 쓸려와 강바닥에 쌓였다. 강바닥이 높아진 것이다. 시골을 다녀보면 옛날에 소금배가 올라왔다는 실개천이 많다. 아무리 봐도 소금배가 다니기에는 수량이 턱없이 부족한데 배가 다녔다고 한다. 또 큰 강이었는데 물이 흐르지 않는 곳도 많다. 토사나 자갈이 쌓여서 그 아래로 흐르게 된 것이다. 한강에도 토사가 쌓였다. 강바닥이 상승했다. 준설하지 않으면 홍수 위험이 있게 된다. 1925년에 큰비가 내리자 한계 수위를 넘게 되었고 풍납토성은 성벽의 한쪽을 내주어야 했다. 즉 백제 때의 강바닥과 을축년(1925)의 강바닥 높이가 달랐던 것이다.

8 검이불루 화이불치

『삼국사기』 온조왕 15년(서기전 4) 기록은 다음과 같다.

"봄 정월에 새 궁실을 지었는데 검소하되 누추하지 아니하고 화려하되 사치스럽지 않았다." – 儉而不陋 華而不侈(검이불루 화이불치)

백제를 가장 잘 표현한 말이 아닐까 한다. 온조왕의 궁궐을 표현한 말이지만 백제문화 전체를 관통하는 백제미(美)가 아닐까? 검소하지만 누추하지 않고, 화려하지만 사치스럽지 않는 그런 미(美)를 뭐라고 표현해야 할까? 한마디 말로 표현할 수 있을까? 오감으로 알 수 있는 것이 아니라 감성으로 느껴야 알 수 있는 것이다. 백제적 미감을 알려면 두 눈으로 들어오는 것에 현혹되어서는 안된다. 우리 눈은 화려하고 사치스러운 것을 좋아한다. 그렇기에 백제 미(美)는 마음으로 보아야 한다. 이런 미감은 온조왕의 궁실에서 시작해 미륵사지 출토 사리병과 정림사탑에 이르기까지 일관된 흐름으로 보여주었다.

이것은 백제가 우리민족에게 남겨준 美의 척도였다. 정도전은 경복궁을 창건하면서 『삼국사기』를 슬쩍 인용했다. 『조선경국전』에서 다음과 같이 말한다. "궁궐 제도는 사치하면 반드시 백성을 수고롭게 하고 재정을 손상시키고 누추하면 조정에 대한 존엄을 보여줄 수가 없게 될 것이다." 조선이 추구했던 유학의 핵심은 禮(예)였다. 예는 자기 절제에서 시작한다. 그러나 절제하지만 누추해서는 안된다고 말한다. 조선의 달항아리에서 검이불루 화이불치의 미를 느낄 수 있는 것이 과연 우연일까?

내적 깊이가 없이는 그것을 실현할 수 없다. 인문학이 부족하면 형식에 치우치게 된다. 백제가 가진 인문학적 충만은 백제미술 전반을 지배하였고, 우리민족의 정서에 그대로 녹아 있다.

9 위례성 또는 한성

백제 역사를 살펴보다 보면 위례성, 한성이 자주 등장한다. 성(城)은 어떤 단위를 말하는 것인데, 대체로 왕성을 지칭하는 것으로 보인다. 그렇다면 위례성은 무엇이고, 한성은 무엇인가? 하남위례성은 또 무엇인가? 명칭에 대한 논쟁은 지금도 끝나지 않았다. 이 논쟁은 끝날 것 같지 않다. 확실한 유적과 유물, 기록이 등장하지 않는 한 말이다.

위례성은 울타리

'위례=우리' 발음이 비슷한 데서 착안했다. 조선 후기 다산 정약용은 위례와 위리의 음이 같다는 점에 착안해서 '나무울타리로 둘러싸인 성'이라고 정의했다. 온조가 지금의 송파구 일대에 자리 잡고 나라를 열었을 때는 자신들을 방어할 시설은 아무것도 없었다. 혹시 있을지 모를 적의 침략을 막아내기 위해서는 통나무를 박아 울타리를 만들었다. 이 울타리를 목책이라 한다. 목책 밖으로는 구덩이를 파서 물을 담았다. 이를 환호라 한다. 청동기시대 마을터를 발굴하면 마을 외곽으로 목책을 둘렀던 흔적이 발견된다. 목책 밖으로 웅덩이를 파서 적의 침략을 대비하였다. 가장 기초적인 방어시설인 셈이다. 온조가 시작한 도성은 이와 유사한 형태였을 것이다. 울타리 내부에 사는 공동체를 '우리'라 부르게 된 것도 '울타리=우리'에서 시작되었다.

훗날 토성을 건설하면서 목책성의 중요성은 약해졌지만, 토성 아래에 목책을 세워 이중 방어 기능을 갖추기도 했다. 몽촌토성에서 그 흔

몽촌토성 목책 한성백제기 초기에는 흙을 쪄서 성을 쌓기 어려웠기 때문에 목책을 둘렀을 것으로 보인다. 그래서 울타리성이라 하여 위례라 불렀다고 주장한다.

적이 확인되었다. 이로써 위례성이라는 뜻은 '목책을 두른 성(城)'에서 왔다는 것이다. 훗날 위례성은 백제 왕성을 말하는 대명사가 되었다는 것이다.

위례성은 왕성

백제는 '왕=어라하'라 했다. '하'는 존칭이다. '어라'는 크다(大)는 뜻이다. '어라하=대왕'이라는 뜻이 되겠다. '어라=위례' 발음이 비슷한 데서 '위례성=왕성'이라는 주장이다. 즉 위례성은 왕이 거주하는 성을 칭한다는 것이다.

위례성=한성(漢城)

백제의 도읍을 말할 때 〈위례성-웅진-사비〉라고 칭하지만, 〈한성백제-웅진백제-사비백제〉로 칭하기도 한다. 위례성과 한성 두 가지로 불렸다는 것을 알 수 있다. 어떤 차이가 있었던 것일까?

한(漢)은 크다는 뜻을 갖고 있다. 한강(漢江), 한양(漢陽), 한가위 등이 모두 크다는 뜻을 품었다. 『일본서기』는 한성을 '大城(대성)'이라 표기하였다. 그렇다면 큰 성은 어떤 곳일까? 규모가 큰 것일까? 아니면 왕이 거주하는 곳일까? 왕이 거주하는 왕성(王城)을 대성이라 한다. 한성은 왕이 거주하는 성을 뜻하는 지명이었다. 위례성 역시 왕성이라는 뜻을 갖고 있으니 '위례성=한성'은 같은 뜻이라 할 수 있다.

한성=북성+남성

백제사에 등장하는 북성(北城)은 풍납토성, 남성(南城)은 몽촌토성으로 추정된다. 북성은 왕성으로 사용되었고, 남성은 왕성을 방어하기 위한 외곽성으로 군사적 목적을 지닌 군성(軍城)이라 한다.

위례성(왕성)은 풍납토성이고, 한성은 위례성보다 조금 더 확장된 개념으로 풍납토성과 몽촌토성을 아우르는 명칭이라는 것이다. 한성이 큰 개념이고 위례성은 좁은 개념이다. 그렇지만 북성과 남성이 너무 가까워 남성은 남한산성일 가능성도 있다고 한다.

백제의 첫 도읍은 한강 남쪽의 위례성(慰禮城)이다. 위례성은 점점 발전하여 한성(漢城)으로 이름이 바뀌었다. 좁은 의미의 한성은 궁궐이 있었던 북성(北城)과 별궁이 있었던 남성(南城) 등 2개 성을 가리킨다. 북성은 지금의 풍납토성이며 남성은 지금의 몽촌토성이다. 넓은 의미의 한성은 두 성 바깥의 도시와 왕릉구역(석촌동고분군) 등 인근 지역도 모두 포함한다.

백제 때의 한성은 지금의 송파구와 강동구 일대이다. 성 안에는 각각 궁궐과 관청, 왕족 및 귀족들의 집과 군사시설, 일반민가 등이 있었다. 한성 바깥에는 일반 민가와 농경지, 각종 경제시설도 배치되었다. 한성 남쪽의 석촌동 · 가락동 일대에는 왕족과 귀족, 일반인의 무덤이 조성된 공동묘지가 있었다.[11]

---

11 한성백제박물관 도록 발췌

하남위례성, 하북위례성

『삼국사기』 온조왕 13년 조에는 이런 기록이 있다.

“우리나라의 동쪽에는 낙랑이 있고 북쪽에는 말갈이 있어 영토를 침략하므로 편안한 날이 적다. 하물며 이즈음 요망한 징조가 자주 나타나고 국모(國母)가 돌아가시니 형세가 스스로 편안할 수 없도다. 장차 꼭 도읍을 옮겨야 하겠다. 내가 어제 순행을 나가 한수(漢水) 남쪽을 보니 땅이 기름지므로 마땅히 그곳에 도읍을 정하여 길이 편안할 수 있는 계책을 도모하여야 하겠다.”

『삼국사기』 온조왕 14년(서기전 5) 기록은 이렇다.

“봄 정월에 도읍을 옮겼다. 2월에 왕이 마을을 순행하며 위무하고 농사를 힘써 장려하였다.”

위의 기록을 살펴보면 온조왕이 백제를 건국한 곳은 지금의 송파구 일대가 아니다. 온조왕 14년에야 한수(漢水) 남쪽으로 옮겼다고 한다. 그러면 온조왕 14년까지 도읍으로 삼았던 곳이 있었을 것이다. 이를 ‘하북위례성’이라 한다. 말갈이 수시로 쳐들어와 위례성(慰禮城)을 에워싸고 공격하였다. 그때마다 온조왕은 군사를 내어 물리치기는 했으나 불안하기 짝이 없었다. 그래서 한수 남쪽으로 도읍을 옮기기로 한 것이다. 온조왕 14년에 옮긴 도읍이 하남위례성이라는 곳이다. 하북위례성은 어디였을까? 어떤 이들은 '중랑천일대'를 주장하고, 어떤 이들은 '북한산 일대'를 주장하기도 한다. 어떤 이들은 하북위례성은 없고 원래부터 한수남쪽에 자리 잡았다고 한다. 어떤 것이 사실인지 알 도리가 없다.

시련을 극복한 흔적

지형을 이용한 몽촌토성

1 남한산 줄기 끝에 축조된 몽촌토성

꿈마을[12]이라는 이름을 지닌 몽촌토성(사적 제297호)은 한성백제의 토성(土城)이다. 성벽의 규모는 길이 2,285m, 높이 6~40m, 면적은 13만6천여 평에 이른다. 원래 성벽 높이는 지금보다 더 높았을 것이다. 백제 왕성으로 확실시되는 풍납토성은 아무것도 없는 평지에다 순전히

몽촌토성 남한산 줄기 끝에 성벽을 세웠다. 원래부터 있던 구릉을 이용해서 성벽을 삼았다.

12 몽촌(夢村)은 꿈마을이라는 뜻이다. 그러나 원어는 곰말(곰마을)이었다. 곰을 토템으로 하던 마을이었다. 곰말이라고 부르던 것이 꿈말이 되었다. 몽촌토성 해자를 건너는 다리 이름을 곰말다리라고 붙인 이유다. 조선시대에 이미 몽촌이라 불렀던 것으로 확인되었다.

인력으로 쌓은 것이라면, 몽촌토성은 지형을 충분히 활용해서 축조했다. 남한산에서 북쪽으로 뻗어내린 산줄기가 한강을 만나기 전에 낮은 언덕을 이루었는데 해발 44m 정도 된다. 굴곡진 산줄기를 다듬고 돋우어 성벽 모양을 갖추었고, 구릉이 끊긴 부분은 흙을 쌓고 두들겨 성벽을 완성했다. 풍납토성에 비해 큰 공력을 들이지 않고도 성벽을 만들 수 있었을 것이다.

지형을 따라 축조했기 때문에 성벽은 굴곡이 심하고 높낮이는 변화가 많다. 굴곡진 성벽은 자연스럽게 치성(雉城) 역할을 했을 것이다. 치는 밖으로 돌출된 성벽을 말하는데, 적이 성벽에 접근하면 측면에서 공격할 수 있는 기능을 한다. 몽촌토성을 걸으면서 굴곡진 성벽이 치성 역할을 어떻게 했었는지 상상해보자.

2 지금도 남아 있는 해자

동남쪽에서 흘러온 성내천이 성벽의 동 · 북 · 서쪽을 감싸고 흐르면서 해자를 형성하였다. 남서쪽으로는 구덩이를 파서 해자를 만들었다. 현재 올림픽공원 연못은 백제인들이 만든 해자를 연못으로 정리한 것이다.

성벽 바깥 동북쪽에는 작은 구릉이 있다. 이 구릉은 몽촌토성과 연계하여 적의 침략을 방어할 필요가 있는 곳이다. 발굴 결과도 그것을 말해주었다. 구릉에는 둘레 270m 정도의 목책보루가 따로 있었다. 성벽을 축조하지는 않았지만 자연 지형을 이용해 목책만 설치했던 작은 규모의 보루성이었다.

몽촌토성 해자 몽촌토성 둘레에는 성내천, 올림픽공원 연못이 있다. 성내천과 연못은 몽촌토성의 해자였다. 올림픽공원 연못은 백제인들이 조성한 해자였는데 지금은 연못으로 사용되고 있다.

몽촌토성을 걸으면 이곳이 성벽이라는 것을 알지 못한다. 성벽이라면 밖으로는 적이 접근할 수 없을 정도 급경사를 이루어야 하는데, 비스듬한 언덕이기 때문이다. 475년 한성백제가 무너진 후 이 지역을 차지했던 고구려는 풍납토성과 몽촌토성을 사용하지 않았다. 신라도 마찬가지였다. 그때부터 두 토성은 자연으로 돌아갔다. 수많은 세월 동안 성벽은 서서히 낮아졌고, 빗물에 씻긴 흙은 성벽 아래로 흘러가 쌓였다. 언제부터인가 사람들이 들어와 마을을 이루고 살았고, 농사도 지었다. 살다가 죽으면 무덤도 정성껏 만들었다.

3 올림픽을 위해 발굴된 몽촌토성

몽촌토성은 한성백제기 왕성으로 확실시되던 곳이었다. 다른 의견들이 있기는 했지만 대세는 몽촌토성이었다. 풍납토성은 강변에 위치하여 왕성으로 보기엔 위험한 측면이 있었고, 주변에 대안이 될만한 유적이 없는 상황이었기 때문에 몽촌토성을 왕성으로 믿었던 것이다.

이곳은 1988년 서울올림픽을 하기 전에 발굴되었다. 발굴 결과 왕성으로 확신할만한 유적이 나타나지 않았다. 왕성급은 틀림없으나 왕성으로 확신하기엔 부족한 점이 너무 많았다. 왕성이라면 그것도 493년간 백제를 이끌었던 왕성이라면 거기에 부합하는 건물터가 나와야 한다. 건물터의 수준도 고급스러워야 한다. 유물 분포와 수준도 급이 달라야 한다. 그러나 궁궐로 확신할만한 터는 발견되지 않았다. 유물 수준은 왕성급을 보여주었으나 그 수가 턱없이 부족했다. 그렇지만 몽촌토성 외에 왕성으로 볼만한 유적이 없었기에 조심스럽지만 몽촌토성을 한성백제기 왕성이라는 주장을 유지하였다. 그러다 1990년대 말부터 풍납토성이 발굴되기 시작하자 상황은 급변하였다. 왕성은 풍납토성으로 확정되었다. 그리고 지금까지 왕성으로 보았던 몽촌토성의 성격에 대해 몇 가지로 정리되었다.

1 풍납토성=왕성(王城), 몽촌토성=군성(軍城)

2 풍납토성=북성(北城), 몽촌토성=남성(南城)

3 풍납토성+몽촌토성=한성(漢城)

몽촌토성 공원 몽촌토성은 지역 주민들에게 최고의 선물이다. 유적지가 아니었다면 개발론자들의 등쌀에 아파트가 들어섰을 것이다.

4 사라질 뻔한 몽촌토성

한강을 지금과 같은 모습으로 정비하는 과정에 섬이었던 잠실이 육지가 되었다. 잠실 북쪽과 남쪽으로 한강이 흐르고 있었다. 석촌호수는 원래 한강의 본줄기였다. 이곳을 정비하면서 본줄기는 막고 북쪽 물길은 더 확장했다. 북쪽 물줄기를 막았으면 잠실은 강북이 되었을 것이다. 이때 한강 줄기 하나를 막을 흙이 필요하게 되자 몽촌토성을 파서 사용하자는 제안이 있었다. 그러나 이 터가 백제의 위례성일지도 모른다는 전문가들의 주장이 있어 무산되었다. 서울올림픽이 결정되자 이 일대는 경기장 부지로 지정되었고, 1984년부터 올림픽공원을 조성하는 작업에 착수했다. 공원 공사 도중에 토성의 성벽과 유물들이 발굴되었다. 그래서 순차적으로 발굴이 진행되었다. 평범한 언덕으로 보였던 이곳에서 백제의 유물이 나오기 시작하자 한성백제를 주목하기 시작했다. 결국 유적지로 보존하기로 결정됨에 따라 지금과 같은 모습으로 남겨지게 된 것이다. 혹여라도 이 일대를 꾸민답시고 건물을 짓고 위락시설이라도 만들었다면 돌이킬 수 없는 사태가 될 뻔했다.

"문화재가 밥 먹여주냐?"고 따지는 이들을 여럿 만났다. 나는 확신한다. "밥 먹여준다. 그것도 아주 고급스러운 밥을!" 개발론자들의 논리대로 개발했더라면 그들은 돈을 벌었을 것이다. 그 대신 잠실 일대에 이렇게 훌륭한 공원은 없었을 것이다. 지역 주민들이 한가롭게 산책할 수 있는 공간을 어디서 얻을 수 있었을까? 문화재가 있었기에 개발이 제한되었고, 그것 때문에 닭장같은 아파트를 벗어나 숨 쉴 수 있는 공간이 생긴 것이다. 덕분에 주민들 생활환경이 개선되었고 삶의 질이 향상되었다. 정서적으로도 많은 도움이 된다. 밥만 먹고 살 수는 없다. 개발론자들은 밥만 먹어도 산다고 주장한다. 돈이면 행복도 살 수 있다고 천박한 주장을 한다. 미친한 논리들이다. 서울에 5대 궁궐, 종묘, 성균관, 한양도성, 조선왕릉 등이 없었더라면 빌딩이 그 자리를 차지했을 것이다. 우리는 회색빛 우중충한 건물들에 둘러싸여 살았을 것이다. 문화재는 우리에게 돈으로 살 수 없는 정서적 행복을 먹여준다.

5 몽촌토성의 삼중 방어 목책

성벽 바깥쪽은 언덕 사면을 깎고 다듬어서 급경사를 만들었다. 적이 기어 올라오지 못하게하기 위함이다. 성벽 아래는 통나무를 박아 목책을 설치했다. 침략자들은 1차로 해자(垓字)를 건너야 한다. 해자를 건너면 목책이 막아선다. 위에서 바라보는 목책은 그다지 부담스럽지 않은 높이지만 밖에서 바라보면 그 높이가 배나 된다. 적은 목책을 쓰러뜨리거나 넘어야 성벽에 오를 수 있다. 그 과정에 수많은 희생이 발생한다. 목책은 대단히 효과적인 방어시설이었다. 토성이라 가능했던 방어책이다. 지금은 일부 구간만 복원되어 있지만 취약한 지점에 모두 설치했을 것으로 짐작된다. 적을 막는 가장 기초적인 방책이기 때문이다.

6 성문, 망루 또는 지휘소

토성 위를 걷다 보면 성벽이 끊긴 지점을 볼 수 있다. 끊긴 지점에는 외부와 통하는 길이 있다. 성벽을 의도적으로 끊은 것이 아니라 원래 몽촌토성 성문(城門)이 있었던 흔적이다. 성문은 사라지고 길만 남아서 지금도 유용하게 사용하고 있다.

성벽 위에서 조망이 좋은 곳이라면 넓은 터가 별도로 조성되어 있다. 이곳은 밖을 감시하던 망대 또는 전투를 지휘했던 장대를 설치했던 장소다. 네모난 터를 마련하고 그곳에 건물을 지었을 것이다. 몽촌토성을 답사하면서 그런 곳이 나타나면 그곳에 서서 성벽을 조망하자. 그리고 장수가 어떻게 지휘했을지 또 군사들이 얼마나 치열하게 싸웠을지 상상해보자. 한성백제 마지막 날 개로왕은 풍납토성에서 몽촌토성으로 피란왔다가 이곳마저도 함락될 위기에 처하자 성을 나가 도망치다가 붙잡혔다. 그는 수모를 당한 후 아차산 아래로 보내져 죽었다.

망대 및 장대 토성 내에서 조망이 좋은 곳은 지휘하기에도 좋은 곳이었다. 장대나 망대를 두었을 것으로 보인다.

7 백제집자리전시관

몽촌토성 성벽을 따라 걷다 보면 우주신처럼 생긴 건물 하나를 만나게 된다. '백제집자리전시관'이라는 이름이 붙었다. 몽촌토성을 발굴한 결과 집자리가 여러 곳에서 발견되었는데 그중 일부를 다시 덮지 않고 발굴된 모습 그대로 전시하고 있다. 현장의 설명문을 살펴보자.

몽촌토성은 백제 한성도읍기의 왕도유적 중 하나이다. 1983-1989년에 총 6차례 발굴조사 한 결과, 몽촌토성 안에서 지상건물터 4개, 구덩식 집자리 12개, 저장구덩이 30여 개 등이 확인되었다. 집자리와 저장구덩이는 대개 해발 25m 이상의 높은 곳에 위치하며, 그 안에서 원통모양그릇받침, 굽다리접시, 세발토기 등의 토기류와 칼 · 창을 비롯한 철제무기류, 뼈로 만든 갑옷 등이 출토되었다.

백제집자리전시관은 모두 4개의 집자리를 보존 · 전시하고 있는데, 앞 시기에 만든 집자리와 나중에 만든 집자리가 서로 겹친 모습이다. 그 중 3개 집자리의 모양은 평면육각형으로, 남쪽에 출입시설이 있고 내부에는 주거지 한쪽 벽을 따라 밖으로 돌출된 형태의 화덕시설이 있다.[13]

13 몽촌토성 내 집자리전시관 설명문

구덩식 집자리는 움집을 말한다. 움집은 신석기시대에만 있었던 것이 아니다. 땅을 1m 가량 파고 집을 지으면 움집이다. 집의 겉모습과 구조는 신석기시대와 다르지만 땅을 파고 짓는 것은 같다. '수혈식 집자리'라고도 한다. 구덩식 집자리는 점차 구덩이를 얕게 팠으며 결국에 지표면에 기둥을 세우고 집을 짓는 단계에 이르렀다. 지상식 건물이라 한다. 그러다가 점차 기단을 쌓고 그 위에 집을 지었다. 구들과 마루도 갖추어졌다.

몽촌토성에서 백제인들의 삶은 수백 년간 이어졌다. 수백 년 동안 집의 구조도 다양하게 변화했을 것이다. 그러므로 기존에 살던 집을 부수고 거기에 더 발달된 집을 짓는다. 그러다 보니 집자리가 겹친 모습으로 나타난다.

수혈주거지 몽촌토성 성벽 위에는 백제시대 수혈주거지가 있다. 수혈은 아래로 파내려간 것을 말한다. 이곳은 군사가 주둔했던 막사로 짐작된다.

저장구덩이는 대개 음식물을 저장한다. 저장하는 방법으로는 큰 항아리를 구덩이에 넣고 그 안에 식량을 저장했다. 음식을 용기에 담아서 냉장고에 넣는 것과 같다. 흙으로 된 구덩이에 그냥 넣으면 싹이 나거나, 상해서 먹지 못한다.

이곳 집자리는 일반 백성들이 살았던 집으로 보기 어렵다. 왜냐하면 성벽 위에 조성되어 있기 때문이다. 또 몽촌토성에는 풍납토성과 달리 일반 주거구역이 발견되지 않았다. 그러므로 몽촌토성은 주로 국가중요시설+군사적 목적으로 사용되었을 것으로 보고 있다. 그렇다면 집자리전시관 내에 있는 흔적은 몽촌토성을 지키던 군사들의 병영이었을 것으로 추정된다.

8 몽촌토성에서 발굴된 유물

몽촌토성은 여러 차례, 여러 곳을 발굴했다. 백제의 흔적은 지하 3~4m 아래에 있다. 아주 깊이 파야 그 시대의 흔적을 발견할 수 있다. 1983년 발굴에서는 목책 흔적으로 추정되는 기둥구멍 등을 확인했고, 1984년에는 조선시대 건물터, 백제 원통형 그릇받침, 중국 동진자기 조각 등이 발굴되었다. 1985년에는 저장구덩이, 세발토기, 중국 서진의 동전문양이 찍힌 도자기(전문도기), 금동제 과대금구, 뼈갑옷이 출토되었다. 1987년 발굴에서는 중국 남조 벼루조각, 백제 연화문 와당 조각 등을 찾았다. 1988년 발굴에서는 고구려 토기를 찾았다. 1989년에는 적심석[14]을 포함하는 지상건물터, 판축한 대지, 연못터 2개 등이 나왔다.

특이한 유물로는 뼈갑옷이 있다. 서울대학교박물관이 소장하고 있는 이 유물은 동물의 뼈를 갈아서 네모난 조각으로 만들고 가죽 끈으로 연결해서 만들었던 갑옷이다. 이렇게 만들면 물고기 비늘처럼 생긴 갑옷이 된다. 낱낱의 뼈조각, 즉 소찰(小札)은 가늘고 기다란 직사각형에 가깝다. 길이는 대부분 10cm 내외, 너비는 2~4cm이다.

제사용으로 사용되는 그릇받침(器臺,기대)은 높이 54cm로 제법 듬직한 모양을 갖추었다. 접시같은 띠를 일정한 간격으로 붙여서 제기의 상징성을 높였다. 중간에는 작고 둥근 구멍을 여러 곳 뚫었다. 기대 위에는 밑이 둥근 그릇을 올려 두었다. 풍납토성과 몽촌토성 내에서 밑이 둥근 그릇이 유난히 많이 발굴되었는데 이는 기대 위에 올려놓았거나, 땅을 파서 저장용으로 사용했던 것임을 알게 해준다.

유물 중에서 중국에서 제작된 그릇도 여러 점 나왔다. 또 연화문 수막새도 출토되었다. 또 적심(주춧돌)을 받친 건물의 흔적도 발굴되었다. 이런 정황들을 종합해보면 몽촌토성 내에는 매우 중요한 시설이 있었으며, 제례 의식도 진행되었음을 알 수 있다. 가까운 풍납토성이 왕성으로 기능했지만, 몽촌토성도 그 기능 중 일부를 나눠서 감당했을 것으로 추론해볼 수 있게 한다.

---

14 적심석-주춧돌을 놓기 위한 기초시설

9 충헌공 김구묘

몽촌토성을 걷다 보면 큰 무덤 한 기를 만날 수 있다. 조선 숙종 때에 우의정을 지낸 김구(金構)의 무덤이다. 본관은 청풍이며 호는 관복재(觀復齋)이다. 숙종 8년(1682) 문과에 장원으로 급제하였다. 그는 사헌부, 사간원의 관료로 있을 때, 노론과 소론의 격렬한 대립을 중재하기 위해 많은 노력을 기울였다. 흑백(黑白)의 논리만 설 자리 있던 시대에 보기 드문 탕평인사였다. 여러 도의 관찰사를 역임하고 강화유수를 지내기도 했다.

그는 노산군(단종)의 복위를 적극 주장했다. 단종의 복위를 주장한다는 것은 매우 민감한 문제였다. 단종이 왕으로 복위되면 그를 죽였던 세력들은 역적이 되는 것이다. 즉 세조의 위치가 난감해지는 것이다. 세조 이후로는 모든 왕들이 세조의 후손이다. 단종 문제를 거론하는 것은 세조의 정통성에 시비를 거는 것과 같은 것이다. 그래서 잘못된 것인 줄 알지만 꺼내지 못했던, 금기시되었던 주제였다.

'단종을 위해 목숨을 던진 이들이 충신이 아니라면, 누가 충신인가? 만약 지금 그와 같은 일이 벌어진다면 나는 사육신을 따르겠다'

이 말을 들은 숙종은 정신이 번쩍 들었다. '그렇다! 왕을 위해 목숨을 바친 이들을 충신으로 대우하지 않는다면 누가 나를 위해 목숨을 바치겠는가?' 김구의 끈질긴 주청에 숙종은 노산군을 왕으로 복위시키고 종묘에 신주를 모셨다. 노산군묘도 왕릉으로 올리고 능호(陵號)를 '장릉'이라 했다. 단종비 정순왕후의 무덤도 왕릉으로 격상하였다. 사릉이 그곳이다. 김구는 임금의 위엄에 굽히지 않았고, 의리(義理)에 따라 처신했으므로 임금의 총애와 모든 사람의 존경을 받았다. 1703년 우의정에 올랐으며, 이듬해 병사하였다. 65세였다. 숙종은 충헌(忠憲)이란 시호를 내렸다.

무덤 아래에는 신도비가 있다. 신도비는 무덤으로 가는 길에 있는 큰 비석이다. 정2품 이상만 신도비를 세울 수 있다. 저 아래에 마을이

충헌공 김구묘 몽촌토성 내에 충헌공 김구의 묘와 신도비가 있다. 충헌공 집안은 몽촌토성 일대에 세거하며 명문을 이루었다.

있었다. 김구의 무덤이 있는 곳은 마을 뒷산이었다. 저 아래에는 김구가 속한 청풍김씨 일문(一門)의 마을이 있었다. 이 일문은 하도 번성해서 '몽촌대신 가문'이라 따로 불리기도 했다. 김구의 후손 중에 몽촌대감 김종수가 유명했다.

묘(墓)는 제법 큰 규모이며 봉분 뒤로는 언덕을 돋우어 병풍처럼 둘렀다. 봉분 앞에는 상석과 혼유석이 놓였으며, 묘비도 세워졌다. 묘비에는 '右議政忠憲金公諱構墓 / 貞敬夫人全州李氏祔左(우의정충헌공김공휘구묘/정경부인전주이씨부좌)'라 기록되어 있다. 묘비에는 벼슬과 시호, 이름이 기록되었다. 청렴했던 그의 성품답게 벼슬은 우의정하나만 기록했다. 휘(諱)는 죽은 사람의 이름 앞 또는 높은 사람의 이름앞에 쓴다. 부모가 지어준 이름을 함부로 부르지 않았던 것에서 비롯되었다. 남편의 벼슬이 우의정에 올랐으니 부인은 貞敬夫人(정경부인)이라 한다. 조선시대에는 여자는 이름을 기록하지 않고 성씨만 기록하였다. 끝에 祔左(부좌)에서 '祔'는 합장했다는 뜻이다. 좌(左)는 남자의 좌측에 합장했다는 뜻이다. 충헌공의 좌측에 부인이 합장되었다는 뜻이 된다.

망주석 한 쌍이 좌우로 놓였고 그 앞으로 석양이 마주보고 있다. 석양을 무덤 앞에 세우는 것은 18세기 중반부터 유행하던 양식이다. 원래 문인석을 마주보게 세웠는데 석양으로 대체된 것이다. 양(羊)은 효도를 상징하는 동물이다. 동물 중에서 유일하게 무릎을 꿇고 젖을 먹는다는 이유로 효도를 상징하는 동물이 되었다. 무덤 앞에 양을 두는 것은 후손의 효도를 말하는 것이다.

신도비에는 충헌공 김구의 생애를 기록하였다. 비석은 1743년에 세운 것으로 비문을 지은 사람은 영조때 영의정이었던 이의현이며, 글씨는 김구의 사위인 서명균이 썼다. 비석은 비교적 잘 보존되어 있으며 글씨가 선명하다. 비석의 머릿글씨(제목)는 영의정을 지낸 유척기가 썼다.

5

석촌동 백제고분군

1 선심쓰듯 남겨진 왕릉

우리나라가 급격하게 성장하면서 서울도 그 속도로 확장되었다. 1970년대만 하더라도 한강 남쪽은 농촌이었다. 그때까지도 현재 송파구의 가락동 · 석촌동 일대에는 백제 고분들이 즐비했다. 1917년 조사된 바에 따르면 석촌동, 송파동(가락동), 방이동 일대에는 총 300여 기의 대형 고분이 흩어져 있었다. 석촌동 일대만 하더라도 돌무지무덤(적석총) 66기와 흙무덤(봉토분) 23기가 떼를 이루고 있었다. 돌무지무덤은 온전한 모양을 갖춘 것은 없었으나, 제대로 복원한다면 늠름한

석촌동 백제고분 선심쓰듯 남겨진 백제 고분을 바라보고 있으면 마음 아프다. 다 남겨 두었더라면 최고의 유적이 되었을 것이다. 지역주민들에게 몽촌토성 이상의 공원이 되었을 것이다.

고대의 고분이 될 것이 틀림없었다. 돌무더기가 얼마나 많았던지 마을 이름도 '돌마리'라고 불렀다. 한자로 표현하면 '石村(석촌)'이다.

그러나 1970년대 중반부터 시작된 잠실 일대 개발에서 몇 기만 남기고 모조리 사라졌다. 송파동, 방이동은 그렇다 하더라도 석촌동 일대에 있었던 돌무지무덤만이라도 보존했다면 서울 최고의 유적지가 되었을 것이다. 석촌동 일대는 백제 고분들로 가득했을 것이고, 수많은 관광객이 백제 고분을 보기 위해 달려왔을 것이다. 고분 유적지는 숲으로 둘러싸인 대규모 공원이 되었을 것이다. 풍납토성에서 몽촌토성, 석촌동 고분군으로 이어지는 한성백제의 유적은 세계문화유산 등재가 손쉽게 되었을 것이다. 지금에 와서 아쉬워한들 무슨 소용이 있겠는가마는 지금도 개발과 보존의 갈림길에 선 곳이 있다면 다시 한번 생각해보라고 권하고 싶다.

사적으로 지정된 석촌동 고분군에는 눈으로 볼 수 있는 무덤은 8기가 있다. 온전한 모습으로 복원된 고분 4기와 발굴 후 바닥만 공개한 무덤 4기가 있다. 복원된 것 중에서 돌무지무덤(적석총)이 3기(2호분, 3호분, 4호분)이고 흙무덤인 5호분이 있다. 바닥만 드러낸 무덤은 움무덤(토광묘) 2기, 돌무지무덤으로 보이는 1호분, 밖은 네모난데 안쪽은 둥근 모습을 한 내원외방분(內圓外方墳)이 있다.

2 백제왕실의 뿌리는 부여

석촌동 백제고분군은 백제와 고구려는 그 뿌리가 같음을 증명해주는 중요한 유적이다. 이곳은 백제의 기원에 관한 기록들이 사실이라고 증명해주고 있다. 무덤은 대단히 보수적인 문화다. 무덤의 형태, 장례 방식 등이 공동체 내부에서 어떤 방식으로든 결정되면 쉽게 변하지 않는다. 사후세계를 경험한 이는 아무도 없기 때문이다. 따라서 지리적으로 멀리 떨어진 두 집단이 사용하는 무덤의 형태가 동일하다는 것은 그들은 뿌리가 같다는 것을 말해준다. 고구려와 백제는 무덤 형태가 같고, 신라는 다르다. 고구려와 백제의 뿌리와 신라의 뿌리가 다름을 말하는 중요한 증거다. 훗날 삼국은 중국문화와 불교문화를 동력으로 국가를 이끌어가게 된다. 삼국이 동일한 문화와 종교를 사용하게 되면서 장례방법도 공통점을 띠게 되었다. '굴식돌방무덤'이 삼국(고구려, 백제, 신라, 가야) 모두에게 나타난 것이다. 삼국이 같은 문화, 종교를 수용하면서 생긴 결과였다.

TIP 무덤 용어

1 적석총(돌무지무덤)은 돌을 쌓아 만든 무덤을 말한다. 고구려와 백제는 돌무지무덤을 주로 축조하였다. 처음에는 냇돌을 주워 와 매장부 위를 덮었다. 덮은 자갈돌이 흘러내리자 아랫부분에 큰 돌로 기단을 만들고 그 안에 돌을 쌓았다. 그러다 흘러내림을 방지하기 위해 깬돌을 이용하여 계단처럼 쌓았다. 내부는 자갈을 채웠다. 마지막에는 큰 돌을 다듬어 피라미드형으로 쌓고 내부는 자갈을 채웠다. 고구려의 장군총(장수왕릉), 광개토태왕릉, 천추총이 대표적인 경우다.

2 봉토분은 흙을 덮은 무덤이다. 내부 구조는 여러 가지다. 돌로 방을 만들고 흙을 덮는 굴식돌방무덤이 있고, 시신을 안치하는 곽을 만든 후 흙을 덮는 경우, 관을 놓고 흙을 덮는 경우, 땅을 파서 관을 매장한 후 흙을 덮는 경우 등 다양하다. 겉모습은 둥근 봉토분이지만 내부 구조는 다양하다.

3 근초고왕릉으로 추정되는 3호분

3호분은 석촌동에서 가장 큰 무덤으로 계단식돌무지무덤이다. 무덤의 형태는 방형(사각)이며 3단으로 되어있다. 동서 50.8m, 남북 48.4m로 정사각형에 가까우며, 높이는 4.5m 정도된다. 윗부분은 훼손이 심하여 원래 모습대로 복원하지 못했다. 원래대로 남아 있었다면 3단이 아니라 5단 정도될 것으로 추정되며 원래 높이는 6m 정도 되었을 것이다. 출토된 유물로는 금제 장신구 1점, 중국제 자기 항아리 일부,

3호분 근초고왕릉으로 추정된다. 한 변 길이가 50m가 넘는다.

백제의 연질토기 등이 있다. 무덤에서 출토된 유물의 연대를 측정한 결과 4세기의 것으로 밝혀졌다. 4세기에 이 정도 규모의 무덤을 조성할 수 있었던 왕은 누구였을까? 그래서 375년에 죽은 근초고왕의 무덤으로 추정되고 있다.

무덤을 만들기 위해서는 가장 먼저 바닥을 단단히 다진다. 그리고 그 위에는 자갈을 고르게 깔아 수평을 맞춘다. 밖으로는 네모나게 다듬은 돌(활석)을 쌓고, 내부는 자갈을 채운다. 일정한 높이만큼 쌓은 후 안으로 들여 쌓기하면서 두 번째 단을 쌓는다. 이렇게 하여 원하는 높이만큼 쌓고 마무리한다. 무덤 주위로는 구덩이(주구)를 파서 경계를 만든다.

3호분은 고구려의 수도였던 국내성에 남아 있는 장군총보다 크다. 그러나 더 작아 보이는 것은 높이 때문이다. 장군총은 한 변의 길이가 30m이며, 높이는 11.28m이다. 3호분이 크고 납작하다면 장군총은 높고 웅장한 기운을 갖고 있다. 재료가 갖는 질량감, 무게감도 무시할 수 없다. 낮게 쌓은 3호분은 큰 돌을 이용할 필요가 없었다. 장군총은 높게 쌓아야 했기 때문에 큰 돌을 다듬어 쌓아야 했다. 돌의 크기가 주는 느낌도 두 고분의 차이를 가져왔다.

고구려와 뿌리는 같으나 수백 년 동안 다른 환경 속에서 역사를 이끌어 오면서 문화적으로 달라지고 있었다. 따뜻하고 풍요로운 환경에 있었던 백제는 넉넉한 기품을 가진 문화로 변모하고 있었던 것이다.

4 두 기의 무덤이 나란한 1호분

1호분은 바닥만 노출되어 있다. 훼손이 심하고 바닥만 남은 상태였기 때문에 원래 모습을 유추해서 복원하지 않고 바닥만 공개하고 있다. 1호분은 두 기의 무덤이 붙어 있는 형태이다. 남북으로 나란하게 붙어 있는 이 무덤은 합장무덤으로 추정되었다. 남쪽 무덤은 무덤 전체가 돌로 조성된 고구려식 돌무지무덤이고, 북쪽 무덤은 밖으로는 돌, 내부에는 흙을 채워 넣은 백제식으로 변화된 돌무지무덤이었다. 두 기의 무덤은 약간의 간격을 두고 나란히 조성되었고, 밖으로는 돌담을 쌓듯이 한 울타리로 둘렀다. 긴 장방형의 돌담 안에 두 기의 무덤이 남북으로 나란한 모습이었다. 이 때문에 부부 합장무덤으로 추정되었다. 고대의 고분에서 남쪽은 남자, 북쪽은 여자의 무덤인 경우가 많다. 남자는 고구려 계통이었기 때문에 무덤도 온전한 돌무지무덤이었고, 여자는 토착세력의 후손이었기 때문에 겉으로 보기에는 돌무지이나 내부는 흙을 채우는 무덤을 만든 것이 아닐까 짐작되었다.

최근 1호분 주변 공터가 발굴되었는데 전혀 다른 정보를 제공해주었다. 100m가 넘는 공간에 작은 돌무지무덤이 벽을 잇대어 조성되었다는 것이다. 따라서 1호분도 두 기의 무덤이 붙어 있다고 해서 부부 합장묘로 볼 수 없다는 주장이다. 당시에 벽을 잇대어 붙여 조성하는 방식이 많았던 것이다.

5 16기 돌무지무덤을 잇대어 만듦

송파구 일대에 싱크홀이 자주 나타나서 뉴스가 되었다. 그러던 중 석촌동 백제고분군 내에서도 싱크홀이 나타났다. 서울시에서는 싱크홀을 조사할 겸 발굴을 시작했다. 한성백제박물관이 주도한 발굴은 1호분과 2호분 사이에 있는 잔디밭의 일부였다. 싱크홀은 우물로 밝혀졌다. 우물의 내부는 나무로 짠 형태였다.

추가로 주변을 발굴한 결과 벽을 맞대어 조성한 돌무지무덤 16기의 흔적이 발견되었다. 돌무지무덤이 일정한 간격도 없이 벽을 잇대어 만들어져 있었던 것이다. 석촌동 백제고분군을 대표하는 3호분, 2호분, 4호분처럼 다른 무덤들도 어느 정도 간격을 두고 조성되었으리라는 짐작을 무너뜨렸다. 16기가 서로 연접되어 있었는데 그 길이가 무려 100m에 달했다. 1호분까지 이어져 있었다. 다른 구역을 발굴하면 비슷한 결과를 얻을 가능성도 없지 않다. 아주 특이한 양상이었다.

무덤을 조성한 후 일정한 장례 의례를 진행했을 곳으로 보이는 매장의례부[15] 3곳에서는 잘게 부서진 인골이 수습되었다. 3곳에서 수습한 인골은 4.3kg에 달했다. 인골은 모두 화장되어 분골 과정을 거친 것이었다. 한 사람을 화장하면 수습할 수 있는 인골은 2~3kg 정도된다. 4.3kg의 인골은 한 사람이 아니라는 뜻이 된다. 심지어 같은 부위의

---

15 시신을 매장하고 상장례와 관련한 의례가 치러진 시설

뼈가 두 점 나와서 최소 2명 이상의 인골이라는 것을 확정해 주었다. 인골은 제사 유물과 함께 고운 점토로 덮인 채 발견되었다. 무덤 내부도 아닌 매장의례부에서 발견된 인골의 주인공은 어떤 이유로 이렇게 매장되었을까? 매장 의례부에서는 백제식 토기 수십 점, 각종 구슬, 옥제품 등이 발견되었다. 발굴 결과 밝혀진 것도 있지만 궁금한 것도 더 많아졌다.

6 2호분 - 백제식 돌무지무덤

2호분은 17.4m×16.2m 크기에 높이는 3.8m에 이르는 돌무지무덤이다. 무덤 밖은 돌을 쌓아 계단처럼 만든 계단식돌무지무덤이지만, 내부는 자갈이 아닌 점토를 채운 변형된 돌무지무덤이다. 1단 바닥에서 목관 1개가 조사되었다. 먼저 점토를 채운 후, 채운 점토를 파내고 그곳에 목관을 안치하는 방식을 택했다.

무덤 외부로는 돌을 쌓고 내부는 점토를 채워 넣는 방식으로 만들어졌다. 고구려식 돌무지무덤이 백제식 돌무지무덤으로 변화된 것이다. 처음에는 고구려처럼 돌로만 쌓은 무덤이었다가, 수백 년의 시간이 흐르자 토착세력의 봉토분 문화와 혼합되기 시작한 것이다. 토착세력의 흙무덤 일부를 받아들여 전통의 무덤 양식과 혼합한 형식이 나타났던 것이다.

2호분 밖에는 돌을 쌓아 계단식으로 만들고 내부는 흙을 채우는 백제식돌무지무덤이다.

7 4호분 - 백제식이고 싶었던 무덤

4호분의 규모는 17.2×17.2m에 높이 3m되는 계단식돌무지무덤이다. 돌로 쌓은 기단은 3단으로 되어 있다. 겉모습만 봐서는 2호분과 많이 닮았다. 그러나 내부는 전혀 다른 방식으로 조성된 것이었다. 2호분은 무덤을 조성하는 과정에 내부에 흙을 채워넣었다면, 4호분 내부에 쌓은 흙은 네모난 흙기둥이었다. 2호분처럼 돌을 쌓으면서 내부에 흙을 채워 넣은 것이 아니라, 네모난 흙기둥 밖으로 돌을 둘러쌓은 것이다. 즉 흙기둥이 먼저 만들어지고 후에 돌을 두른 것으로 파악되었다. 이 무덤은 원래 흙으로 만든 둥근 형태의 봉토분이었다. 봉토분은 토착세력 무덤이었다. 그러다가 이 무덤의 후손이 백제 왕실 일원이 되었다. 그래서 후손은 백제 왕실의 일원답게 조상의 무덤을 백제 왕실식으로 변형시킨 것이다. 둥근 봉토분을 사각으로 깎아내고, 밖으로 돌을 둘러쌓은 것이다. 물론 이것은 추정에 불과하다. 쌓는 모습을 보지 못했으니 확신할 수는 없다.

4호분 원래 봉토분이었던 것을 깎아내고 밖으로 돌을 계단처럼 쌓아 올리는 방식의 무덤이다.

8 5호분 - 즙석봉토분

석촌동고분군에서 가장 남쪽에 있는 5호분은 유일한 원형의 봉토분이다. 지름 17m에 높이 2.9m의 규모인 이 무덤은 특이한 구조로 인해 '즙석봉토분'이라는 이름이 따로 붙어 있다.

토광, 목관, 옹관 등이 한 무덤 안에 있는 특이한 구조다. 한 사람의 무덤이 아닌 여러 사람이 합장되었다는 것을 알 수 있는데, 도대체 이것이 어떻게 가능할까? 하나의 무덤처럼 만든 것으로 봐서 가족이거나 가까운 혈족으로 보이는데 매장 방식이 다르다는 것은 상식적으로 이해하기 어려운 상황이다. 여기에 매장된 사람들이 같은 시기에 죽었다면 같은 방식으로 매장되었을 것이다. 그러나 다른 방식으로 묻은 것으로 봐서는 각기 다른 시기에 죽었다는 것을 알 수 있다.

즙석봉토분 몇 기의 무덤을 하나처럼 보이게 했다. 매우 특이한 무덤이다. 돌을 한 겹 덮었기 때문에 즙석봉토분이라는 이름을 붙였다.

먼저 죽은 자를 토광(움무덤)에 묻었다. 나중에 죽은 자는 목관에 넣어 옆에 나란히 무덤을 만들었다. 옹관도 마찬가지다. 그리고 세 무덤을 하나의 무덤처럼 흙으로 덮었다. 일정한 높이까지 덮고 나서 강에서 주워 온 납작한 돌을 한 겹 덮었다. 그리고 다시 흙을 덮어 마무리했다. 돌을 한 겹 덮었기 때문에 즙석(葺石)이라 한다. 돌로 한 겹 덮은 것도 특이한 것이다. 여하간 특이한 무덤이 틀림없다.

TIP 감일동고분군

한성백제는 개로왕 때까지 돌무지무덤을 만들었다. 『삼국사기』 개로왕 21년(475)의 기록을 살펴보자.

이에 나라 사람들을 모두 징발하여 흙을 쪄서 성을 쌓고, 안에는 궁실과 누각과 대사 등을 지었는데 웅장하고 화려하지 않음이 없었다. 또 욱리하(한강)에서 큰 돌을 가져다가 곽(槨)을 만들어 부왕의 뼈를 장사하고...

한성백제의 마지막 왕인 개로왕 때에도 돌을 가져다 무덤을 만들었다는 것이다. (물론 곽을 만들었다는 뜻은 계단식돌무지무덤을 만들었다는 것과 동일한 표현은 아니다. 그러나 학자들은 대체로 돌무지무덤으로 추정한다.) 그런데 웅진으로 천도한 후 백제 왕실은 돌무지무덤을 사용하지 않았다. 갑작스러운 천도였지만 그렇다고 무덤의 양식을 갑자기 바꾸지 않는다. 웅진으로 간 백제 왕실은 돌무지무덤을 조성하지 않고 굴식돌방무덤(횡혈식석실묘)을 채용했다. 위축된 백제를 일으키기 위해 왕실부터가 일신해야 했다. 백성을 수고롭게 하는 왕릉의 규모부터 줄여야 했고, 만드는 방식도 좀 더 유용한 방법을 채용해야 했다. 그래서 돌무지무덤을 버리고 굴식돌방무덤을 사용하기로 한 것이다. 그런데 어느날 갑자기 무덤의 양식을 바꾼다는 것은 어딘지 찜찜한 구석이 없지 않다. 왕실이 그것을 자연스럽게 수용할 수 있을만큼 익숙한 상태여야 한다. 그렇다면 한성백제 시절에 돌방무덤이 널리 사용되고 있었어야 한다.

방이동고분군은 굴식돌방무덤이다. 때문에 한성백제-웅진백제 왕릉 변화의 연결고리 역할을 했다. 한때는 '방이동백제고분군'이라는 명칭을 달고 있었다. 그런데 방이동고분군에서 신라의 유물이 출토됨으로써 한성백제기 무덤이 아니라는 의견이 제시되었다. 신라가 한성지역을 차지했을 때의 무덤이라는 것이다. 백제의 것이라는 확실한 증거가 나오지 않는 이상 무작정 주장하기도 어렵게 되었다. 그런데 판교에서 10기, 하남 광암동에서 몇 기 등 백제의 굴식돌방무덤이 발견되었다. 그렇지만 수백 년 한성백제기의 무덤이라고 하기엔 숫자가 턱없이 부족했다. 그런데 하남 감일동에서 무려 50기의 굴식돌방무덤이 밀집된 상태로 발굴되었다. 무덤 내부에서는 한성백제기 유물이 대거 출토되었기 때문에 한성백제의 무덤이라는 확실한 증거가 되었다. 학계에서는 "상상도 못한 유적", "복권 당첨"이라고 할 만큼 반가운 한성백제기의 유적이었다. 또 이곳은 한성백제기 왕릉이 아닌 귀족층의 집단 공동묘지로 조성된 것이 틀림없었다. 이로 인해 굴식돌방무덤이라는 양식이 한성백제기에도 익숙하게 사용되던 방식이었음이 밝혀진 것이다. 한성백제와 웅진백제를 연결해주는 중요 고리가 확인된 것이다.

간추린 웅진 백제사

1 신라에 가서 원군을 요청한 문주

한성백제기 마지막 왕인 개로왕은 동생인 문주에게 이런 말을 한다. 『삼국사기』「개로왕조」 마지막 부분을 살펴보자.

"내가 어리석고 밝지 못하여 간사한 사람의 말을 믿고 썼다가 이 지경에 이르렀다. 백성은 쇠잔하고 군사는 약하니 비록 위태로운 일이 있다고 하더라도 누가 기꺼이 나를 위하여 힘써 싸우겠는가? 나는 마땅히 사직(社稷)을 위하여 죽겠지만 네가 이곳에서 함께 죽는 것은 유익함이 없다. 어찌 난을 피하여 나라의 계통을 잇지 않겠는가?"

문주는 이에 목협만치와 조미걸취와 함께 남쪽으로 갔다.

『삼국사기』에서는 문주를 아들이라 했지만 동생이 맞다. 『삼국사기』「문주왕 조」 첫머리는 이렇게 시작한다.

문주왕은 개로왕의 아들이다. 처음 비유왕이 죽고 개로가 왕위를 잇자 문주는 그를 보필하여 지위가 상좌평에 이르렀다. 개로가 재위한 지 21년에 고구려가 쳐들어와서 한성을 에워쌌다. 개로왕은 성문을 닫고 스스로 굳게 지키면서 문주로 하여금 신라에 구원을 요청하게 하였다. 문주가 군사 1만 명을 얻어 돌아오니 고구려 군사는 비록 물러갔지만 성은 파괴되고 왕은 죽었으므로 드디어 왕위에 올랐다. 왕은 성품이 부드럽고 결단력이 없었으나 또한 백성을 사랑하였으므로 백성들은 그를 사랑하였다. 겨울 10월에 서울을 웅진으로 옮겼다.

두 기록은 미세한 차이를 보이지만 크게 보면 같은 내용이라 하겠다. 문주가 목협만치와 조미걸취를 데리고 간 곳은 신라였다. 구원군을 요청하기 위해서였다. 한동안 버틸 줄 알았던 한성이 강력한 고구려군의 공격에 너무 쉽게 무너졌다. 문주가 신라 구원군을 데리고 왔지만 이미 개로왕이 죽은 후였다. 고구려군의 위협이 그대로 있는 한성에서 다시 나라를 일으키기엔 늦었다. 문주는 신라 구원군의 협조를 얻어 웅진으로 가서 백제국을 다시 일으켰다. 웅진백제가 시작된 것이다. 웅진백제기 왕들의 계보는 다음과 같다.

22대 문주왕(재위 475-477, 2년)
23대 삼근왕(재위 477-479, 2년 2개월)
24대 동성왕(재위 479-501, 22년)
25대 무령왕(재위 501-523, 21년 6개월)
26대 성왕(재위 523-554, 31년 2개월)

웅진 백제는 475년(문주왕 1)에 시작해서 538년(성왕 14)까지 5대 63년의 시간을 가지고 있다. 63년 간 5명이 왕이 재위했다. 웅진 백제기는 고난의 시간이자, 재도약의 시기였다.

2 웅진시대를 시작한 문주왕

웅진에서 백제국을 재건해야 할 문주왕은 수많은 난관을 극복해야 했다. 우선 고구려의 위협으로부터 벗어나야 했다. 웅진에 방어선을 구축하는 것이 시급했다. 북쪽으로 차령을 경계로 하고, 금강의 남쪽에 도성을 쌓았다. 위축된 백제국을 일으키기 위해서는 대륙의 송나라와 관계를 맺고 고구려를 견제하려 했다. 그러나 고구려 수군의 위협에 그 뜻을 이루지 못했다.

내부적으로 흩어진 백성들을 다시 모아야 했다. 개로왕의 폭정으로 민심은 부여씨 왕실로부터 등을 돌린 상태였다. 이를 계기로 외척이었던 해(解)씨들이 득세하기 시작했다. 해씨는 온조가 남쪽으로 내려올 때 동행했던 세력이었다. 이들은 부여국의 해모수 후손으로 보인다. 문주왕 재위 초반 병관좌평 해구는 권세를 마음대로 휘두르고 법을 어지럽혔다. 이에 문주왕은 해씨 세력을 견제하기 위해 왜국에 가 있던 곤지를 불러들여 내신좌평을 맡겼다. 형과 동생이 함께 해씨세력을 견제하고자 했다. 문주왕 3년(477)『삼국사기』기록을 보자.

5월에 검은 용이 웅진(熊津)에 나타났다. 가을 7월에 내신좌평 곤지가 죽었다.

검은 용은 반역의 무리다. 곤지는 두 달 넘게 반역의 무리와 싸웠다. 그러나 패하여 죽임을 당했다. 해구를 막을 자는 없었다. 문주왕 4년(478)『삼국사기』 기록을 살펴보자.

9월에 왕이 사냥을 나가 밖에서 묵었는데 해구가 도적을 시켜 해치게 하여 드디어 왕이 죽었다.

권력은 누란의 위기에서도 서로 차지하려고 한다. 나라가 망할뻔했는데도 권력을 차지하고 권세를 누리고 싶어한다. 왕은 한성백제기 권력을 회복하고 싶을 것이며, 귀족은 실추된 왕권의 틈을 노리고 그 자리를 차지하고자 한다. 권력의 정점에 선 순간 세상은 모두 자기 발아래 엎드릴 것이라는 헛된 상상을 한다. 왕은 공인된 권력이다. 모두 그에게 복종할 의무가 있다. 왕이 아닌 귀족이 권력의 정점에 서면 그를 둘러싼 모든 환경은 복종하는 신복(臣僕)이 아니라 적이 된다. 다른 귀족들 또한 같은 꿈을 꾸기 때문이다.

3 13세에 왕이 된 삼근왕

문주왕이 죽자 장남 부여임걸이 13살의 나이로 왕위에 올랐다. 삼근왕(三斤王)이다. 모든 실권은 좌평 해구에게 있었다. 그러나 뭐가 문제였는지 해구는 다음 해에 반란을 일으켰다. 해씨 세력을 견제하기 위한 삼근왕과 진씨 세력이 결탁한 것으로 보인다. 진씨가 득세하게 되자 해구는 반란을 일으켰던 것이다. 왕은 덕솔 진로에게 명해 해구를 토벌하게 했다. 반역의 무리는 토벌되었고 해구는 죽었다. 그런데 어찌된 일인지 삼근왕이 재위 3년 11월에 갑자기 죽었다. 죽음의 이유에 대해서는 알려지지 않았으나, 정상적인 죽음은 아닌 것으로 추측된다.

4 왜국에서 귀국한 동성왕

동성왕의 이름은 부여모대이다. 문주왕의 동생이었던 곤지의 아들이다. 곤지의 다섯 아들 중 하나였다. 그는 삼근왕이 죽자 왕위 계승자로 지목되어 왜국에서 돌아왔다. 돌아올 때 젊은 나이였다. 『삼국사기』는 이렇게 기록했다.

담력이 남보다 뛰어나고 활을 잘 쏘아 백발백중이었다. 삼근왕이 죽자 왕위에 올랐다.

『일본서기』는 당시 상황을 좀 더 자세히 기록하고 있다.

23년 여름 4월, 백제의 삼근왕이 죽었다. 천황이 곤지왕의 다섯 아들 중에 둘째인 말다왕(末多王)이 젊고 총명하므로, 칙령을 내려 궁중에 불렀다. 친히 머리를 쓰다듬으며, 타이르심이 은근하여 그 나라의 왕으로 하였다. 무기를 주고, 아울러 축자국의 군사 5백으로 호위토록 하여 그 나라에 보냈다. 이를 동성왕이라 한다.

23년은 일본 웅략천황 23년을 말한다. 마치 일본 천황이 백제의 왕을 임명하여 보내는 것처럼 기록하였다. 『일본서기』는 백제가 멸망한 후 일본 중심에서 한반도 상황을 기록한 것이다. 이 책을 기록한 이들 역시 백제의 후손들이었다.

하필 왜국에 있던 모대를 불러 왕으로 앉혔을까? 당시 백제국 내에는 왕위를 계승할 왕자가 없었다. 한성백제기 마지막 왕이었던 개로왕은 왕자들과 함께 한성을 지키다가 몰살당하였다. 개로왕의 동생 문주가 웅진에서 왕이 되었으나 너무 일찍 죽었다. 그의 장남이 삼근왕이었는데 13살의 어린 나이였다. 그러니 문주왕의 다른 아들이 있더라도 모두 어렸을 것이다. 오히려 동생이었던 곤지의 아들들이 나이가 더 많았던 것이다. 고구려의 위협이 남아 있는 상황에도 귀족들의 반란이 이어지고 있었다. 이런 상황을 이겨내려면 어느 정도 장성한 왕자가 필요했다. 왜국에 살고 있던 모대가 왕으로 추대받은 이유다.

젊고 총명했던 모대 즉 동성왕은 위축된 백제를 다시 일으키는데 진력했다. 그의 재위는 22년간 이어졌다. 조정은 해씨 세력에서 진씨 세력으로 교체되어 움직이고 있었다. 총명했던 동성왕은 귀족들을 적절히 활용하면서 귀족들 간에 세력 균형을 이루는 데 힘을 쏟았다. 그리하여 진씨의 힘을 약화시키고 여러 성씨들이 병립하는 상황을 만들었다. 이로써 왕권은 다시 강화되고 안정되었다. 왕권을 강화하는 가장 효과적인 방법은 고구려와 싸워서 이기는 것이었다. 고구려와 몇 차례 싸워 승리를 거둔 동성왕은 자신감이 생겼다. 그러나 그것이 오히려 긴장을 늦추는 악수가 되었다. 사치스러운 면모와 거만한 행동이 나타나기 시작한 것이다. 거기다가 가뭄으로 인해 백성들이 서로 잡아먹는 사태가 발생했다. 백성 수천 명이 고구려로 달아났다.

22년(500) 봄에 임류각(臨流閣)을 궁궐 동쪽에 세웠는데 높이가 다섯 장이었으며, 또 못을 파고 진귀한 새를 길렀다. 간언하는 신하들이 반대하며 상소(上疏)하였으나 응답을 하지 않았고, 또 간언하는 자가 있을까하여 궁궐 문을 닫아버렸다.[16]

---

16 삼국사기, 한국학중앙연구원출판부

임류각 동성왕이 세웠다는 누각. 동성왕은 이곳에서 연회를 즐겼다. 총명했던 왕은 지쳤는지 간하는 소리를 듣지 않았다.

동성왕의 총명함은 거듭된 성공에 흐려졌다. 백성들은 고구려나 신라로 도망쳤다. 신라와의 동맹에도 틈이 생기고 있었다. 왕은 사냥을 자주 다녔다. 또 임류각에서 연회도 자주 하였는데 밤새도록 환락을 즐겼다.

23년(501) 7월에 탄현에 목책을 설치하여 신라에 대비하였다. 8월에 가림성을 쌓고 위사좌평 백가에게 지키게 하였다.

겨울 10월에 왕이 사비의 동쪽 벌판에서 사냥하였다. 11월에 웅천의 북쪽 벌판에서 사냥하였고, 또 사비의 서쪽 벌판에서 사냥하였는데 큰 눈에 막혀 마포촌에서 묵었다. 이보다 앞서 왕이 백가로 하여금 가림성을 지키게 하였다. 백가는 가지 않으려고 병을 핑계 삼아 사양

하였으나 왕이 허락하지 않았다. 이로 말미암아 백가는 왕을 원망하였는데 이때에 사람을 시켜 왕을 칼로 찔렀다. 12월에 이르러 왕이 죽었다.[17]

성흥산성 백제의 가림성으로 추정되는 곳. 백가로 하여금 가림성을 지키게 하였으나 앙심을 품고 동성왕을 죽였다.

17 위의 책

5 섬에서 태어난 무령왕

그의 이름은 융(隆) 또는 사마다. 『삼국사기』에 의하면 무령왕은 동성왕의 아들로 기록되어 있다.

무령왕의 이름이 사마(斯摩)이고 모대왕(牟大王:동성왕)의 둘째 아들이다. 키가 여덟 자이고 눈썹과 눈이 그림과 같았으며, 인자하고 너그러워 민심이 따랐다.[18]

『삼국사기』에는 한성백제의 마지막 왕인 개로왕부터 문주왕-삼근왕-동성왕-무령왕-성왕은 부자(父子) 관계로 설정되어 있다. 웅진백제는 역사가 63년이다. 이것이 사실이라면 10년마다 아이를 낳아야 가능한 계보가 된다. 김부식은 유학자답게 왕권의 정통성을 부자(父子)로 연결시켰다. 그러나 무령왕릉이 발굴되고 지석(誌石)이 나오자 일거에 뒤집혔다. 무령왕이 태어난 것은 한성백제 개로왕 때였다. 『일본서기[19]』에서는 '무령왕은 개로왕의 아들'이라 했다. 『백제신찬[20]』에는 개로왕의 아우인 곤지의 아들로 적혀 있다. 무령왕릉에서 발견된 지석은 『삼국사기』보다 『일본서기』가 더 정확함을 증명하였다. 『일본

18 위의 책
19 720년에 편찬된 일본 최초의 역사서
20 백제의 사서. 지금은 전하지 않으나 일본서기가 주로 인용한 책이다.

서기』는 백제가 멸망한 후 백제유민들이 일본 열도로 건너가 자신들의 역사를 기록한 것이다. 수백 년 후에 기록된 『삼국사기』보다 정확성이 높다고 할 것이다. 일본역사 초기기록의 허무맹랑하고 과장된 부분만 뺀다면 『일본서기』의 기록은 어느 정도 사료적 가치를 지닌다. 무령왕 탄생에 어떤 사연이 있기에 개로왕 또는 곤지의 아들이라 기록되었을까?

형수를 내게 주시오

한성백제 시절 개로왕은 동생 곤지에게 일본 열도로 갈 것을 명했다. 당시에는 일본이라는 국호가 없었다. 또 통일된 왕조도 존재하지 않았다. 나라가 있었으나 나라 이름도 제대로 없었다. 미개척지나 다름없었다. 유럽인들이 아메리카 대륙에 건너갔으나 국가를 세우지 않고 살았던 것처럼 비슷한 형태가 유지되고 있었다. 한반도에서 도래한 수많은 사람들이 곳곳에서 특정한 세력집단을 이루고 있었다.

개로왕은 고구려의 위협이 날로 강화되고 있었기에 막아낼 대안을 마련하기 위해 동생을 일본 열도로 보냈다. 일본 열도 내에 우호세력을 만들기 위해서다. 한성에서의 편안한 삶을 포기하고 미지의 땅인 일본 열도로 가는 곤지는 형에게 한 가지 부탁을 했다. "형수를 내게 주시오" 상식적으로 이해할 수 없는 말이다. 그런데 형은 동생에게 자기 부인을 주었다. 당시 백제왕의 부인은 여럿이었다. 유력한 귀족 집안의 딸들을 취해 부인을 삼았다. 곤지가 달라고 한 형수는 그중에서 한 명이었을 것이다. 개로왕은 동생에게 만삭이 된 부인을 주면서 "아이를 낳거든 돌려보내라" 했다. 곤지는 만삭이 된 형수를 데리고 일본 열도로 떠났다. 긴 항해 끝에 규슈에 다다랐는데 그 여인은 해산을 하게 되었다. 배 위에서 해산할 수 없었기에 가까운 섬에 내렸다. 카카라시마(各羅嶋)라는 섬이다. 이 섬의 해안에는 동굴이 있는데 주민들 말로는 '여인이 몸을 푼 곳'이라 한다. 이 여인이 낳은 아이가 무령왕이다. 백제인들은 이곳을 지날 때면 임금이 태어난 곳이라 하여 '주도(主嶋)'라 불렀다.

아무리 형사취수제가 있던 고대라 할지라도 멀쩡히 살아있는 형의 부인을 취한다는 것이 가능한 것일까? 그것도 만삭이 된 형수를 취한다는 것을 말이다. 사실과 사실 사이에는 상상이 필요하다. 그럴듯한 상상을 통해 당시 상황을 복원해보자.

일본 열도는 열악한 지역이었다. 동생을 재촉해 그곳에 가서 백제를 지킬 후방기지를 만들라는 명령을 내렸다.(461년) 떠나기 싫어하는 동생을 달래야 했다. 그때 동생이 형수를 달라는 부탁을 한 것이다. 곤지는 형수 중 한 명과 사랑에 빠졌던 것으로 보인다. 형인 개로왕도 이 사실을 알고 있었다. 뱃속에 있는 아이가 누구의 아이인지는 모르지만 백성들에게는 개로왕의 아들로 인식되었을 것이니 돌려보내라 한다. 곤지와 부인 역시 그렇게 하는 것이 아들을 위해 더 나을 것이라 생각했고 돌려보냈다. 곤지는 지금의 오사카 지역에 정착했고 그곳을 개척하고 힘을 길렀다. 그리고 아들을 여럿 낳았다. 훗날 둘째 아들이 돌아와 동성왕이 되었다. 그곳에서 곤지는 왕으로 불렸다. '곤지왕신사'는 오랫동안 유지되었다. 일본이 메이지유신 이후 '곤지왕신사'를 '아스카베신사'로 바꾸었다.

아스카베신사 일본 열도로 건너간 개로왕의 아우 곤지는 오사카 일대를 개척하여 백제세력권을 형성하였다.

섬에서 태어난 아이

섬에서 태어난 아이는 곧 한성으로 돌려보냈다. 돌아온 아이는 백제 왕실에서 자랐다. 개로왕이 폭정을 일삼던 현장에 있었다. 이로 인해 백제가 분열되는 상황을 지켜 보았다. 고구려 장수왕은 기회를 틈타 군대를 몰고 와 한성을 공격했고 개로왕이 죽임을 당하는 그 상황도 경험하였다. 한성이 처참하게 무너지는 상황을 목도했다. 그의 나이는 13~14세였다. 웅진으로 천도할 때 그 행렬에 함께 있었다. 삼촌이었던 문주가 주도한 웅진 천도였다. 일본열도에 있던 곤지가 돌아왔다. 곤지는 형인 문주를 도와 백제를 다시 일으켜 세우는 데 힘을 다하였다. 그러나 귀족들의 견제도 만만찮았다. 결국 곤지는 귀족들에게 죽임을 당했다.(477년) 다음 해 문주왕도 귀족들에게 시해당했다. 아버지일 수도 있는 곤지가 일본에서 돌아와 문주왕의 측근이 되어 백제를 재건하다가 귀족들에게 살해당했다. 사촌이었던 삼근왕이 13살의 나이로 왕위에 올랐으나 곧 죽임을 당했다.(479) 귀족들의 횡포가 반복되고 있었다. 일본에 살고 있던 곤지의 아들인 동성이 와서 왕위에 올랐다. 귀족들의 횡포와 맞서며 20년 이상 재위했다. 그러나 그도 말년에 귀족에게 시해당했다. 사마는 동성왕을 시해한 귀족 백가를 제거하였다. 그리고 왕위에 올랐다. 그의 나이 40세였다. 동성왕이 구축해놓은 왕권에 더해서, 자신이 반란세력을 제거하며 왕위에 올랐기에 왕실은 그 힘을 회복할 수 있었다.

모대(동성왕)가 재위 23년에 죽자 왕위에 올랐다. 봄 정월에 좌평 백가가 가림성을 근거로 하여 반란을 일으켰다. 왕은 군사를 거느리고 우두성에 이르러 한솔 해명에게 명령하여 토벌하게 하였다. 백가가 나와 항복하자 왕은 그의 목을 베어 백강(白江)에 던져버렸다.[21]

---

21 삼국사기, 한국학중앙연구원출판부

훌륭한 인품의 소유자

무령왕은 키가 컸고 눈썹과 눈이 그림과 같았다. 인자하고 너그러워 민심이 따랐다. 동성왕과 대비되는 성품이다. 동성왕은 폭정을 일삼다가 백가에게 죽임을 당했다. 오랜 폭정에 시달렸던 백제로서는 동성왕과는 성품이 다른 이를 왕위에 올려야 했다. 그래야 흩어진 민심을 다시 모을 수 있었다. 특별히 무령왕의 성품을 인자하고 너그러웠다고 한 것은 그와 같은 이유가 있었기 때문이다.

부여사마 혹은 부여융이라 불리는 무령왕의 인생은 실로 파란만장했다. 백제가 겪었던 가장 비극적인 상황들 한가운데를 통과했다. 그의 파란만장했던 인생 여정은 백제를 다시 반석에 올려놓는 정책을 펼치는 데 값진 도움이 되었다. 그리하여 어느 정도 회복된 국가를 아들인 성왕에게 물려 줄 수 있었다.

무령왕 때 백제는 고구려와 싸워 여러 차례 이겼다. 한성을 잃고 웅진으로 천도한 이래 대외적인 어려움에 직면했던 백제가 조금씩 기운을 차리고 있었다. 무령왕 21년(521)에 양나라에 보낸 서신에 **"여러 차례 고구려를 깨뜨려 비로소 우호를 통하였으며 다시 강한 나라가 되었다."**고 하였다. 이에 양나라에서는 무령왕에게 영동대장군을 내렸다.

행도독백제제군사(行都督百濟諸軍事) 진동대장군(鎭東大將軍) 백제왕 여륭(餘隆)은 해외에서 번방을 지키고 멀리서 공물을 보내 그 정성이 이르니 짐은 가상히 여기는도다. 마땅히 옛 법을 좇아 이 영예로운

책명을 주니 사지절(使持節) 도독백제제군사(都督百濟諸軍事) 영동대장군(寧東大將軍)이 가(可)하다.[22]

양나라 무제는 무령왕의 중국측 외교 파트너였다. 외교에서 관작을 하사하는 것은 관례였다. 처음에 받은 것은 진동대장군이었고, 다시 받은 것이 영동대장군이었다. 양무제가 관작을 하사했다고 해서 그것이 어떤 구속력을 갖는 것은 아니었다. 당시 중국은 통일된 왕조가 있던 시대도 아니었다. 활발한 외교관계를 통해 고립을 면하고 주변국과의 경쟁에서 앞서가고자 했던 방책이었다. 백제도 한성을 잃고 웅진으로 갑작스럽게 천도해야 했다. 고구려의 팽창을 막기 위해서는 한반도 내에서 신라 · 가야와 연합하고, 바다 건너 왜를 개척하는 것이었다. 그리고 중국의 남조와 활발한 외교관계를 맺고서 다시 웅비하기 위한 토대를 다지고 있었다. 그리하여 무령왕은 재위 21년 동안 백제국을 다시 강국의 반열에 올려 놓았다.

무령왕의 이름을 여륭이라 했는데 틀렸다. 백제 왕실은 성씨가 '부여(夫餘)'다. 그리고 이름은 '융'이다. 부여융이라는 이름을 부+여융으로 오해한 것이다. 부여+융으로 봐야 한다.

무령왕은 농업 경제에도 관심을 두었다. 여러 차례 반복된 역병과 기근으로부터 백성을 구제하기 위해 창고를 열어야 했다. 식량문제를 근본적으로 해결하기 위해 제방을 쌓고 수리시설을 정비했다. 동성왕

---

22 위의 책

때부터 이어지던 호남평야의 확보와 개발에 진력했다. 510년에 도성과 지방에서 놀고먹는 자들을 농사에 내몰았다. 백제의 백성으로 가야로 도망한 자들을 찾아내어 백제로 귀환시켰다.

중국 양나라와 교류하여 선진문물을 흡수하는 창구로 활용하였다. 반면 왜에는 오경박사 단양이(段陽爾)와 고안무(高安茂)를 파견하여 백제 문화를 수혈해주었다.

6 성군으로 추앙받던 성왕(成王)

역대 왕 중에서 '성(成)'자가 있는 이들은 칭송받는 왕들이다. 백제 성왕, 신라 성덕왕, 고려 성종, 조선 성종이 있다. 국가의 기틀을 바로 잡고 번영으로 이끈 왕들에게 이룰 성(成)자를 붙였다. 백제의 성왕은 당대에도 후대에도, 왜국에서도 칭송받았던 왕이었다. 그에 대해서 『삼국사기』는 다음과 같이 기록하였다.

이름은 명농(明禯)이고 무령왕의 아들이다. 지혜와 식견이 빼어나고 일을 잘 결단하였다. 무령왕이 죽자 왕위를 이었는데 나라 사람들이 일컬어 성왕이라 하였다.[23]

---

23 삼국사기, 한국학중앙연구원출판부

천도 지리에 통달하여 이름이 사방에 알려졌다.[24]

성왕은 부왕인 무령왕이 다져놓은 기반 위에 즉위했다. 득세하던 귀족들이 동성왕과 무령왕을 거치면서 약화되었다. 성왕은 왕권을 마음껏 사용할 수 있었다. 그는 위축된 백제국의 위상을 되찾을 원대한 꿈을 품었다.

성왕은 이같은 상황을 타개하기 위해 538년에 도읍을 사비(충남 부여)로 옮기고, 국호를 '남부여'로 변경하는 과감한 조치를 취했다. 성왕이 '남부여'라는 국호를 취한 것은 백제가 고구려에 의해 멸망한 부여의 후예라는 점을 천명하고, 고구려가 차지한 부여 땅에 대한 권리를 주장하기 위한 것으로 보인다. 말하자면 부여의 옛 영토를 되찾겠다는 옹골찬 의지의 표출이며, 노골적으로 북진정책을 천명한 것이다.[25]

성왕은 백제를 도약시키기 위해 도읍을 사비로 옮겼다. 불교를 적극 활용하여 백제 문화를 대폭 발전시켰다. 한성백제와 웅진백제의 문화 전통을 내부적으로 소화해서 우아하고 고급스러운 백제문화를 탄생시키는 데 큰 역할을 하였다.

---

24 일본서기

25 백제왕조실록, 박영규, 웅진

시련을 극복한 흔적

7 웅진백제의 터전

1 금강

금강(錦江)은 전라북도 장수군 뜬봉샘에서 발원한다. 뜬봉샘에서 시작된 강은 395km, 천 리를 흐르면서 땅을 적시고 들을 열어서 곡식 창고를 채워준다. 얼마나 고마운 강이었던지 이름에 비단 금(錦)자를 썼다. 강은 동남쪽에서 시작해 서북쪽으로 흐르다가 세종시에 이르면 서남쪽으로 방향을 꺾는다. 강을 따라 장수군, 무주군, 진안군, 영동군, 옥천군, 보은군, 세종시, 공주시, 논산시, 부여군, 서천군, 군산시 등이 형성되었다. 금산군에서는 적벽강, 공주시에는 웅진강, 부여군에서는 백마강이라는 다른 이름을 달기도 한다.

금강 충청도의 젖줄이다. 백제는 금강에서 성장했고 외부로 팽창하였다.

'비단을 펼쳐 놓은 것 같다'하여 금강(錦江), '모래가 금빛으로 빛난다'하여 금강, 곰나루 전설이 있어 곰강이라 불리다가 금강이 되었다는 유래가 있다.

지도를 놓고 강의 흐름을 살피면 크게 ∩자 모양을 그리면서 흐른다. 이로 인해서 오해도 받았다. '개경을 향해 활시위를 당긴 것 같다'하여 역모의 기운이 있다는 것이다. 태조 왕건의 훈요십조에 '차현(車峴)[26] 이남 공주강(公州江), 금강 밖은 산형지세(山形地勢)가 배역(背逆)하니 그 지방의 사람을 등용하지 말 것'이라는 구절이 이에서 연유했다는 것이다. 고려 중기 조정에서 신라계가 주도권을 쥐자 옛 백제계를 견제하기 시작했다. 태조 왕건까지 끌어들여 그가 하지도 않은 말을 들먹인 것이다. 정작 태조 왕건의 조정에서 백제계는 큰 지분을 차지하고 있었다. 그 후로도 한동안 그런 현상이 있었다. 그러나 풍수지리와 몇 가지 예를 들먹이며 '거 보라'는 식으로 여론을 조작하면 서서히 먹혀들게 되어 있다.

공주는 금강이 휘돌아 흐르는 안쪽 지점에 자리한 도읍이다. 백제가 웅진으로 천도할 당시 강으로 둘린 천혜의 지형을 선택한 것이다. 세 번째 도읍이었던 사비(부여)도 강이 휘돌아 가는 지점에 있다. 백제인들은 첫 도읍인 한성에 있을 때에 도읍의 북쪽에 강을 두었다. 웅진과 사비에서도 북쪽에 강을 둔 지형을 선택했다. 익숙한 지형을 선택한 것이다. 또 그들의 주적이 어디에 있는지 짐작할 수 있는 대목이다.

---

26 천안과 공주 사이 고개

강은 도읍지 결정에 중요한 역할을 한다. 첫째는 외적의 침략으로부터 도읍을 방어하는 해자 역할을 하기 때문이다. 둘째는 교통로 역할을 한다. 도읍은 수많은 사람이 왕래하며, 소식을 주고받는 곳이다. 사람뿐만 아니라 물산의 이동도 많다. 육로 교통이 발달하지 않았던 시절이었기 때문에 강은 매우 중요했다. 셋째는 비옥한 농토가 있기 때문이다. 강 주변에는 넓은 농경지가 펼쳐진다. 교통이 발달하지 않았던 때라 도읍지에서 소비되는 농산물은 가까운 곳에서 공급 가능해야 한다. 강은 그런 의미에서 도읍지 결정에 중요한 포인트가 된다.

금강은 백제의 젖줄이었다. 그들은 이 금강을 통해 인적자원과 물적자원을 실어 날랐다. 고마나루(웅진)와 구드래나루(사비)를 통해 큰 바다로 나갔다. 중국과 교류하고 가야, 일본열도까지 그들의 활동 반경을 넓혔다. 한성백제시절에 비해 영토는 축소되었으나 금강이 있기에 활동 영역은 줄어들지 않았다. 또 전라도 일대를 적극 개척함으로써 더 비옥한 영토를 확보할 수 있었다. 고구려나 신라에 비해 비옥한 영토와 바다자원(갯벌)을 소유한 백제는 풍요로움을 바탕으로 문화선진국으로 도약할 수 있었다. 금강은 백제 그 자체였던 셈이다.

2 고마나루 이야기

금강 건너 연미산에 암곰 한 마리가 살았다. 곰은 짝을 구하지 못해 오랫동안 홀로 살았다. 어느 날 연미산으로 온 나무꾼을 잡아 동굴에 가두어 두고 부부로 살았다. 곰과 나무꾼 사이에 두 자식을 생겼다. 눈에 넣어도 아프지 않은 자식이 둘이나 생기자, 암곰은 남자에 대한 믿음이 생겼다. 자식이 둘이나 있는데 설마 도망치겠는가 하고 말이다. 문을 열어두고 사냥을 나간 어느 날, 남자는 동굴을 나와 강을 건넜다. 곰은 강변에 서서 남자에게 돌아오라고 소리쳤다. 두 자식을 위해서라도 돌아오라고 말이다. 그러나 남자는 뒤도 돌아보지 않고 도망쳤다. 곰은 슬픔을 이길 수 없어 두 자식을 껴안고 강에 뛰어들었다. 곰이 죽은 후 강은 사람을 삼켰다. 원혼이 파도가 되어 강을 건너던 사람들을 일없이 삼켰다. 물고기도 잡히지 않았다. 강에 기대어 살던 사람들은 원인을 찾아야 했다. 결국 이 모든 일이 곰의 죽음과 관련 있음을 알았다. 마을 사람들은 곰의 원혼을 달래기 위해 강변에 사당을 지었다. 매년 정성을 다해 제사를 올렸다. 그 후 강은 일상으로 돌아왔다. 공주가 백제의 도읍이 되기 전, 한참 전에 이야기다.

곰에 대한 토템은 아주 오래전부터 이 땅에 눅진하게 녹아 있었다. 단군 신화에 등장하는 곰을 통해서도 우리 조상들이 갖고 있었던 곰 토템은 아주 뿌리가 깊음을 알 수 있다.

웅신단 웅신단 곰나루는 백제가 도읍을 옮기기 전, 그것도 아주 오래전 이야기다.

금강을 건너던 나루에 곰사당이 있었기에 그 나루를 '곰나루'라 불렀다. 옛 백제인들은 일본인들처럼 받침 있는 글을 잘 못 읽었던 것 같다. 곰나루를 고마나루라 불렀다. 일본어 속에 백제어의 흔적이 많다고 하니 그러했을 것으로 보인다.

고마나루 솔숲에는 곰사당인 '웅신단'이 있다. 솔숲에 있기에 작지만 신령한 기운이 가득 차 있는 듯하다. 사당 안에는 돌로 만든 곰상이 있다. 1972년, 송산리 고분군 주변 밭에서 돌로 만든 곰상이 발견되었다. 이 곰상을 표본으로 하여 제작된 것이 현재 곰사당 내부에 있는 것이다. 곰나루 유원지 주변에서 발견되었더라면 곰사당에 봉안되었던 것이라 생각하겠지만, 고분군 주변 농경지에서 발견되었기 때문에 그 용도를 다른 것으로 보고 있다. 부여 즉 사비에서 흙으로 만든 곰상이 발견되었다. 또 부여 구아리 건물터에서 흙으로 만든 곰상이 발견되었다. 이로 미루어 보건대 신앙적인 의미가 담긴 소품이거나, 무덤에 넣기 위한 진묘수의 일종으로 보인다. 무령왕릉을 지키던 진묘수를 떠올려 보면 된다. 진묘수는 규정된 형태가 없는 상상의 동물이다. 곰의 형상을 할 수 있고, 돼지의 형상을 할 수도 있다. 송산리 고분군 주변 농경지에서 나온 것은 무덤에 부장했던 진묘수일 가능성이 높다. 발견된 곰상은 국립공주박물관에 있다.

웅진단 연미산과 금강, 웅진단이 전설을 품고 유장하게 펼쳐져 있다.

곰사당을 나와 솔숲을 거닐어 보자. 오래된 소나무 사이로 곰의 울음이 들리는 듯하다. 숲길을 따라 곰의 사연을 조각으로 세워두었다. 곰 조각들 하나하나, 표정 하나하나가 슬픈 사연을 잘 표현하고 있어 곰나루 사연에 빠져들게 된다. 죽음으로써, 자식들과 함께 죽음으로써 남편에 대한 원망과 삶의 회한을 표현하는 한국적 정서에 대해 생각해보게 된다. 그러나 죽음은 자신을 구원하지 못한다는 것을 말하고 싶다.

솔숲을 거닐다 보면 강이 보이는 언덕에 세워진 비석을 볼 수 있다. 건너에는 연미산이 있고, 그 아래로 사연을 안고 흐르는 금강이 있다. 강변에는 모래사장이 길게 이어져 있다. 비석 주변에는 그곳에 대한 사연을 이렇게 소개하고 있다.

웅진단 제사는 처음에는 곰에 대한 제사였으나 점차 수신(水神)에 대한 제사로 성격이 변화되었습니다. 조선시대 웅진단 제사는 연 2회에 걸쳐 다른 산천제와 함께 한 번에 치러졌는데, 『세종실록』에서는 이 제사를 곰 신이 아닌 용왕 신에 대한 제사라고 기록하고 있습니다. 하지만 민간에서는 여전히 곰에 대한 제사라고 생각했으며 일제강점기를 살았던 분의 증언에 따르면 해마다 정월 대보름에 마을 사람들이 웅진단에서 용굿을 드렸고 제사상에는 곰이 좋아하는 도토리묵과 마를 올렸다고 합니다. 지난 2011년, 인근지역을 발굴조사 한 결과, 조선시대 웅진단 건물터가 확인되었습니다.

강변에 있는 사당이니 수신(水神)에 대한 제사는 당연했을 것이다. 수로 교통의 안녕을 빌었을 것이다. 물고기를 잡아 생계를 유지하는 어부들에게는 풍어를 기원하는 신이었을 것이다. 구름을 모으고 비를 뿌리는 용(龍)은 농경에서 매우 중요한 존재였다. 때에 맞는 비를 뿌려 주기를 기원하는 제사도 올려야 했기에 용왕신에 대한 제사로 이어졌다. 웅진단은 금강이 있기에 존재했던 것이고 어찌 보면 금강에 깃든 신에게 올리는 제사였을 것이다. 금강 줄기 여러 곳에서 수신에 대한 제사는 이어졌을 것이다. 그러다 백제가 웅진으로 도읍을 옮긴 후 곰나루에서 올리는 수신제는 그 품격이 국가제사로 승격되었을 것이다. 웅진단의 수신제는 국가중요의례로서 상징성을 갖고 있었을 것이고, 많은 이들에게 각인되었을 것이다. 그래서 웅진단 제례는 금강의 상징적인 제례장소가 되었을 것이다.

처음에는 곰에 대한 제례였다가 용왕제로 변했는지, 웅진단에서 행해지는 용왕제였는데 이름 때문에 곰에 대한 제례라고 생각했는지 알 수 없다.

웅진단이라는 이름은 곰나루 제단이라는 뜻이다. 곰나루라는 이름은 곰과 관련있다. 곰 웅(熊), 나루 진(津)을 썼다. 곰나루 즉 고마나루는 공주 그 자체였다. 웅진 또는 곰진이라고 불렀다. 통일신라 때에는 웅천주라 불렀다. 그 후 웅주로 개칭했다. 웅주를 곰주라고도 했다. 웅주보다는 곰주가 더 친근했다. 결국 곰주라 불리던 것이 고려초에 와서 공주가 되었다.

3 식민사관 장벽을 넘은 석장리유적

1964년, 연세대학교에 객원학자로 와 있던 앨버트 모어와 그의 아내 샘플은 금강을 주목하고 있었다. 학자 특유의 감각으로 뭔가 있으리라는 예감을 믿으며 천천히 걷고 있었다. 그들이 걷고 있던 곳은 홍수로 무너져 내린 금강변 모래언덕이고 사람이 살기에 맞춤인 지역이었기 때문이다. 그들의 기대대로 이곳에서 여러 점의 석기가 발견되었다. 손보기 교수에게 유물이 전해졌다. 손보기 교수 또한 특유의 감각으로 구석기 유물이 틀림없다고 확신하였다. '그렇다면 우리나라에도 구석기가 존재한다!' 이것이 사실이라면 획기적인 발견이다. 손교수는 곧바로 발굴팀을 꾸렸다.

그러나 발굴팀을 꾸리는 것도, 동료학자들의 동의를 구하는 것도, 당국의 허가를 받는 것도 쉽지 않았다. 왜냐하면 '한반도에는 구석기시대가 없다'라고 믿고 있었기 때문이다. 당시까지도 '한반도에는 구석기시대가 없다'라는 일제강점기 식민사관이 그대로 통용되고 있었다. 일제강점기에 구석기 흔적이 발견되지 않은 것이 아니라 일제가 무시한 것이다. 저들보다 앞선 흔적이 한반도에 있다는 것을 인정하고 싶지 않았던 것이다. 일제는 학자적 양심을 버린 얼치기 어용학자들을 이용해서 식민사관을 만들고 교육했다. 해방이 되었지만 학계에서는 그것을 넘어서기보다는 안주하려는 경향이 심했다. 참으로 오랫동안 저들의 간교한 교육에 지배당하고 있었던 것이다.

1964년 11월, 석장리에서 첫 발굴이 시작되었다. 지표면에서 3~12m까지 파내려가는 어려운 작업이었다. 기계장비없이 순전히 사람 손으로 파내려가야 했다. 금강이 곁에 있어서 깊이 파면 물이 스며나오기도 했다. 그때마다 양수기로 물을 퍼내면서도 발굴은 지속되었다.

석장리유적은 27개의 지층으로 이루어져 있었다. 그만큼 지층변화가 심했다는 뜻이다. 강변이라 더 그러했을 것이다. 구석기 초기, 중기,

석장리구석기유적 금강변 언덕에서 구석기의 흔적이 발견되었다. 한국 고고학에 획기적인 전기를 마련한 곳이다.

후기가 고르게 분포되어 있어서 아주 오랫동안 거주지로 선택되었음도 확인되었다. 금강과 금강으로 흘러드는 지류가 있는 곳이라 식수, 식량을 구하기 수월한 지역이었기 때문이다.

각 지층에서 각기 다른 석기들이 출토되었다. 구석기인들의 석기 제작 변천과정을 연구하는데 큰 도움이 되었다. 초기 지층에서는 거칠게 만든 찍개류, 후기로 갈수록 작고 날카롭고, 전문적인 도구가 출토되었다. 구석기 후기 층위에서는 야외 집자리 흔적도 발견되었다. 3~4명 정도 생활 가능한 넓이이며, 집 가운데에서 화덕자리가 확인되었다. 구석기시대에는 대개 동굴, 바위그늘에서 생활하였다. 그러다가 구석기 후기에 이르면 기후가 따뜻해져 야외에 집을 짓기 시작하였다. 이 집을 막집이라 부른다. 신석기시대 움집과는 달리 지표면에 바로 지었기 때문에 움집이라는 이름을 붙이지 않았다.

발굴은 1964~1974년까지 지속적으로 진행되었다. 1990년 초에 석장리유적지 근처를 통과하는 도로가 놓이게 되자 추가로 발굴이 진행되었다. 2010년에 문화재보호구역 확대를 위해 발굴조사를 벌이기도 했다. 46년 동안 13차례나 발굴한 특별한 유적이었다.

석장리 이후 한국고고학은 한반도 내에도 구석기가 존재한다는 사실을 확증하고 본격적인 조사에 들어갔다. 단양 수양개, 연천 전곡리, 제천 점말동굴 등 나라 안 곳곳에 분포하는 구석기 유적을 확인할 수 있었다.

또 구석기 연구 방법에서도 획기적인 발전을 이루는 계기가 되었다. 방사선 동위원소 측정, 꽃가루 분석, 숯 분석, 토양 분석 등을 통해 연대를 확정하는 연구가 진척되었다. 구석기 유물에 대한 명칭도 이때 확정되었다. 우리나라 구석기 연구는 결과가 없었기 때문에 고고학 용어를 외국어에 의존하고 있었다. 석장리에서 구석기 유적과 유물이 확인됨으로써 용어도 한국어로 붙이게 되었다. 찍개, 주먹도끼, 밀개, 긁개, 자르개, 찌르개 등 누구나 알 수 있도록 우리말로 붙였고 지금까지 사용하고 있다.

석장리 구석기유적에는 박물관이 세워졌고, 야외 집자리를 복원해 두었다. 당시 사람들의 생활모습도 복원해 두었다. 우리나라 구석기

주먹도끼 석장리 유적은 우리나라 고고학 발전에 디딤돌이 된 곳이다. 선사고고학 연구 방법뿐만 아니라 선사 용어도 우리말로 바꾸는 작업을 할 수 있게 하였다.

연구의 핵심적인 역할을 한 곳이라 박물관 내에는 손보기 교수와 발굴팀, 지역 주민들의 공로를 기리는 전시도 있다. 구석기시대 사람들이 살았던 곳이지만 지금도 그곳은 아름답다. 같은 공간에서 앉아 같은 풍경을 바라볼 수 있다. 타임머신을 타고 시간을 거슬러 오르는 상상을 할 수 있는 곳이 석장리다.

4 토착세력의 터전 수촌리

수촌리 고분군은 공주 북쪽에 있다. 북쪽에서 흘러온 정안천이 남쪽으로 길게 이어지다가 금강과 합류하기 전에 넓은 평야를 만드는데 그 동쪽 산자락에 고분군이 있다. 고분군에서 내려다보이는 풍광은 아늑하다. 고분에 잠든 이들은 이 넓은 농경지를 기반으로 세력을 키웠으리라. 후손들은 죽은 이가 생전에 누렸던 삶의 터전을 조망할 수 있는 언덕에 안식처를 마련해 주었다. 아주 먼 옛날 청동기인들의 고인돌도 비슷한 위치에 마련되었다.

농공단지 조성 중 발견

2002년, 수촌리에 의당농공단지를 조성하는 사업이 진행되었다. 나라 법에는 대규모 개발을 하기 전에는 반드시 문화재가 있는지 조사

수촌리고분군 살아생전 생활 터전을 내려다 보는 곳에 안식처를 마련했다.

하게 되어 있다. 법에 따라 지표조사[27]를 하게 되었는데 이때 선사시대 토기 조각들이 발견되었다. 중요 문화재가 매장되어 있을 것이 확실시되었기 때문에 구제발굴을 실시하였다. 구제발굴은 개발에 의해 훼손될 지역을 발굴하고 조사하는 것을 말한다. 처음에는 단순한 구제발굴이라고 생각했던 사업이 예상치 못했던 문화재가 쏟아져 나와 세상을 놀라게 했다. 무령왕릉 발굴 이후 최대의 성과라는 찬사가 쏟아졌다. 수촌리는 도대체 어떤 곳이었을까? 수촌리 유적을 소개하는 안내문을 보자.

27 지표조사는 땅 위에 흩어져 있는 유물들을 조사하는 것이다.

공주 수촌리 고분군은 청동기 이후의 집터와 철기시대부터 조선시대까지의 고분이 자리 잡고있는 무덤 유적지이다. 2002년 유적의 존재가 처음 알려졌으며, 2003년부터 이루어진 발굴 조사에서 다양한 흔적과 유물이 확인되었다.

고분군은 지형에 따라 Ⅰ구역과 Ⅱ구역으로 나뉜다. Ⅰ구역에서는 청동기시대 주거지, 초기철기시대 널무덤, 백제에서 통일신라에 걸치는 돌덧널무덤과 돌방무덤 등이 확인되었다. Ⅱ구역에서는 백제 대형 덧널무덤, 앞트기식 돌방무덤, 굴식돌방무덤 등이 확인되었다. 이곳은 475년 백제가 웅진으로 도읍을 옮기기 전에 조성된 것으로 추정되며, 백제의 묘제가 변화하는 모습을 살펴볼 수 있다.

특히 백제의 무덤에서는 금동관모와 귀걸이 등 장신구와 무기, 마구, 중국제 자기와 같은 화려한 부장품이 출토되었다. 이러한 유물은 백제 중앙정부가 지방의 귀족에게 내린 물품으로 4~5세기 백제의 중앙과 지방의 상호 관계를 보여준다.

수촌리 고분군은 위쪽이 Ⅰ구역, 아래쪽이 Ⅱ구역이다. Ⅰ구역에서 청동기시대 이후 집터와 조선시대까지의 무덤이 발견되었다. 한국식 동검(세형동검), 청동창, 청동도끼, 칼자루 장식품(검파두식), 도끼, 끌 등 여러 청동기 유물이 수습되었다. 또 철도끼 등도 출토되었다. Ⅰ구역은 초기 철기시대 무덤의 양식과 부장품에 대한 중요한 정보를 제공해주었다.

수촌리 고분군에서는 다양한 무덤 양식도 확인할 수 있었다. 무덤 양식의 변화 과정은 덧널무덤(수혈식 목곽묘) → 돌덧널무덤(수혈식 석곽묘) → 앞트기식돌방무덤(횡구식석실묘) → 굴식돌방무덤으로 진행되었다. 이 지역의 유력집단은 집단 자체의 교체는 없었던 것으로 보이며, 마한, 백제와의 관계 변화에 따라 무덤 양식도 변화한 것으로 짐작된다.

수촌리 고분군은 백제가 웅진으로 도읍을 옮기기 전 이 지역 토착 유력층의 무덤이다. 이들은 오래전부터 웅진에서 살던 유력 집단이었다. 초기 철기시대 즉 마한 때에는 독자적인 세력을 유지하고 있다가 영토를 확장하는 백제에 복속된 것으로 보인다.

화려한 금동관모의 의미

단연 돋보이는 유물은 금동관이다. 다른 지역에서 발굴할 때는 한 개를 찾아보기 어려웠던 금동관이 수촌리 유적 내 무덤에서 무려 두 개나 출토됐다. 앞쪽에는 새의 머리와 날개 모양의 장식이, 뒤쪽에는 공작의 꼬리 모양 장식이 덧붙여진 아름다운 금동관이었다. 다양한 제작 기법과 세밀한 문양으로 봤을 때 4~5세기경에 만들 수 있는 최고의 예술작품이라 해도 과언이 아닐 만큼 화려한 장식을 자랑하고 있었다.[28]

---

28 역사의 보물창고 백제왕도 공주, 충청남도역사문화연구원, 메디치

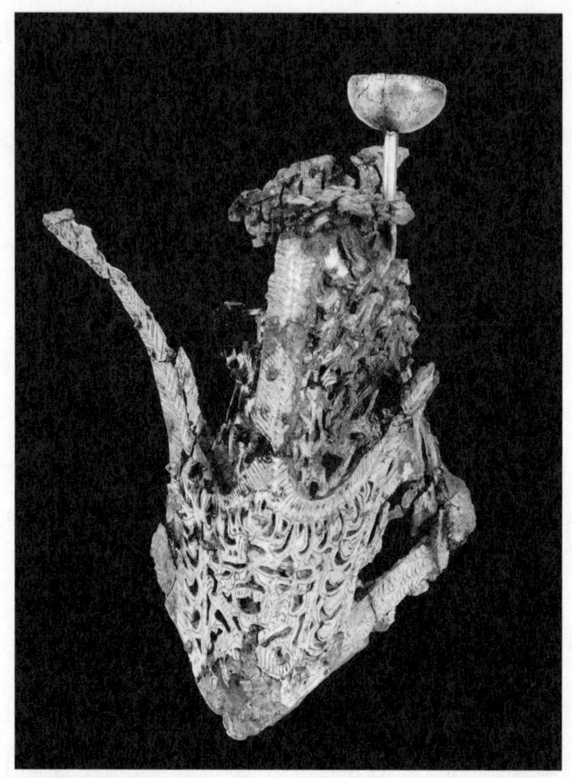

금동관모 백제국이 웅진 유력자에게 보낸 위세품이다.(사진: 문화재청)

이곳에서 출토된 금동관모(1호분 움무덤, 4호분 굴식돌방무덤), 금동신발 3쌍(1호분 움무덤, 3호분 돌덧널무덤, 4호분 굴식돌방무덤), 중국제 자기 등은 백제 중앙정부가 하사한 물품으로 보인다. 3호분에서 발견된 금동신발에는 사람의 발뼈 일부가 발견되었다.

금동관모는 백제 중심지가 아닌 지방에서 출토되는 일종의 위세품(威勢品)이다. 백제는 마한 소국들을 점령하면서 영토를 확장해갔다. 한성과 가까운 점령지는 중앙에서 직접 통치했지만, 먼 지방까지 직접 지배하기에는 힘이 부족했다. 인구가 많지 않은 때였다. 그래서 정복하기는 했지만, 토착세력을 그대로 인정해주면서 백제국 울타리 안으로 끌어들이는 방법을 썼다. 백제왕은 정복한 지역의 유력자들을 인정하는 뜻으로 위세품을 내려주었다. 지역 유력자들은 지역민을 통제하기 위해서도 백제왕의 힘이 필요했다. 백제왕의 보호를 받는 대신 백제왕에게 세금을 바쳐야 했다. 전쟁이 났을 때는 군사를 동원해 왕과 함께 싸워야 했다. 신하이면서도 동맹인 셈이다. 가진 힘이 없으면서 뒤에 있는 다른 이의 힘을 빌려서 잘난체하는 것을 '위세부린다'고 한다. 위세품은 그런 물건이었다. 유력자는 백제왕의 힘을 빌려서 지방을 통치하였으며 그가 죽으면 위세품도 함께 묻혔다. 후계자는 백제왕으로부터 새로운 위세품을 받았고 통치를 이어나갔다.

금동신발도 네 쌍이나 출토되었다. 신발 바닥에는 뾰족한 못을 부착해 놓았다. 이것 역시 백제 왕실에서 하사한 것으로 보고 있다. 금동관모는 살아 있을 때 내려준 위세품이라면 금동신발은 죽은 후에 내려준 것이다. 금동신발은 실제로 사용할 수 없는 것이기 때문이다. 지방 유력자의 죽음에 백제 왕도 관심을 갖고 있었음을 알 수 있다.

중국제 명품 도자기

수촌리고분에서 발굴된 중국제 자기도 위세품이다. 다양한 중국 자기가 발견되었는데 그 중에서 흑유계수호(黑釉鷄首壺)가 가장 뛰어난 작품이다. 주전자로 사용되는 것인데 철분이 많이 함유된 유약을 발라서 검은빛을 띤다. 물을 따르는 주둥이가 닭머리 형상을 하였기 때문에 계수호라 하였다. 4~5세기 경 제작된 것으로 보이는 청자 항아리, 흑유항아리 등도 출토되었다. 중국산 자기는 쉽게 구할 수 있는 물건이 아니었다. 중국을 오가며 무역을 한다는 것은 목숨을 건 모험이었다. 국가가 나서서 선단(船團)을 꾸렸다. 이 선단을 통해 외교사절이 갔으며, 국제 무역을 전담할 상단도 보내졌다. 국가가 주도한 무역이었다. 중국산 명품 도자기는 이렇게 구입된 것이었다. 백제왕은 구하기 어려운 귀한 물건을 지방 유력자에게 나눠주었다. 이 역시 무덤에 함께 묻혔다.

흑유계수호 중국에서 수입한 것이다. 지방 유력층이 직접 구입하기 어려운 물품으로 백제왕이 내려준 위세품으로 보인다.

웅진 천도를 주도한 세력

백제가 웅진으로 천도할 때는 경황이 없었다. 도읍을 옮기는 것은 갑작스럽게 해야 할 사업이 아니다. 그러나 고구려와의 전쟁에서 패해 한성을 잃어버렸기에 어쩔 수 없이 옮겨야 했다. 어디로 옮길 것인가? 준비된 곳이 없다. 몇 군데 유력 후보지가 천거되었을 것이다. 웅진의 유력자들은 웅진의 지리적 잇점을 상세하게 설명했을 것이다. 드디어 웅진으로 결정되었다. 웅진의 유력세력이 백제 왕실에 우호적인 제스처를 보여주었기 때문에 웅진을 도읍으로 결정할 수 있었던 것이다.

그렇기 때문에 웅진으로 천도한 후에는 웅진의 유력자들은 백제 조정에서 실세로 올라설 수 있었다. 그들은 웅진 지역민을 통제할 수 있었다. 토착세력이라 수많은 토지도 소유하고 있었다. 웅진 천도를 주도

웅진 천도를 주도한 세력 수촌리고분군에 잠든 이들은 한성을 상실한 백제 조정이 웅진에 터 잡을 수 있도록 도와주었다. 이들은 웅진시대를 주도했을 것이다.(사진: 문화재청)

한 이들은 수촌리고분군에 안장된 이들의 후손이었을 것이다.

부러진 유리옥

수촌리고분군에서 부러진 유리옥이 발견되었다. 부러진 두 조각은 각각 4호분, 5호분에서 출토되었다. 부러진 한 조각이 시신의 머리맡에서 발견되었을 때 그것의 의미는 알 수 없었다. 그런데 다른 무덤에서 또 한 조각이 발견되었다. 처음에는 각기 다른 무덤에서 발견되었기 때문에 의미를 알 수 없었다. 그런데 두 개의 옥을 맞춰보니 정확하게 접합되었다. 원래 하나였던 것을 부러뜨려 각각의 무덤에 부장했다는 사실이 확인된 것이다. 이로써 두 무덤의 주인공이 부부였다는 사실노 알 수 있었다. 약간은 긴 대롱옥을 부러뜨려서 사랑의 징표로 삼았던 것이다. 두 사람이 죽자 후손들은 한 조각씩 머리맡에 묻어주었다.

수촌리고분군 Ⅱ구역에서 5기의 백제 고분이 확인되었다. 5기의 고분이 매우 좁은 간격으로 조성되었다. 한 구역에 촘촘하게 조성된 것으로 보아 한 가족의 무덤일 가능성이 높다. 무덤의 형태도 그것을 뒷받침 해주었다. 1호와 2호는 덧널무덤(목곽묘), 3호는 앞트기식 돌덧널무덤, 4호와 5호는 굴식돌방무덤으로 확인되었다.

무덤의 양식이 동일한 1호분과 2호분은 서로 약 3미터 거리를 두고 있는데, 1호분에서 금동관과 금동신발, 둥근고리큰칼 등 남성을 상징하는 유물이 나온 반면, 2호분에는 그런 유물이 없는 대신에 화려한 머리장식 구슬과 목걸이가 출토되었었다. 이런 점을 미루어보아 두 무덤은 서로 부부 관계의 무덤이라고 추측한 것이다.[29]

굴식돌방무덤으로 조성된 4호분과 5호분도 부부무덤으로 추측되었다. 부러진 옥이 발견된 것으로 확인할 수 있었지만 출토유물도 남자와 여자의 무덤이라는 것을 확인해주었다. 4호분에서 금동관, 금동신발, 큰칼, 중국산 자기 등이 출토되었다면 5호분에서는 장식용 구슬, 철기류, 토기류 등이 나왔다는 점으로도 알 수 있었다.

TIP 무덤 용어

1. 널무덤 – 널은 시신을 넣는 관(棺)의 우리말이다. 널은 나무로 짜기도 하고, 돌로 만들기도 한다. 흙구덩이를 파고 목관을 넣는 경우와 구덩이를 파고 평평한 돌로 관을 만들어 시신을 안치하기도 한다.
2. 덧널무덤 – 덧널은 시신을 안치한 관보다 더 큰 관을 말한다. 덧널 안에 관(棺), 부장품(껴묻거리) 상자, 순장자를 넣기도 한다. 덧널은 나무덧널, 돌덧널이 있다.

29 위의 책

3 앞트기식 돌방무덤 – 돌방무덤은 돌을 쌓아 무덤방을 만드는 것이다. 내부로 들어가면 서서 다닐 수 있을 정도로 천장이 높다. 방으로 들어가는 길(연도)을 길게 만들면 굴식돌방무덤이다. 들어가는 길이 없고 한쪽 벽을 터서 시신을 안치한 후 다시 막으면 앞트기식 돌방무덤이다.

8

웅진백제 왕성, 공산성

1 공주의 대문, 공산성

공주(公州)는 백제 때 웅진으로 불렸다. 금강을 건너던 나루를 고마나루라 불렀는데, 이것을 한자로 적으면서 웅진(熊津)이 되었다. 삼국을 통일한 신라는 신문왕 6년(686)에 웅천주로 개칭했다가, 경덕왕 16년(757)에 웅주로 바꿨다. 고려시대인 태조 23년(940)에 웅주(곰주)에서 공주로 바꿨다.

금강 남쪽에 공주의 대문 공산성(公山城)이 있다. 백제 때에는 웅진성이라 불렀다. 공산성은 웅진백제의 왕성 역할을 하였으며, 사비시대에는 수도 북쪽을 방어하는 북방성(北方城) 역할을 감당하였다. 백제는 한번도 공산성의 중요성을 간과한 적이 없을 정도로 매우 중요한 요충지였다. 의자왕이 나당연합군의 침략을 피해 이곳으로 왔다가 허무하게 항복하며 백제 문을 닫았던 운명의 성이었다.

백제가 멸망한 후 당나라는 이곳에 웅진도독부를 두고 백제를 직접 지배하려 하였으나 백제부흥군의 완강한 저항에 부딪치기도 했다. 통일신라시대에는 웅진성에 웅천주 치소가 들어섰으며 웅주도독 김헌창이 반란을 일으키기도 했다.

고려 태조 23년에는 웅주를 공주목으로 바꿨다. 이때 산을 둘러쌓은 성(城)이라서 '공주산성'으로 부르다가 줄여서 '공산성'이 되었다. 공산성으로 부른 시기는 고려시대부터다. 조선 인조가 이곳으로 피난

온 적이 있었는데 한때는 쌍수산성이라 부른 적도 있었다.

공산성 백제, 신라, 고려, 조선이 모두 애용한 곳이다. 그래서 전시대에 걸쳐 역사 흔적이 남았다.

공산성은 해발 110m 공산을 따라 쌓은 산성으로 포곡식산성(包谷式山城)이다. 포곡식산성은 계곡을 포함한 산성이라는 뜻이다. 성의 길이는 2,660m이다. 1,925m는 석성(石城)이고, 735m는 토성(土城)이다. 백제가 성을 쌓았을 때는 흙을 다져서 쌓은 토성(土城)이었다. 한성에 있을 때처럼 흙을 다져 축성하였던 것이다. 지금의 석성(石城)은 조선시대에 다시 쌓은 것이다. 백제 때 토성을 기초로 하고, 그 위에 돌을 쌓아 완성한 것이다. 일부 구간은 백제 토성을 그대로 사용하였다.

굴곡이 심한 산을 따라 쌓았기 때문에 산성은 다채로운 모습을 보여준다. 내부로 들어가면 성벽을 따라 걸을 수 있고, 숲 사이로 난 산책로가 있어 가로질러 걸을 수도 있다. 성내에는 평지가 드문드문 있는

데, 그곳에서는 백제, 통일신라, 조선 등 여러 시대의 건물터가 확인되었다.

2 웅진백제 왕궁은 어디인가?

백제는 웅진으로 천도한 후 이곳을 터전 삼아 국가 재건을 서둘렀다. 그래서 공산성은 웅진백제의 왕성(王城) 역할을 하였다. 그러나 산성내에는 왕궁으로 확정할만한 큰 규모의 유적이 확인되지 않았다. 공산성 내에서 큰 건물 자리가 여럿 확인되었지만, 궁궐로 보기에는 부족함이 있었다. 큰 건물이 밀집된 형태로 확인된 것이 아니라 공산성 내 여기저기 흩어져 있기 때문이다. 건물의 규모도 규모지만 터가 너무 좁다. 공산성 면적만 놓고 봤을 때는 작다고 할 수 없다. 그러나 산성이기에 건물을 지을 평지가 매우 적다. 궁궐을 지으려면 평탄한 대지가 어느 정도 확보되어야 한다. 산성 내에 여기저기 흩어져 있는 평지마다 건물을 지었다고 하더라도 궁궐을 지었다고 보기엔 부족함이 많다. 각 건물이 유기적으로 연결되기 어려워 국정을 운영하는데 불편함이 따르기 때문이다.

493년의 도읍 한성이 고구려에 의해 허무하게 무너졌다. 문주왕은 웅진으로 도읍을 옮겼다. 왜 웅진이었는지는 알 수 없다. 문주왕은 웅진성에 기대어 재건을 서둘렀을 것이다. 문주왕과 삼근왕은 재위 기간이 매우 짧았기에(도합 6년) 웅진성 밖에 넓은 터를 닦고 궁궐을 창건할 시간이 부족했을 것이다. 그러나 동성왕과 무령왕은 재위 기간이 도합 45년에 달했다. 이때는 대외적 여건이 어느 정도 안정되었고, 내부적으로도 정치 안정을 갖추던 시기였다. 이러한 때에 공산성이라는 협소한 곳을 왕궁으로 계속 사용했을 것으로 보이지 않는다. 조선시대 공산성 내에 충청감영이 설치된 적이 있었다. 그런데 감영이 설치되고 얼마 지나지 않아 불편함을 호소하여 성 밖으로 이전하였다. 감영조차 불편하다고 하는데, 백제 통치의 중심인 궁궐이 편안했을 리 없다.

만약 산성 밖에 궁궐이 있었다면 남문(진남루) 밖 산 아래 평탄한 곳에 있었을 가능성이 있다. 이곳에서 큰 주춧돌 하나가 발견되기는 했으나, 여러 건물이 밀집 건축되면서 옛 흔적이 사라졌다.

사비(부여) 시기 궁궐은 부소산성 남쪽에 있었다. 부소산 북쪽으로는 금강이 휘감아 흐른다. 부소산성 내에는 유사시를 대비한 군사시설과 곡물 저장 창고가 있었다. 평시에는 휴식을 위한 곳으로 사용했기 때문에 숲속에 크고 작은 정자와 누각을 지었다. 왕실을 위한 작은 사찰도 있었다.

사비도성처럼 웅진시기에도 궁궐은 산성 아래 평지에 있었고, 궁궐 뒷산(공산성)에는 유사시를 대비한 산성과 평시에 휴식을 위한 정원을 꾸미지 않았을까 싶다. 공산성 내에 여기저기 흩어져 있는 건물터가 누각이나 정자가 있었던 곳이기 때문이다.

공산성은 백제 때에만 사용된 성곽이 아니었다. 백제-통일신라-고려-조선에 이르기까지 아주 중요한 역할을 이어갔다. 조선시대엔 충청감영이 공산성 내부에 설치되기도 했다. 불편함이 있어서 1706년 봉황산 아래 현 공주사대부고가 있는 곳으로 이전했다.

TIP 공산성 답사하기

공산성 전체를 둘러보려면 약 2시간~3시간 정도 소요된다. 시간 여유가 있다면 하나씩 짚어가면서 둘러볼 것을 권한다. 공산성은 길고 넓어 한눈에 파악하기 힘들다. 지형이 제법 험하기 때문에 단단히 마음먹고 걸어야 한다. 성벽을 따라가면 오르막과 내리막이 반복된다.

성벽을 따라 답사할 때는 시계방향으로 둘러볼 것을 권한다. 금서루(서문)→공산정→공북루(북문), 공산성 왕궁관련유적→잠종냉장고→만하루, 연지→영은사→임류각, 장대지, 명국삼장비→광복루→영동루(동문)→동문밖 만아루지, 백제토성→임류각터, 강당터→진남루(남문)→12각 건물지→쌍수정, 쌍수정사적비, 추정 왕궁지→금서루 순서로 둘러보면 된다.

성벽을 따라가면서 성벽과 성문, 누각 등을 살펴보고, 숲속에 산재한 각종 누각과 다양한 건물터는 들락날락하며 확인해야 한다. 꼼꼼하게 살펴야 한다. 숲속에 있는 건물터는 어렵지 않게 찾을 수 있다. 만아루터와 백제토성은 동문인 영동루 밖에 나가야

볼 수 있다. 북쪽 성벽은 금강을 따라 이어지는데, 산줄기 굴곡이 심하여 오르락내리락하며 걷는 구간이다. 힘든 만큼 절경을 선물로 받는다. 동쪽과 서쪽 구간은 웅진의 옛 터전을 조망할 수 있다. 산줄기가 U자 모양으로 공주 시내를 둘러싸고 있음을 볼 수 있다. 이 산줄기가 동학농민군이 넘으려 했던 눈물의 산이다. 남쪽으로 멀리 동학농민군의 꿈이 쓰러져간 우금티가 보인다.

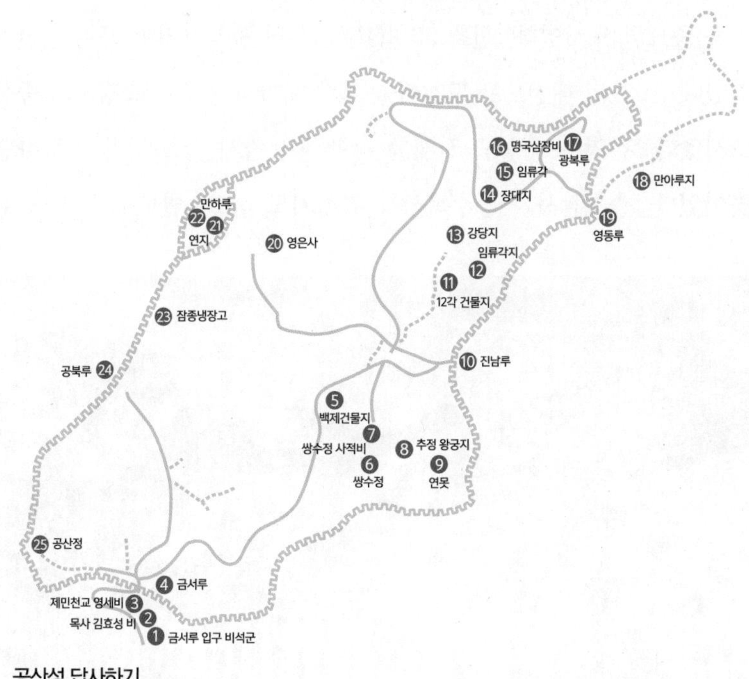

공산성 답사하기

3 산성 입구에 늘어선 선정비

공주는 조선시대까지 매우 중요한 도시로 대접받았다. 도시 이름 뒤에 州(주)가 들어간 지방은 제법 격이 높은 곳이었다. 주에 파견되는 수령을 목사(牧使)라 불렀다. 고려 초 12목을 정할 때 공주목이 될 만큼 중요한 도시였다. 선조 36년(1603)부터 충청감영이 공주에 설치되었다. 1932년 대전으로 도청이 옮겨갈 때까지 공주는 충청도의 중심 도시였다. 감영은 충청도 전체를 관할하는 감사(관찰사)가 근무하던 곳이었다. 충청감사가 공주목사를 겸하기도 하고, 별도로 두기도 했

공산성 비석군 공주 여러 곳에 흩어져 있던 것을 공산성 서문 앞으로 모아 두었다. 관찰사, 목사,우의정 등 다양한 벼슬이 기록되어 있다.

다. 충청감영은 충청도 전체를 위한 사무를 보는 곳이고, 공주목 관아는 공주지역의 사무를 관할하는 곳이었다. 그래서 충청감영(현 공주사대부고)과 공주목관아가 제민천을 사이에 두고 마주 보고 있었다. 현재 충청감영 건물 일부는 국립공주박물관 옆으로 이건되었다.

이로써 공산성 초입에 서 있는 선정비(善政碑)의 면면이 만만찮은 이유를 알겠다. 충청감영의 수령인 '觀察使(관찰사)', 공주목의 수령인 '牧使(목사)', 심지어 우의정, 행어사, 군수 등에 이르기까지 다양한 직군의 관료들 선정비가 도열해 있다. 흔히 선정비라 불리는 이 비석은 선정(善政)을 베풀어서 세운 것이 아니다. 후임자가 전임자의 것을 세운다. 인사고과에 반영되었다. 고부군수 조병갑이 옆 고을 수령을 지냈던 아버지 선정비를 세우려다가 동학농민군이 들고 일어났다. 고을 수령이 선정을 베푸는 것은 당연한 것이다. 기념비를 세울 일이 아니다.

그밖에 주목할 것은 '濟民川橋 永世碑(제민천교 영세비)'다. 순조 17년(1817)에 공주 시내를 흐르는 제민천이 대홍수로 범람하고 다리가 붕괴되자 이를 재건했는데, 그 내력을 적은 비석이다. 홍수로 다리와 둑이 무너지자 하천 둑을 다시 쌓고, 다리를 복구하였다는 내용이다. 또한 사업 자금 조달 방법 및 그 과정에서 공이 있는 관리와 자금을 지원한 강신환 등 10여 명의 일반 백성 이름도 적혀 있다.

이곳에 있는 비석은 시내 곳곳에 세워져 있었다. 원래 자리에 있는 것이 좋겠지만 관리하기 어려운데다 비를 훔쳐 가는 도적들이 있어서 공산성 앞에 모아 두었다.

4 공산성 서문 금서루(錦西樓)

금서루는 공산성 서문(西門)이다. 금서(錦西)는 금강 서쪽이라는 뜻이다. 백제 때에는 남문을 주로 이용했겠으나 지금은 서문을 정문처럼 사용하고 있다. 매표소를 지나 언덕을 조금 오르면 서문으로 들어서게 된다. 금강을 건너는 철교가 놓이기 전에는 배다리 혹은 나루가 북문인 공북루로 연결되어 있었다. 공주로 들어가기 위해서는 반드시 공산성을 통과해야 했던 것이다. 그래서 공북루 안쪽 넓은 터에는 마을이 있었다. 훗날 마을을 왕래하기 위해 자동차 길을 만들었는데, 이 길이 금서루 옆 성벽 아래를 뚫고 통과하게 되었다. 이곳이 원래 금서루 자리였다. 길이 나면서 금서루가 사라진 것이다. 훗날 금서루를 복원

금서루 공산성 서문이다. 금강에 공주철교가 놓인 후 공산성을 통과하는 교통로가 사라졌다. 대신 공산성 내에 있는 마을을 왕래하기 위해서 길이 놓이면서 주통행로가 되었다.

(1993)하게 되었을 때 원래 위치보다 남쪽으로 약간 옮겨서 지었다.

성벽 안으로 들어가기 전에 뒤를 돌아보면 멀리 무령왕릉이 있는 송산과 오른쪽으로 금강, 무령왕의 삼년상을 치렀다고 하는 정지산이 한눈에 조망된다.

성내로 들어가 시계방향으로 성벽을 걷다 보면 공산정이 나온다. 공산정은 역사적 내력을 품은 정자는 아니다. 그러나 이곳에서 바라보는 금강, 금강철교, 공산성 성벽이 매우 아름답다. 강 건너에는 공주 신시가지가 한눈에 들어온다.

금강을 건너던 다리

공산성 북문인 공북루 밖으로 나가면 금강에 닿는다. 옛날에는 배를 타고 강을 건너면 공북루 아래에서 내렸다. 북쪽으로 가려고 해도 공북루를 나가 배를 타고 건너가야 했다. 따라서 공북루는 공주로 들어가는 대문이었다. 조선시대에는 금강을 배로 건넜다. 물이 얼어버리는 겨울엔 배를 운행할 수 없기 때문에 갈수기인 가을에 놓았다가 여름이면 사라지는 섭다리를 놓기도 했다. 1910년에는 자동차가 다닐 수 있을 정도의 나무다리를 놓았다. 1930년에는 배다리를 건설하기도 했다. 공북루 밖 강심에는 나무다리를 놓았던 흔적의 일부 남아 있다.

1933년이 되어서야 공주에 철교가 놓였다. 당시까지 철교는 기차가 다니는 다리였으나, 공주 철교는 '도로교'였다는 점이 달랐다. 조선 후기와 일제강점기 초기 공주는 충남의 중심지였다. 그래서 조선시대 충청감영과 일제강점기 충남도청이 공주에 있었다. 그래서 조선총독부에서는 경부선과 호남선이 공주를 경유하도록 설계했다. 그러나 무슨 이유인지 설계를 수정하여 대전으로 가고 말았다. 게다가 도청마저 대전으로 옮겨가게 되자 공주시민들은 분노로 들끓었다. 이에 총독부에서는 금강에 철교를 놓아주겠다는 약속을 하여 시민들의 분노를 누그러뜨렸다. 결국 도청 이전에 대한 보상 조건으로 놓이게 된 다리가 금강철교였던 것이다. 당시 한강 이남에서 제일 긴 다리였다. 와렌 트러스 구조의 상현재를 곡현 아치 형태로 굽힌 디자인은 당시 교량 건설사의 새로운 장을 연 것으로 평가받고 있다. 한국전쟁 중에는 미군이 북한군 남하를 막기 위해 다리를 폭파하기도 했다. 2/3 가량이 파괴

공주철교 일제강점기에 도청이 대전으로 이전하는 조건으로 놓은 공주철교. 한국전쟁 때에 폭격을 받아 절반이 파괴되었다.

되었던 철교는 1956년 복구되었다. 지금은 금강에 여러 개의 다리가 놓여서 철교는 일방통행으로 사용하고 있다. 도보로 건널 수 있는 인도가 확보되어 있으니 시간 여유가 있다면 강바람을 맞으며 걸어보는 것도 좋겠다.

5 공북루와 왕궁관련유적

공산성 북문인 공북루 남쪽 넓은 골짜기에서 백제시대를 알려주는 대규모 왕궁관련유적이 확인되었다. 2011~2017년까지 발굴을 진행하였는데, 발굴 결과 현재 지표면 3~7m 아래에서 백제 때의 흔적이 확인되었다. 백제가 웅진으로 천도한 475년 이후 만들어진 약 70여 동의 기와건물터와 도로, 축대, 배수로, 저수시설, 석축 연못, 철기 공방지 등 다양한 시설이 확인되었다. 그런데 자칫하면 영원히 확인하지 못할 뻔했다.

2005년 조사 당시 지표면에서 3미터 깊이까지는 대부분 훼손된 상태였다. 그리고 5미터 깊이까지도 모래층이 두텁게 남아 있어서 안전을 고려해 더는 조사를 진행할 수 없었다. 발굴조사팀장은 큰 물길로 아래쪽의 백제문화층이 모두 훼손됐으리라 판단해 일단 조사를 멈추기로

공북루와 왕궁관련 유적 공북루 안쪽에서 백제~현대에 이르는 다양한 유적이 발견되었다. 특히 지하 깊은 곳에서 660년 백제멸망 상황을 전해주는 중요유물이 출토되었다.

결정했다.

그런데 발굴조사팀장의 '그만 파자.'라는 수신호가 너무 커서 '깊이 파라.'라는 수신호처럼 전달되었다. 수신호를 잘못 이해한 굴삭기 기사는 1미터가량 깊이의 흙을 단번에 훅 파내고 말았다. 그 순간, 바닥 깊숙이 파낸 흙 속에서 다수의 백제 토기조각과 기와 조각, 철기류, 밤 껍데기와 당시의 주요 먹거리인 탄화미, 소라, 굴, 조개껍데기 등이 함께 출토되었다. 환희의 순간이었다. 모두 훼손되어 남아 있지 않다고 포기하려던 찰나에 백제 문화층이 살아 있음을 확인한 것이다. 어긋난 수신호가 깊이 잠든 백제를 일깨우는 신호가 됐다.[30]

30 역사의 보물창고 백제왕도 공주, 충청남도역사문화연구원, 메디치

이곳은 약 30,000㎡의 넓은 평탄지를 이루고 있지만, 원래 지형은 사방에서 물길이 모이는 골짜기였다. 그래서 건물을 짓기 위해서는 기초를 튼튼하게 다져야 했는데 부엽공법을 사용하였다. 부엽공법은 나뭇가지와 나뭇잎, 흙 등을 켜켜이 쌓아서 다지는 공법이다. 부엽공법과 같은 대규모 토목공사를 하여 대지를 만들고, 그 위에 축대와 도로 · 배수로 · 기와건물을 세웠다. 도로는 남북도로와 동서도로가 있는데, 남북도로는 약 6m의 노면(路面)을 갖추고 있었다. 도로 양 측면에는 배수로가 설치되어 물빠짐을 원활하게 하는 등 계획적인 공간배치를 보여주었다.

건물은 주춧돌을 사용하지 않고 땅에 구멍을 판 후 기둥을 세워 만든 기와건물이었다. 이런 건물들이 일정한 열을 이루어 자리하고 있었다. 건물지 주변에서 사람 얼굴이 있는 기대(그릇받침), 공작그림이 있는 기와, '대통사(大通寺)'명 벼루를 비롯하여 많은 양의 벼루가 출토되어 백제시대 수준높은 관청시설이 있었음을 추론할 수 있었다.

645년에 만든 갑옷

이밖에 645년(의자왕 5년)을 가리키는 '○○행정관 19년명(○○行貞觀十九年銘)', '년사월이십일일(年四月二十日日)'이 기록된 옻칠 갑옷과 철갑옷, 마갑(말갑옷,馬甲), 큰 칼(大刀), 장식도(裝飾刀) 등이 함께 출토되어 백제 중앙의 선진적인 공예기술을 살필 수 있게 하였다.

갑옷은 만들어진 때가 정확히 기록되어 있어서 중요한 역사 자료가 되었다. 이로써 이 갑옷은 동아시아에서 발견된 최초의 실물갑옷이 되었다. '○○행정관 19년명(○○行貞觀十九年銘)', '년사월이십일일(年四月二十日日)'의 기록이 주목된다. '○○行貞觀十九年銘'은 당나라 태종의 연호 '貞觀'다. 19년이면 645년(의자왕 5)에 해당된다. 당나라 연호가 적혔다고 해서 당나라에서 제작되었다고 주장하는 이들이 있으나 어림없는 소리다. 그런 식으로 주장한다면 한국문화재 대부분이 중국 것이 된다. 『삼국사기』에는 이런 기록이 있다.

이때 백제가 검붉게 칠한 쇠 갑옷을 바치고, 또 검은 쇠로 만든 무늬 있는 갑옷을 만들어 바치니, 당나라 군사들이 이것을 입고 따랐다. 황제가 이세적과 만나니 갑옷 빛이 햇빛에 빛났다.

당태종이 고구려 요동성을 공격할 때 의자왕은 갑옷을 만들어 바쳤다. 고구려 공격을 성공해서 옛 원한을 갚아주기를 바라는 마음이었다. '이때'는 공산성 안에서 발견된 갑옷과 같은 시기인 645년이었다. 645년뿐만 아니라 무왕 때에도 갑옷을 만들어서 당나라에 보냈다고 하니, 백제는 갑옷 제작기술이 매우 뛰어났다는 것을 알 수 있다.

660년 상황을 땅속에 간직

백제문화층에서 확인된 건물터와 다양한 유구들은 660년 혼란했던 상황을 고스란히 전해주었다. 폐기된 듯한 기와더미는 불에 탄 것이었고, 많은 양의 화살촉들은 치열했던 상황을 전해주고 있었다. 네모 반듯한 저수 시설에서는 말갑옷-무기-사람갑옷이 함께 나왔다. 저수 시설에 던져졌는지 아니면 빠뜨렸는지 알 수 없으나, 마치 숨기려는 의도가 있었던 것처럼 짚단이 덮여 있었다. 짚단 위에는 불에 탄 기와가 덮여 있었다. 저수 시설 위에 기와를 덮은 지붕이 있었던 것이다. 저수시설 내에서는 갑옷뿐만 아니라 불에 탄 쌀, 조, 밤, 도토리, 소라, 굴, 조개껍데기 등이 함께 나와서 백제인들의 식생활을 짐작하게 했다.

백제 왕성으로 추정되면서 명확한 역사성을 갖춘 공산성에서 백제 왕실의 생활문화를 살필 수 있는 화려한 유구와 유물이 출토되어 이 시기 백제문화를 살피는데 좋은 자료가 되었다.

6 승군이 머물렀던 영은사

영은사(靈隱寺)는 공산성 내에 있는 유일한 사찰로 세조 4년(1458)에 창건되었다. 처음엔 묘은사라 했다. 인조가 이괄의 난(1624) 때 공산성으로 피신한 이후 은적사로 고쳐 불렀다. 그 후 어느 때인가 영은사로 고쳤다. 임진왜란 때에는 승병들이 모여서 훈련을 한 후 승병장 영규대사의 지휘 아래 청주성전투, 금산전투에서 용감히 싸웠다. 광해군 8년(1616)에는 이곳에 승장(僧將)을 두어 나라안 사찰을 관할하기

영은사 산성 내에 있으면서 산성을 수리, 관리하는 역할을 하였다. 임진왜란 때에는 영규대사가 승병을 훈련시키기도 했다.

도 했다.

그런데 영은사 부근에서 통일신라 불상 6구가 출토되었고, 고려시대 석탑 재료도 흩어져 있어 오래전부터 절이 있었던 것으로 추정되었다. 숭유억불의 분위기에 편승해 조선 초기에 폐사되었다가 세조 4년에 재건된 것으로 짐작된다. 영은사가 산중에 있는 고요한 사찰이었다면 일부러 폐사할 이유는 없었겠지만, 조선군이 주둔하는 산성 내에 있었기 때문에 없어진 것으로 보인다.

큰 산성을 유지하고 지키려면 군사들이 항상 주둔하면서 관리해야 한다. 그러나 군사들만으로는 부족했기에 그 소임을 승려들에게도 부여했다. 조선시대 승려들은 천한 신분이었다. 성곽을 쌓거나 수리할 때에 승려들도 동원되어 공역에 힘을 보태야 했다. 또 승려들은 산성에 주둔하면서 성을 방어하는 군사 역할도 해야 했다. 이들을 승병이라

하였다. 승병들이 승려로서의 신분을 유지하면서 국가 부역을 감당하려면 절이 필요했다. 그래서 산성 내에 작은 사찰을 지었다. 남한산성, 북한산성 내에 사찰이 여럿 있는 것도 그와 같은 이유다. 대규모의 사찰보다는 영은사처럼 작은 사찰이 대부분이었다.

영은사는 공산성 북사면에 있기 때문에 건물이 북향을 하고 있다. 영은사의 전각으로는 원통전(圓通殿), 관일루(觀日樓), 요사채가 전부다. 원통전은 관음보살을 모신 전각이다. 관음보살은 두루두루 원만하고 통하지 않음이 없기에 원통이라 한다. 원통전에는 17세기 중엽에 조성된 목조관음보살상이 있고, 아미타불을 그린 후불탱화가 있다. 관음보살은 아미타불을 모시기 때문에 후불탱화로 아미타불을 그린 것이다. 관음보살의 보관(모자)에도 아미타불이 있다.

관일루는 누(樓)가 아니다. 누각이 아닌데 누(樓)라 한 것은 무슨 이유일까? 어쩌면 영은사 대문 역할을 하던 누각이 있었을 수도 있다. 누각은 승병들을 지휘하는 장소로도 사용되었을 것이다. 언젠가 누각이 사라지고 이름만 남아 승병들이 숙소로 사용하던 건물을 관일루라 칭했을 가능성이 있다.

7 금강과 연결된 연지와 만하루

만하루(挽河樓)는 영은사 앞 성벽 너머에 있는 누각이다. 만하루 앞으로는 금강이 유유히 흐르고, 안쪽에는 돌을 쌓아 만든 연못이 있다. 만하루는 금강을 감상하며 휴식을 취할 수 있는 곳이다. 만하루 밖에 쌓은 성벽은 조선시대에 확장한 것이다.

만하(挽河)는 강을 당긴다는 뜻이다. 만하루는 실제로 그런 곳에 자리하였다. 만하루 안쪽 연못은 금강의 물길을 당겨서 만들었기 때문이다. 연지는 영조 30년(1754)에 만들었다. 공산성 내부에 부족한 식수를 확보하기 위해서였다. 그러나 연못은 백제 때부터 이용되었던

만하루와 연지 평시에는 금강을 조망하면서 유사시에 사용할 수 있는 물을 저장했다.

것으로 추정되기도 한다. 특히 성 내부에서 연못까지 가기 위한 통로(암문)가 발굴되어 오래전부터 사용되었을 것으로 추정되었다. 지금과 같은 형태로 다듬은 시기가 조선 영조 때가 아닌가 한다.

연못의 형태는 네모나며 아래로 갈수록 좁아진다. 동서 21m, 너비 12m에 이르며, 바닥은 동서 9m, 너비 4m이다. 동쪽과 남쪽에는 층계를 놓아서 연못으로 내려갈 수 있게 하였다. 연못의 수위는 금강 수위와 밀접한 관련이 있다. 금강 수위가 올라가면 연지의 수위도 올라간다. 이는 물길이 서로 연결되어 있다는 것을 말한다.

연지 모양은 인도 자이뿌르에 있는 '찬드 바오리'를 보는 것 같고, 돌 쌓는 방식은 공산성 내 쌍수정 앞에 있는 사발 모양의 연지와 비슷하며, 서울에 있는 석촌동백제고분의 돌쌓기를 보는 것 같다. 백제적인 미감이어서 백제 때 쌓은 것이라 해도 믿을 것 같다.

8 동성왕이 연회를 즐긴 임류각

만하루를 지나면 성벽은 가파른 산으로 올라간다. 성벽 위로 길이 이어지니 그대로 따라가면 된다. 가파른 길을 조금만 올라가면 넓은 터가 나온다. 전망이 매우 좋다. 금강 상류가 멀리까지 보인다. 그곳에 석장리구석기유적이 있다. 다시 성벽을 따라 걸으면 '임류각'이 복원

임류각 동성왕이 연회를 즐겼던 곳이다. 백제식 건축으로 복원되었다. 백제 건축물과 조선시대 건축물이 어떻게 다른지 비교해 보는 것도 답사의 묘미다.

되어 있다. 임류각에 대해서는 『삼국사기』 동성왕 22년(500) 기록을 살펴보자.

봄에 임류각(臨流閣)을 궁궐 동쪽에 세웠는데 높이가 다섯 장(丈)이었으며, 또 못을 파고 진기한 새를 길렀다. 간언하는 신하(諫臣)들이 반대하며 상소(上疏)하였으나 응답을 하지 않았고, 또 간언하는 자가 있을까 하여 궁궐 문을 닫아버렸다.

여름 4월에 우두성에서 사냥하였는데 우박을 만나 그만두었다. 5월에 가물었다. 왕은 근신들과 더불어 임류각에서 연회를 하였는데 밤새도록 환락을 다하였다.

이 기록에 사론(史論)을 덧붙였다. 사론은 사관의 주관적인 생각이다.

좋은 약은 입에 쓰나 병에는 이로우며, 바른말은 귀에 거슬리나 품행에는 이롭다. (중략) 지금 모대왕(牟大王:동성왕)은 간하는 글이 올라와도 살펴보지 않고, 또 궁궐 문을 닫고서 이를 막았다. 장자(莊子)에 '허물을 보고도 고치지 않고, 간언을 듣고도 더욱 심해지는 것을 사납다고 한다.'라고 하였는데 모대왕이 바로 이에 해당할 것이다.

공산성 동남쪽 높은 곳에 임류각, 명국삼장비가 있는 넓은 공간이 있다. 이곳에 임류각을 복원해 두었는데 백제 건축 양식으로 하였다. 안내문을 살펴보자.

임류각(臨流閣)은 백제 제24대 동성왕 22년(500)에 왕궁의 동쪽에 지은 누각이다. 높이가 15m에 이르는 건물로 왕과 신하들의 연회 장소였을 것으로 추정된다. 1980년 공산성 발굴 조사 과정에서 고층 누각의 모습으로 확인되어 1993년에 2층 누각으로 다시 세웠다.

현재의 임류각은 백제 건축 양식인 하앙식(下昻式)을 재현하여 세웠으며 단청 문양은 무령왕릉에서 나온 장신구와 무덤방의 벽돌에 남겨진 무늬를 활용하였다.

복원된 임류각은 다소 생소한 단청, 처마 밑 돌출된 부재, 촘촘한 기둥 등으로 인해 지금까지 보아온 목조건축과 다르다는 것을 단번에 알게 된다. 처마를 쳐다보면 길게 나온 굵은 부재를 볼 수 있는데 매우 독특하다. 이 부재를 하앙(下昻)이라 한다. 하앙은 서까래와 같은 방향으로 길게 내민 굵은 목재다. 하앙은 처마를 들어주는 역할을 한다. 지렛대처럼 안쪽을 눌러주면 끝부분이 들리면서 처마를 들어주게 된다. 처마를 들어주게 되면 처마를 마당 쪽으로 길게 내밀 수 있게 된다. 들어주지 않고 내밀게 되면 건물 내부가 어두워지고 답답해진다. 들어주면서 내밀어야 내부 채광을 확보하게 된다. 중국과 일본에서 주로 확인되던 하앙양식이 전라북도 완주 화암사에서 확인되어 한반도에서도 하앙을 사용했음이 확인되었다. 하앙은 고대의 건축양식이라 백제가 하앙을 사용했을 것으로 보고 있으며, 그것이 완주 화암사 건축까지 이어졌을 것으로 추측하고 있다.

완주 화암사 하앙이라는 독특한 건축양식 법당이 남아 있는 곳. 우리나라에서 유일하게 발견된 하앙양식의 건축물이다. 따라서 우리나라에도 하앙양식이 사용되었었음이 확인되었다.

현재 임류각은 원래 자리에 복원된 것이 아니다. 복원된 임류각 아래쪽 숲속에 건물 자리가 여럿 있다. 그중 한 곳에서 기와에 '流' 찍힌 것이 나와 임류각이 있었을 것으로 추정되었다. 기와는 통일신라 시기의 것이었다. 그러나 백제토기 조각과 백제의 주춧돌이 있기 때문에 백제 건축물이 있었다는 것은 의심할 여지가 없다. 임류각터에는 모두 42개의 주춧돌이 있었다. 9개는 없어졌다. 터의 넓이에 비해 주춧돌이 많다는 것은 그만큼 기둥의 숫자가 많았다는 뜻이다. 이는 고식건축이었기 때문이다. 후대에는 더 적은 기둥을 사용하고도 큰 규모의 건물을 지을 수 있게 되었다. 기둥이 적으면 내부 공간을 넓게 사용할 수 있다.

'流'가 적힌 기와가 발굴된 곳을 임류각터라고 추정하나 임류각이라는 뜻은 흐르는 물 가까이에 있다는 것인데 발굴된 자리는 강과는 거리가 멀다. 훗날 다른 곳에서 임류각터가 발견된 가능성이 없지 않다.

명국삼장비

임류각 옆에는 비각이 있다. 그 안에는 세 기의 비석이 나란히 서 있는데 명국삼장비(明國三將碑)라 불린다. 명국(明國) 즉 명나라 세 장수를 기릴 목적으로 세웠기 때문이다. 정유재란이 일어난 이듬해인 1598년(선조 31)에 명나라의 세 장수 이공, 임제, 남방위가 공주에 주둔한 사실, 그들이 왜군으로부터 공주 주민들을 보호했다는 내용을 기록하였다.

명국삼장비는 1599년 금강변에 세웠으나 홍수로 매몰되자 1713년(숙종 39)에 다시 세웠다. 숙종 때는 숭명(崇明)의식이 극대화되는 시점이었다. 홍수에 매몰되었어도 다시 세우는 것이 당연한 시점이었다. 망해버린 명나라 황제의 글씨를 암벽에 새기고 그것 자체를 신성하게 여기던 때였다.

일제강점기에는 일본인들이 비석에 쓰여 있던 왜구(倭寇)라는 글자를 지우고 공주읍사무소 뒤뜰에 묻어버렸지만 1945년 광복이 되면서 현재의 위치로 옮겨 세웠다. 명(明)-조선(朝鮮)-일본(日本)이 이곳에 있다. 조선은 두 나라 사이에서 희생자였다. 내 나라를 내 힘으로 지키지 못하고 다른 나라의 힘을 빌려서 유지한 후, 후손 대대로 그들을 칭송해야 하는 비극이 어찌 그때뿐이랴.

명국삼장비 임진왜란 때 공주에 주둔했던 명나라 세 장수를 공덕을 기리는 비

장수가 지휘하던 장대

공산성 장대지는 산성에 주둔한 군대를 지휘하던 장대(將臺)가 있던 자리다. 이곳은 조선시대 유적으로 추정된다. 장대는 산성 내 가장 높은 곳이나, 산성 내·외부를 통제하기 좋은 곳에 설치한다. 산성에는 성(城)을 통제하는 전체 지휘소가 있는가 하면, 요충지마다 장대를 설치하기도 한다. 수원화성의 경우 동장대, 서장대 두 곳이 있다. 공산성 장대지는 산성 내에서 가장 높은 지점에 있다. 산성 전체를 통제하기 좋은 위치였던 셈이다.

1980년 4.19혁명 기념비를 옮기는 과정에 발굴조사를 진행하여 3개의 주춧돌 자리를 확인하였다. 공산성 장대는 앞면 2칸, 옆면 2칸 규모의 누각건물로 추정되는데, 조선시대 공산성 안에 있었던 중요한 군사시설 중 하나였다.

장대터 유사시에 공산성 전체를 바라보며 지휘하던 장소

광복을 기념하는 광복루

임류각보다 좀 더 높은 곳에 있는 광복루(光復樓)는 공산성 동쪽 가장 높은 곳에 있는 2층 누각이다. 광복루는 공산성 내에 주둔한 군대를 지휘하던 중군영(中軍營)의 문(門)이었으나 일제강점기에 지금의 위치로 옮기고 웅심각(雄心閣)이라 하였다.

1945년 광복 후 공주 시민들이 힘을 모아 보수하였다. 이듬해인 1946년 4월에 김구, 이시영 등이 공주를 방문하여 이곳을 둘러본 후 광복을 기념하기 위해 이름을 '광복루'로 고쳤다. 김구와 이시영은 이때 마곡사도 방문하였다.

광복루 중군영 정문으로 사용되다가 옮겨져 광복을 기념하는 이름을 달았다.

9 동문 영동루와 백제토성

영동루(迎東樓)는 공산성 4개 성문 가운데 하나이며 동쪽 문루다. 1980년에 발굴되었는데 문 터와 문을 지탱하고 있던 받침돌이 확인되었다. 백제 때에도 이곳에 문이 있었다는 것이 확인되었다. 조사에서 얻은 자료와 1859년(철종 10)에 편찬된 『공산지(公山誌)』 기록을 바탕으로 조선시대 성문의 일반적인 모습으로 복원하였다. 문이 있었다는 기록만 있을 뿐 이름을 알 수 없어서 2009년 시민 공모를 통해 영동루라고 하였다.

영동루 공산성 동문. 영동루 주변에는 백제 때 쌓은 토성을 확인할 수 있다. 동문 밖으로 외성도 확인된다.

공산성 구간에서 백제 때에 쌓은 토성을 확인할 수 있는 곳이 영동루 주변이다. 영동루에서 광복루로 올라가는 성벽 일부와 영동루 밖 외성으로 추정되는 곳에 토성이 남아 있다. 흙을 다져 쌓기 위해 통나무 기둥을 일정한 간격으로 박았다는 사실도 확인되었다. 토성을 쌓기 위해서는 흙을 다져야 한다. 그러기 위해서 기둥을 일정한 간격으로 박은 후 그 안에 판자를 대고 상자모양을 만든다. 그 안에 흙을 부어

백제 토성 백제 시대의 토성을 확인할 수 있어서 동문은 매주 중요한 답사처가 된다.

넣고 절구질을 한다. 흙과 모래를 겹겹이 쌓으면서 다지면 시루떡처럼 층층이 쌓인다. 흙은 돌처럼 단단해진다. 그래서 관리만 잘하면 수천 년도 끄떡없다.

영동루 밖 백제 토성 위에는 만아루(挽阿樓)라는 누각이 있었다. 건물의 기초가 확인되었으며, 백제시대 기와, 조선시대 기와 등이 확인되었다. 토성 위에 있어서 공주가 한눈에 내려다보인다. 만아루지를 덮고 있는 벚꽃나무는 수십 년은 됨직해서 봄이면 황홀경을 선사할 듯하다.

10 진남루와 12각 건물자리

공산성 남문은 진남루(鎭南樓)다. 남쪽을 진압한다는 뜻이 담겼다. 남쪽은 일본을 말한다. 조선시대까지도 북문인 공북루와 남문인 진남루를 연결하는 길이 있었다. 금강을 건넌 사람들이 남쪽으로 가려면 공북루를 들어와 공산성을 가로질러 남문을 나가야 했다. 충청과 전라 지방으로 가려면 진남루를 통과해야 했던 것이다.

진남루 안쪽 산책로 옆 숲속에는 12각 건물자리가 있다. 발굴로 확인된 토기와 기와가 통일신라시대 것으로 밝혀져 백제 유적은 아닌 것으로 보인다. 건물은 2동이 중복된 상태로 발굴되었다. 한꺼번에 2동

진남루 공산성의 정문. 공북루와 진남루는 주 통행로 사용되었다. 진남루를 내려가면 공주시가지로 들어설 수 있었다. 백제시대에는 진남루 밖에 궁궐 또는 중요행정관청이 있었을 것으로 짐작되고 있다.

이 있었던 것이 아니라 나중에 지은 건물이 기존 건물터를 잠식했기 때문에 겹쳐진 모습으로 나타난 것이다.

12각 건물은 일상의 공간이 아닌 제사 공간이었을 가능성이 있다. 경기도 하남시 이성산성에도 통일신라시대 12각 건물지가 있다. 산성 내에서 제사를 지냈던 곳으로 추정되었으나 확실한 근거가 있는 것은 아니다.

11 웅진백제 왕궁이 있던 곳

쌍수정 남쪽에는 약간의 평지가 있다. 오랫동안 추정 왕궁지라 불렸던 곳이다. 공산성 내에서 왕궁이 있을 만한 터전은 이곳밖에 없기 때문이다. 몇 개의 건물터와 사발 모양으로 생긴 연못이 확인되어 백제시대를 증언해 주었다. 또 흙으로 만든 벼루 조각, 삼족 토기 조각, 그릇 받침 조각, 소형 그릇 조각, 흙으로 만든 등잔 조각 등이 출토되었는데 백제의 것으로 밝혀졌다, 따라서 이곳은 웅진백제의 중요한 시설이 있었으며 그 시설은 왕궁이었을 것으로 추정되었다.

추정왕궁터 백제, 조선시대의 여러 건물들이 확인되었다. 백제의 왕궁이 있었던 곳이라 하는데, 너무 좁다.

건물은 주춧돌을 사용하지 않고 기둥을 땅에 박는 굴립주방식의 건물이었다. 또 기둥을 촘촘하게 박아 벽을 만드는 벽주건물도 있었다. 건물터가 겹쳐서 나타나기도 했다. 여러 시기에 건물을 거듭 지으면서 기존의 건물터 위에 또 지었기 때문에 겹쳐서 나타난 것으로 보인다.

이곳에는 백제 목곽고도 있다. 목곽고(木槨庫)는 나무로 짠 지하 저장시설이다. 윗부분은 가로 4.6m, 세로 4.2m이며 바닥부분은 가로 3.8m, 세로 3.3m로 밑으로 갈수록 좁아지는 형태다. 네 모서리와 긴 변의 가운데에 기둥을 박아서 나무판을 지탱하였다. 목곽 창고 바닥에서 깨진 기와가 많이 발견되었기 때문에 목곽의 지붕은 기와지붕이었을 것으로 추정되었다. 지하에 목곽고를 설치하면 일정한 온도를 유지할 수 있다. 여름엔 시원하고, 겨울엔 따뜻하다. 이런 구조는 식품을 저장하는 데 유리하다. 산성 내에는 유사시를 대비한 식량 저장고가 필요하다. 요긴하게 사용되었을 것으로 보인다. 사비도성 내 왕궁터에서도 목곽고가 여러 개 발견되었다.

백제 연못

백제 연못은 큰 사발을 보는 듯 넉넉한 기품이 있어 백제의 미적 감각을 보는 것 같아 반갑다. 돌 쌓는 방식은 한성백제기 석촌동고분에서 확인할 수 있었던 기단식돌무지무덤을 보는 듯하다. 연못 가까운 곳에 물이 공급될 수 있는 수원지(水源池)가 없기 때문에 빗물을 받아 저장했을 것으로 보인다. 연못에 담긴 물은 식수로는 사용할 수 없었을 것이다. 화재 대비용이나 유사시 물이 부족할 경우 어떤 방식으로든 요긴하게 사용되었을 것이다. 안내판에는 이렇게 기록되어 있다.

백제 연못은 공산성 왕궁터에서 확인된 백제시대 인공 연못이다. 빗물을 받아 저장하여 연못으로 사용하기도 하였고, 화재가 났을 때는 소방용으로도 사용하였다.

연못은 지름 약 9.5m 정도로 땅을 판 후 다듬지 않은 돌을 쌓아 만들었으며, 바닥에는 너비가 40~50cm 정도 되는 얇고 평평하게 다듬은 돌을 깔았다. 연못 벽 뒤에는 물이 새는 것을 막기 위하여 1m 너비로 점토를 두껍게 채웠다. 연못 안에서는 많은 양의 백제시대 토기와 기와조각이 출토되었다.

백제연못 유사시를 대비해서 물을 저장한 것으로 보인다.

연못 바닥에서 백제 토기와 기와조각이 출토되었다는 사실은 이 연못이 최소 백제 때에 만들어졌다는 것을 말해준다.

싸이클 대회가 열렸던 왕궁지

공산성 내 쌍수정 앞 추정왕궁지 넓은 공터는 여러 용도로 사용되었다. 공산성은 백제때에만 사용된 것이 아니라 조선시대까지 내내 군대가 주둔했기 때문에 중요한 군사시설이 곳곳에 있었다. 추정왕궁지에는 조선시대에는 군향고(군량, 군자금 저장소), 군기고 등이 있었다. 공산성을 방어하는 군대가 사용할 중요한 물자를 보관했던 장소로 사용되었던 것이다.

일제강점기에는 말을 기르던 마장과 운동장으로 사용되기도 했다. 1960년대에는 전국 사이클 대회가 열리기도 했다. 발굴조사 결과 여러 시대 흔적이 겹쳐서 나타났고, 그만큼 백제의 흔적은 파괴가 심했다.

12 인조와 쌍수정

인조는 광해군을 몰아낸 후 반정에 성공한 대가를 지불해야 했다. 자신을 왕위에 올려준 신하들에게 공신의 지위를 내리는 것이었다. 그런데 공신 책봉에도 당(黨)을 따져서 하다 보니 1등 공신이 되어야 할 이괄(1587-1624)은 '정사공신 2등'으로 밀려났다. 그는 문무를 겸비한 보기 드문 장수였다. 누구나 그를 볼 때면 '병조판서'를 맡을 적임자라 생각했다. 그러나 반정세력의 주류는 그를 견제하였다. 그를 중앙이 아닌 평안도 병마절도사 겸 부원수로 발령을 냈다. 심지어 이괄의 아들이 역모를 꾀했다하여 체포하려 하였다. 이에 불만을 품은 이괄은 반란을 일으켰다. 그는 사나운 기세로 군사를 몰아 한양으로 진격했다. 막아서는 진압군을 격파하며 시시각각 남하하였다.

반란군의 기세가 워낙 거세자 인조는 파천을 서둘렀다. 어디로 갈 것인가? 『조선왕조실록』 인조 2년 2월 7일의 기록을 보자.

정경세(鄭經世)가 영남으로 거둥하기를 청하여 아뢰기를,

"영남의 충의로운 선비 중에는 반드시 선뜻 호응하여 소매를 떨치고 일어날 자가 있어서 이로 인하여 회복할 수 있을 것입니다."

하고, 김류가 아뢰기를,

"영남에 충의로운 선비가 많기는 하나 그 풍속은 문을 숭상하고 무를 숭상하지 않으므로 도움을 받기 어렵습니다. 호남의 풍속은 대부분 무예를 숭상하니, 지금의 계책으로는 이곳으로 거둥하시어 진무하고 수용하는 것만 못합니다. 그러면 회복을 기대할 수 있을 것입니다."

하고, 장유(張維)는 아뢰기를,

"공주산성(公州山城)은 앞에 큰 강이 있어 형세가 매우 좋고 길도 멀지 않으니, 급히 들어가 점거하고 있으면서 형세를 보아 진퇴하는 것이 좋겠습니다."

정경세와 김류의 주장은 한 가닥 희망이다. 백척간두에 서서 현실적 대안보다 희망적 대안을 제시하고 있는 것이다. 김류는 병자호란 때에도 그 무능의 극치를 보여준 인물이었다. 장유의 주장이 받아들여진 이유는 현실적 대안이었기 때문이다. 적을 방어하기에 유리한 점을 설명하고 있으며 후속 대책도 제시하고 있다는 점이다. 2월 8일 반란군이 임진강을 건넜다는 소식이 날아들었다. 인조는 한양을 비우고 공주로 피란하였다. 인조가 공주에 당도하기 하루 전에 반란군을 크게 물리쳤다는 보고가 들어왔다. 그러자 천안에 머물면서 형세를 보아 진퇴를 결정하자는 의견이 있었다. 그러나 반란군이 완전히 진압된 것이 아니므로 만약을 대비해서 공주로 떠나자는 의견이 우세하였다. 한양을 떠난 지 6일 만인 2월 13일 공주에 도착했다. 공산성 내에 있던 옛 공주감영 건물을 행재소로 삼았다. 인조가 공주에 들어온 지 하루 만에 이괄이 죽고 반란군이 진압되었다는 소식이 전해졌다.

적장 이수백 · 기익헌 등이 면박(面縛)하고 군문(軍門)에 나아가 죄를 청하고 이괄 · 한명련 등 여섯 역적의 수급을 장대 끝에 달아서 바치니, 상이 군사의 위용을 크게 벌이고 친림하여 받았다. 이수백 · 기익헌 등이 땅에 엎드려 아뢰기를,

"당초에 곧 귀순하지 않은 것은 반드시 이괄을 베어 가지고 오려 하였기 때문입니다. 이토록 지연되었으니 만 번 죽어도 아까울 것이 없습니다."

하니, 상이 그의 포박을 풀라고 명하고 이르기를,

"지금 늦기는 하였으나 그 공이 없지 않다. 뒤에 논상(論賞)하겠으니, 우선 물러가 기다리라."

하였다.

이수백 · 기익헌의 구차한 변명이었다. 사세를 보아 불리할 듯하니 모시던 상관의 목을 베어 인조에게 바친 것이다. 인조는 반란이 진압되었다는 소식에 기뻐하며 특별 과거시험을 치르게 했다. 공주 사람들을 위무하기 위해서였다. 인조가 금강을 건널 때 나루에서 환영하던 유생이 무려 100명이나 되었던 것에 고마움을 느꼈을 것이다.

문사와 무사를 친시(親試)하여 홍습(洪霫) 등 5인에게 급제를 내렸는데, 홍습은 뒤에 홍익한(洪翼漢)이라고 이름을 고쳤다. 공주 사람으로서 참방(參榜)한 자가 없고 유생(儒生) 강윤형(姜允亨)이 지은 글이 입격한 5인의 다음을 차지하였다. 승지 권진기(權盡己)가 벼슬을 제수하여 본주의 인심을 위로하기를 청하니, 상이 특별히 급제를 내렸다.

공주 사람들을 위무하기 위해 과거를 치루었는데 공주 사람으로서 입격한 이가 없었던 것이다. 이에 6등이었던 공주 유생 강윤형을 입격시켰다.

인조가 벼슬을 내린 나무 두 그루

쌍수정은 공산성에서 북쪽을 바라보기 좋은 장소다. 쌍수정 남쪽 넓은 공터에서는 백제 때의 건물터가 확인되었다. 이곳은 산성 내에서도 중요한 자리이기 때문에 백제 이후로도 비어 있었을 것 같지는 않다. 공산성이 백제 이후로도 산성 역할을 계속 수행했기 때문이다. 이 터는 공산성 내에서도 중요한 지점이다.

쌍수정 인조가 피난 와서 머물렀던 곳에 세워졌다.

조선시대 한때 공산성 내에 공주감영이 설치되기도 했다. 인조가 공산성 내로 들어왔을 때 옛 감영을 행재소로 사용했을 가능성이 있다. 그가 머물렀던 행재소 뒤 언덕에 서면 북쪽이 훤하게 조망되었다. 인조는 언덕에 올라 한양을 바라보았다. 인조 곁에는 나무 두 그루가 있었다. 인조는 나무에 의지해 북쪽을 바라보았다. 비록 공주에 도착한 지 하루 만에 이괄의 난이 진압되었다는 소식이 도착했지만, 그 하루는 무척 길었을 것이다. 난이 진압되었다는 소식을 들은 인조는 무척 기뻐하며 두 그루 나무에게 정3품 통정대부의 품계와 금대(金帶: 금을 두른 허리띠)를 내렸다. 두 그루라서 '쌍수'라는 이름이 붙었다. 그 후 공주산성을 쌍수산성이라 부르기도 했다. 품계를 받은 두 그루 나무는 죽고 없지만, 나무가 있었던 곳에 정자가 세워졌다. 쌍수정(雙樹亭)이다. 쌍수정은 영조 10년(1734) 충청도 관찰사 이수항이 세운 정자다. 이수항이 관찰사로 부임하여 나무가 있던 자리에 삼가정(三架亭)을 세웠는데 이 건물이 쌍수정이다. 지금의 쌍수정은 1970년에 해체한 후 다시 세운 것으로 조선시대의 것과 차이가 있다고 한다. 쌍수정 정자는 일반 정자와는 구조가 다르다. 바닥에 마루를 설치하지 않고 벽돌을 깔았다. 강화도 연미정과 비슷한 모습이다. 공산성 내에 있기 때문에 군사시설의 일부였을 가능성도 있다.

인절미와 도로 메기

쌍수정에는 인절미의 유래도 있다. 이괄의 난으로 피난 온 인조는 입맛이 없었다. 임금이 궁색하게 도망을 치고 있으니 입맛이 있을 리 없다. 그때 공주 우성면 목천리 인근에 살던 임씨가 콩가루를 묻힌 떡을 바쳤다. 인조는 시장했던 차에 떡 몇 개 연거푸 먹었다. 맛있는 떡 이름이 궁금해졌다. 주위에 떡의 이름이 무엇이냐고 물었다. 그러나 아무도 아는 이가 없었다. 임씨가 바쳤다고 아뢰었다. 인조는 '임씨가 바친 떡인데 그야말로 절미(絕味)로구나!' 했다. 이로써 '임절미'라 부르다가 발음하기 쉽게 인절미가 되었다고 한다. 도루 메기 전설 즉 '말짱 두루묵' 전설도 이때 이야기다.

금강에서 잡은 메기를 요리해 올렸더니 임금이 맛있게 들고 고기의 이름을 '은어(銀魚)'라고 고쳐 지어주었다. 한양으로 돌아간 왕이 공주에서 먹었던 은어를 올리게 해서 먹어봤더니 예전의 그 맛이 아니었다. 그래서 "도로 메기라고 해라"해서 '도루 메기'가 되었다는 이야기다. '말짱 도루묵'이라는 말도 여기서 파생되었다. 금강의 도루묵(銀口魚)은 충청도의 독보적인 진상품이었다. 『연산군일기』에 의하면 살아있는 도루묵을 진상하기 위해 충청도의 역마가 평상시의 2배 속도로 줄달음쳐야 하므로 일찍 노쇠하는 폐단이 있으니 개선해달라는 건의가 있을 정도였다.[31]

쌍수정 사적비

쌍수정 사적비(雙樹亭 史蹟碑)는 조선 인조가 1624년 이괄의 난을 피해 공산성에 머물렀던 일을 기록하여 세운 비이다. 비에는 이괄의 난과 인조가 공산성으로 피하게 된 사실, 공산성에 머물렀던 6일 동안의 행적, 공산성의 모습 등이 적혀 있다. 인조 때 영의정을 지낸 신

31 인물로 본 공주역사이야기, 김정섭, 메디치

흠이 비문을 짓고, 숙종 때 영의정을 지낸 남구만이 글씨를 썼다. 쌍수정 사적비는 1624년 인조가 공주를 떠난 직후 세우려고 했으나 84년이 지난 숙종 34년(1708)에야 세워졌다.

임금이 궁궐을 비우는 일은 아주 특별한 경우다. 비우더라도 아주 잠깐이다. 한양을 떠나는 것은 더더욱 어려운 일이다. 한양과 궁궐은 왕권 그 자체를 상징하기 때문이다. 궁궐 또는 한양을 비운 사이에 모반이라도 일어난다면 상황이 심각해지기 때문이다. 이로 인해 백성들의 인식 속에 왕은 있기는 하되 본 적이 없는 존재가 되었다. 인조가 공주에 왔다는 것은 매우 중요한 사실이었다. 왕의 흔적이 있는 곳들은 모두 신성시되거나 전설화되었다. 그것을 기념해야 한다. 따라서 인조가 6일간이나 머물렀던 곳에 그 행적을 기록하지 않을 이유가 없었다. 세조가 온 나라를 다니면서 잠깐 쉬었던 곳조차 수많은 이야기로 남았다. 단종임금이 영월로 유배를 떠날 때 지나갔던 길 곳곳에 전설같은 이야기가 전해진다. 정조임금이 수원화성으로 갈 때 지나갔던 루트마다 많은 이야기가 있다.

13 웅진성과 의자왕의 항복

660년 여름 신라군 5만, 당나라군 13만이 사비도성으로 밀어닥치자 의자왕은 웅진으로 몸을 피했다. 사비도성을 지키지 않고 웅진성에 그 몸을 의탁한 것은 웅진성이 방어에 더 유리하다는 판단이 있었던 것이다.

사비도성은 의자왕의 둘째 아들 부여태가 군사와 백성들을 모아 지키고 있었다. 그러나 왕자들 사이에 분란이 일어나 허무하게 무너지고 말았다. 그러자 웅진성에 의지했던 의자왕은 돌연 항복해 버렸다. 사비도성 외에 다른 지역은 아직 건재함에도 항복해버렸다. 의자왕이 웅진성에서 나당연합군에 대적해 싸웠더라면, 다른 지역에 있던 백제군들이 군사를 정비하여 나당연합군을 공격했을 것인데 항복해 버린 것이다. 도대체 무슨 일이 있었던 것일까? 아니면 무슨 생각이 있었던 것일까? 당시 상황은 매우 특이하다. 그 이유를 몇 가지로 추론해 보자.

① 의자왕과 당나라 사이에 모종에 합의가 있지 않았을까? 〈당나라에 항복하고 황제에게 복종한다면 백제의 국체를 유지시켜 주겠다. 그리고 의자왕의 위치도 지켜 줄 것이다〉 항복한 의자왕은 사비로 가서 당나라 장수 소정방과 신라 태자 김법민(문무왕) 앞에 술잔을 바쳤다.

김법민은 의자왕의 얼굴에 침을 뱉었다. 왕은 철저히 모욕을 당했다. 그가 항복하는 자리엔 백제의 귀족과 장수들이 함께 있었다. 얼마 후 당군(唐軍)은 의자왕과 귀족, 백성들을 사로잡아 당나라로 가버렸다. 그제야 백제 부흥군이 일어났다. 뭔가 크게 잘못되었음을 뒤늦게 깨달은 것이다. 3년간 이어진 부흥군의 위세는 대단했다. 나당연합군이 백제를 침공했던 초기에 군사를 일으켜 저들을 쳤더라면 항복하는 수모도 없었을 것이고, 국왕이 타국으로 잡혀가는 일도 없었을 것이다. 나당연합군은 그러한 사태가 오기 전에 의자왕에게 위장된 술책을 썼던 것으로 보인다.

② 국립공주박물관 2층에는 한 백제인과 관련된 자료가 전시되어 있다. 그는 웅진성 수성(守城) 장수 '예식진'이다. 전시된 자료는 그의 묘지석(墓誌石) 탁본이다. 탁본을 전시한 것은 묘지석이 중국 시안에서 발견되었기 때문이다. 지석에는 그의 가계(家系)와 그의 활약상, 죽음에 대한 것으로 채워져 있다. 예식진은 672년 58세로 당나라에서 죽었다. 그의 집안은 웅천(웅진) 사람으로 조부와 부친은 백제 좌평이었다. 예씨가 백제에서 어느 정도 위치에 있었는지 알려진 것은 없으나, 전통적 귀족 가문은 아니었던 것으로 보인다.

중국 기록인 『구당서(舊唐書)』 및 『신당서(新唐書)』에는 백제 멸망 당시 정황이 기록되어 있다. 서기 660년, 나당연합군이 침공했을 때 대장군 예식이 의자왕과 함께 항복했다는 것이다. 항복의 주체가 의자왕이었다면 대장군 예식을 기록할 필요는 없었을 것이다. 대장군 예식

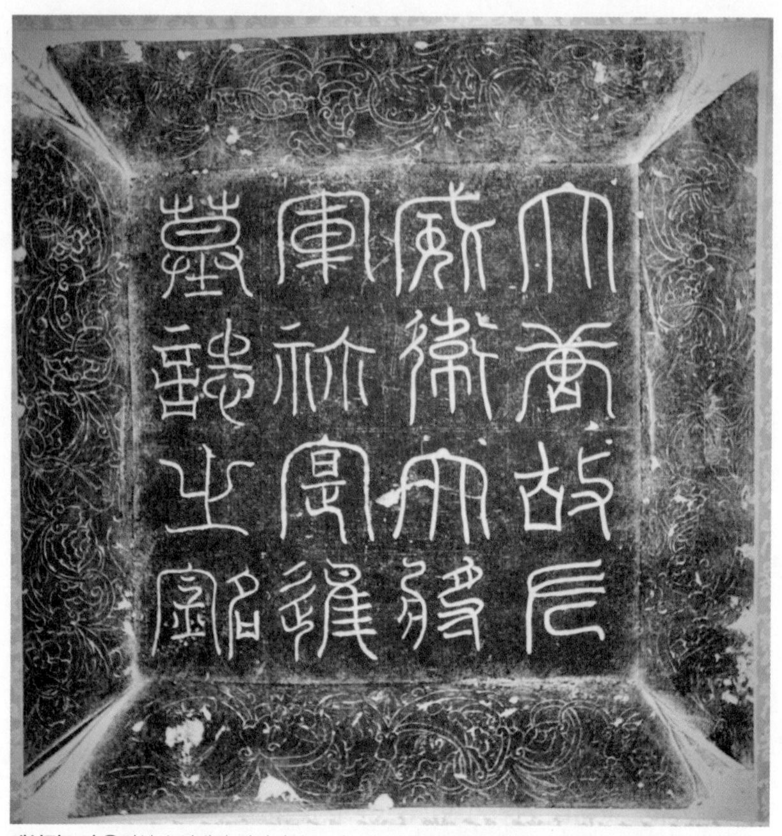

예식진묘지 웅진성 수성대장 예식진의 묘지. 그는 당나라 장수가 되어 살다가 당나라에 묻혔다.

이 의자왕의 항복에 일정한 기여를 했기 때문에 당나라에서는 그를 의자왕과 나란히 기록한 것으로 보인다. 일찍이 단재 신채호 선생은 대장군 예식이 의자왕을 협박하여 나당연합군에 항복하도록 했다고 주장했다. 항복 후 그는 의자왕과 함께 당나라로 압송되었다. 당나라에서 특별한 활약을 하지 않고도 정3품 좌위위대장군에 올랐다. 이로 미루어서도 봐도 그가 의자왕 항복에 모종의 역할을 한 것으로 보인다.

2010년, 예식진의 아들 예소사와 손자 예인수의 묘지명이 발굴되었다. 예인수의 묘지명에 '이에 예식진 대에 이르러 대대로 관직을 받으며 조상의 어짊을 본받았다. 당(唐)이 천명을 이어받고 무도한 자(백제)를 토벌하려 동정하자, (예식진은) 그 왕을 이끌고 고종황제에게 귀의하였다. 이에 좌위위대장군에 배수되었고 내원군개국공에 봉해졌다.'라는 구절이 있다. 이 기록에 의하면 예식진은 천명을 받은 당나라 정책에 동조하여 귀의한 자가 된다. 어쩔 수 없이 항복한 것이 아니라 주체적으로 당 황제에 귀의하였기에 좌위위대장군에 봉해진 것이다. 믿었던 웅진성과 예식진은 의자왕을 배반했다. 그러나 이 모든 것도 황음무도(荒淫無道)했던 의자왕 탓이다. 재위 초 15년은 훌륭한 군주였지만, 마지막 5년은 멸망을 향해 스스로 걸어갔다. 충신을 벌하고 아첨꾼에게 상을 내리는 불합리한 상황에서 의자왕에게 충성을 바칠 이들이 몇이나 되었겠는가?

당나라 내에서 위치와 활약에 비추어 보면 비범한 장수였던 것으로 보인다. 그런데 웅진성에서 나와 항복할 때 그의 역할은 무엇이었을까? 그가 용맹하여 당나라에서 칭찬할 정도였다면 의자왕을 모시고 웅진성을 수성할 능력은 없었던 것일까? 혹시 그가 의자왕을 협박하여 항복하게 했던 것은 아닐까? 그 공으로 당나라에서 벼슬을 했던 것은 아닐까? 의자왕의 항복은 수상한 점이 많다.

14 김헌창의 난과 웅진성

김헌창의 아버지는 김주원이다. 김주원은 무열왕계 진골 귀족으로 왕위에 오를 수 있는 위치에 있었다. 선덕왕이 후계자 없이 죽자 귀족들은 김주원을 추대해 왕위에 앉히려 했다. 그러나 김경신(원성왕)이 정변을 일으켜 즉위해 버렸다. 그러자 김주원은 일가를 이끌고 명주(강릉)지역으로 이주했다. 『삼국유사』에는 북천(北川) 건너에 살고 있던 김주원이 홍수로 강을 건너지 못하자, 그 틈에 김경신이 왕위에 올랐다고 하였다. 김주원이 앉아야 할 자리를 김경신이 차지해버린 것이다.

비록 김경신에 의해 명주로 밀려났지만 이들은 중앙 정계를 포기하지 않았다. 김주원의 아들 김헌창은 애장왕 8년에 시중(侍中)이 되어 활약했다. 그러나 김경신의 후손인 김언승이 애장왕을 살해하고 왕위에 오르자 그는 지방으로 좌천되었다. 813년 무진주(광주)도독, 816년 청주(지금의 진주)도독, 821년 웅주(웅진)도독이 되었다. 중앙에서 밀려나 지방을 전전하자 왕위 계승권에서 점점 멀어져 갔다. 이에 불만을 가진 김헌창은 웅주에서 반란을 일으켰다. 귀족들에 의해 공식적으로 추대된 아버지가 왕위에 오르지 못한 것이 반란의 명분이었다. 이 명분은 곧 원성왕(김경신)계 왕위에 대한 정통성 시비와 같은 것이다.

반란군은 웅주를 거점으로 신라의 9주 가운데 4개 주를 점령하고 세를 과시하였다. 그러나 본격적인 토벌이 시작되자 곳곳에서 격파되

웅주 치소로 사용된 공산성 김헌창은 웅주에서 반란을 일으켰다. 아버지가 왕이 되지 못한 원한 때문이었다.

었다. 삼년산성(보은)과 성주에서 반란군이 격파되자 세가 급속히 약화되었다. 반란군은 최후 거점인 웅진성에서 10일 정도 버티다가 항복하였다. 김헌창은 반란이 진압되기 전에 죽었다. 부하들은 그를 백제의 고총(古塚:오래된 무덤)에 장사지냈다. 반란이 진압된 후 그의 시신은 무덤에서 꺼내져 목 베어졌다. 김헌창의 난으로 태종 무열왕계는 크게 몰락하였다. 김헌창의 아들 김범문은 도망하여 825년에 고달산의 산적 수신과 함께 다시 반란을 일으켰으나 곧 진압되었다.

김헌창이 웅주도독이 된 후 짧은 기간에 그토록 많은 지역을 점령할 수 있었던 것은 신라 지배에 대한 백제유민의 불만을 이용했기 때문이다. 그는 비록 신라 진골출신이었지만 지역 민심을 읽고 그것을 이용했기에 짧은 순간이나마 성공할 수 있었던 것이다. 먼 훗날 견훤도 의자왕의 원수를 갚는다는 명분을 이용해서 옛 백제 지역에서 나라를 세울 수 있었다.

9

왕들의 안식처 송산리고분군

1 30여 기 중 7기만 남아

송산리고분군 지금은 7기의 무덤만 남았다. 이곳에 무령왕릉이 있다.

송산리고분군은 웅진백제시기 왕릉이 모여 있는 곳이다. 일제강점기 자료에 의하면 30여 기 이상의 무덤이 있었던 것으로 조사되었다. 그러나 대부분 사라지고 지금은 7기만 남았다. 무덤은 송산(宋山, 130m) 남쪽 기슭에 옹기종기 모여 있다. 사비 도읍기 능산리고분군이나, 경주 신라고분 등에 익숙한 시각으로 보면 특이하다 할 수 있다. 왕릉급 무덤이 틀림없으나 봉분이 그다지 높거나 크지 않고, 벽을 서로 맞댈 만큼 가까이 붙어 있는 것도 특이하다. 거기다가 평탄 대지에 무덤을 조성한 것이 아니라, 산기슭을 파내고 무덤방을 만들어서 봉분이 없었다면 무덤인 줄도 모르게 생겼다.

가장 높은 곳에 1~4호분(돌방무덤)이 나란히 있고, 능선을 달리해서 돌방무덤인 5호분, 벽돌무덤인 6호분, 유명한 무령왕릉이 品자 모습으로 모여 있다. 무령왕릉을 중심으로 5 · 6호분(墳)이 있고, 눈에 보이지 않지만 29호분이 배치되어 있다. 29호분은 바닥에는 벽돌을 깔았고, 벽은 다듬은 돌을 쌓았던 것으로 조사되었다. 그러나 현재는 형태가 남아 있지 않다. 돌방무덤인 5호분, 벽돌무덤인 6호분, 벽돌무덤인 무령왕릉이 서로 벽을 맞댈 정도로 촘촘히 조성되었다. 다시 그 아래 11 · 12호분이 있었고, 서북쪽으로 14 · 15호분이 있는 것으로 조사되어 있으나 육안(肉眼)으로 확인되지 않는다.

무령왕릉 외에는 주인공이 밝혀지지 않아서 번호를 붙여서 구분하고 있다. 무덤에서 주목할만한 유물이라도 출토되었다면 유물의 이름을 붙였겠지만 도굴당하고 남은 것이 없어서 그마저도 할 수 없었다.

송산리고분군은 일제강점기에 도굴되었다. 1920년 송산리 1호에서 5호까지 깡그리 도굴되었다. 심지어 5호 고분 안에는 마코라는 일제 담뱃갑 하나가 남겨져 있었다. 도굴꾼은 태연하고도 뻔뻔했다. 일본인들은 이 땅에 들어와 무법자가 되어 무덤을 파헤치기 시작했다. 우리 조상들은 '굴총할 놈=무덤 파헤칠 놈'을 가장 심한 욕으로 여겼다. 남의 무덤에 손을 댄다는 것은 상상조차 할 수 없는 일이었다. 심지어 그들이 가져가고 남은 것이나 흘린 것은 무덤에서 나온 것이라 재수 없다고 버렸다. 그런데 일본인들이 아무렇지 않게 무덤을 파헤치기 시작한 것이다. 무덤에서 나온 유물을 고가에 팔아버리는 모습을 본 한국인들 중 일부도 돈이 된다는 사실에 너도나도 파헤치기 시작했다. 그 후, 일인들에게 못된 짓을 배운 '굴총할 놈'이 많아졌다.

송산리고분군

2 왕릉군 제단시설

송산리고분군 가장 높은 곳(D지구)에 큰 봉분이 하나 있다. 발굴 결과 내부에서 3단으로 쌓은 석축단(壇)이 확인되었다. 무덤이라면 있어야 할 시신을 안치한 흔적이 없었다. 처음에는 한성백제의 마지막 왕이었던 개로왕의 시신을 찾으면 장례를 치르기 위해 준비해 두었다가 뜻을 이루지 못하자 빈 무덤이 된 것이 아닌가 추정하였다. 한성백제 시기에는 돌로 쌓은 네모난 왕릉을 조성하였기 때문이다. 그러나 정밀 조사 결과 석축 남쪽에서 기둥을 박았던 구멍들이 확인됨으로써 이곳은 고분 관련 제사시설로 추정되었다. 이곳에서 뒤로 이어진 산길을 따라가면 무령왕과 왕비의 3년 상을 치렀던 정지산유적으로 갈 수 있다.

또 송산리고분군 전시관에서 무령왕릉으로 올라가는 층계 우측(A지구)에서도 돌로 쌓은 네모난 흔적이 발견되었다. 석축 단(壇)이며 단으로 올라가는 층계도 확인되었다. 또 부속시설로 보이는 석축도 발견되었다. 층계가 딸린 것으로 보아 무덤이 아닌 것은 확실하다. 전문가들은 중요 제사 유적으로 보고 있다. A지구와 D지구는 능선이 다르다. 그러므로 각 능선에 자리한 왕릉급 무덤의 제례시설로 만든 것이 아닐까 한다.

3 송산리 1~4호분

송산리고분군에서 가장 높은 지대에 1·2·3·4호분이 나란히 있다. 동쪽부터 1~4호분이다. 무덤 내부를 공개했었기 때문에 4호분에는 문(門)이 달려 있다. 4기 모두 내부는 굴식돌방무덤이다.

1~4호분은 공주공립고등보통학교 교사였던 가루베 지온에 의해 조사되었다. 발굴을 빙자한 도굴이었다. 그렇기 때문에 발굴조사 보고서가 있을 리 없었다. 그 후 총독부박물관에서 조사했으나 도굴된 후

1~4호분 돌방무덤으로 웅진백제 초기 무덤으로 짐작된다.

라 역사성을 확인하기는 어려웠다. 무덤 내부의 크기는 조금씩 다르나 구조는 돌방무덤이다.

1호분과 2호분 사이는 간격이 좀 떨어져 있는데 한 기가 없어졌기 때문이다. 모두 있었다면 다섯 기가 나란히 있었을 것이다. 1~4호분 아래에 7호와 8호가 있는 것으로 되어있다. 1호와 2호 아래에 7호가 있었고, 4호 밑에 8호가 있었다. 그러나 7호와 8호는 눈으로 확인되지 않는다.

1호분

무덤방은 너비 1.77m, 남북길이 2.28m로 직사각형이다. 벽은 깬돌을 이용해 차곡하게 쌓아 올리다가 1m 높이에서 안으로 기울이면서 돔형 천장을 만들었다. 벽면은 회칠하여 마감하였다. 이곳에서는 도굴되고 남은 유물이 수습되었는데 금동제 허리띠 장식, 관에 박았던 고리 4점, 관에 박았던 못 37점, 유리로 만든 구슬 26점, 철제 칼 1점, 화살촉 20점, 토기조각 1점, 호형토기 1점 등이 확인되었다. 무기류가 많이 출토된 것으로 보아 남자의 무덤으로 추정된다.

2호분

무덤방은 너비 2.7m, 길이 3.33m, 높이 3.12m이다. 벽면은 1호분과 마찬가지로 깬돌을 이용해 쌓아 올리다가 1.5m 지점부터 안으로 기울여 쌓아 돔형 천장을 만들었다. 벽면에는 회를 발라 마감하였다.

2호분은 가루베 지온에 의해 조사되었다. 그는 이곳에서 백제식 도기 5점, 철제 큰 칼 1점, 화살촉 3점, 관에 박았던 못 70점, 목관용 꺽쇠 50점 등을 발견했다고 보고하고 있으나 실물은 없다. 그가 일본으로 유출한 후 숨겼기 때문이다.

3호분

무덤방은 너비 2.75m, 길이 3.27m, 높이 2.6m이다. 벽과 천장을 만드는 방식은 1 · 2호분과 동일하다. 도굴구멍이 있어 오래전에 도굴되었을 것으로 보인다. 이곳에서는 동제(구리) 허리띠 장식 1점, 귀면이 장식된 금동제 과대판 2점, 동제 과대 끝 금제장식 1점, 관고리 1점, 철정 1점, 화살촉 8점, 꺽쇠 64점, 관못 84점, 큰칼 조각 1점 등이 확인되었다. 도굴꾼들이 가치가 없다고 생각해서 남긴 것만 찾아내었다.

4호분

가장 서쪽에 있는 무덤으로 문이 설치되어 있다. 너비 3.5m, 길이 3.45m로 1~3호분과 달리 정사각형에 가까운 평면을 갖고 있다. 오래전에 도굴되었고 1927년에 수습 정리하였다. 내부벽과 무덤으로 들어가는 연도, 바닥에는 회를 칠해서 마감하였다. 이곳에서는 은제 과대 2점, 어디엔가 매달았던 금동제 장식 16점, 철화살촉 31점, 못 112점, 꺽쇠 17점, 칠기조각, 목재조각 등이 확인되었다.

5호분 돌방무덤으로 벽에 회를 발라 마감했던 것으로 보인다. 관대가 하나 놓인 것으로 보아 피장자는 한 명이었다.

4 전통적 돌방무덤 5호분

이 무덤은 굴식돌방무덤이다. 무덤으로 들어가는 길인 연도는 엎드려야 할 만큼 낮게 만들어졌다. 그러나 내부로 들어가면 천장이 매우 높아서 서서 활동하는 데 불편함이 없다. 이런 무덤을 굴식돌방무덤이라 한다.

무덤의 평면은 정사각형에 가깝다. 연도는 남쪽 면(面) 가운데에 설치하지 않고 한쪽에 붙여서 만들었다. 벽은 깬돌을 차곡차곡 쌓아 올렸다. 키 높이까지는 직각으로 쌓아 올리다가 안으로 점차 좁혀 쌓았다. 꼭대기 부분엔 큰 돌을 덮어 마무리했다. 그리하여 원뿔모양의 천장이 만들어졌다. 벽은 깬돌을 쌓아 만들었기 때문에 거칠다. 마무리하는 단계에서 벽에 회를 발랐다. 회벽에는 벽화(프레스코화)를 그렸을 것으로 짐작되나 남아 있지 않다. 바닥에는 관을 놓았던 관대가 하나 있다. 그러나 처음 발굴했을 때는 관받침대가 2개 있었다. 1~4호분이 강돌을 깔아서 관대를 만든 것과는 달리 5호분은 벽돌을 쌓아 관대를 만들었다. 이 벽돌 중에는 무령왕릉을 축조한 것과 같은 것이 나왔다. 일찍이 도굴되어 무덤에서 역사성을 살필 유물은 출토되지 않았다. 토기 1점, 약간의 장신구, 관못이 전부였다.

5호분에 안치된 피장자는 〈관대를 벽돌로 만든 점〉, 〈벽돌 중에서 무령왕릉 것과 같은 것이 있는 점〉, 〈벽돌무덤인 6호분, 무령왕릉과 가까이 있는 점〉 등을 미루어 무령왕과 가까운 사이였던 것으로 보인다. 5호분은 왕릉전시관에서 내부를 체험할 수 있다.

돌방무덤

돌방무덤은 한성백제 시절에 귀족층에서 주로 사용하던 무덤 양식이었다.[32]

---

32 석촌동백제고분군 tip참고

한성백제 시절에 왕릉은 '계단식돌무지무덤'으로 조성했었다. 웅진 천도 후 계단식돌무지무덤을 버리고 굴식돌방무덤(橫穴式石室墳:횡혈식석실분)을 채택했다. 1~5호분은 웅진의 대표적 묘제인 굴식돌방무덤이다.

초기 굴식돌방무덤 입구(연도)는 굴처럼 좁고 낮다. 연도를 남쪽 벽면 가운데 설치하지 않고 한쪽에 치우치게 설치했다. 내부로 들어가면 정사각형(정방형) 평면을 가진 방(房)이 나온다. 벽은 깬돌을 차곡차곡 쌓아 올라가다가 키 높이에 이르면 차츰 좁혀 쌓는다. 어느 정도 높이에 이르면 천장 한가운데에 큰 돌을 마감석으로 덮는다. 한성백제기 감일동돌방무덤과 송산리고분군 1~5호분이 같은 모습을 보여준다. 이런 형태의 무덤은 6세기를 기점으로 웅진에서 멀리 떨어져 있는 백제의 변방 지역까지 급속하게 확산되었다.

백제후기 굴식돌방무덤의 평면은 직사각형(장방형)으로 변했다. 6호분과 무령왕릉에서 영향을 받은 듯하다. 무덤으로 들어가는 연도도 남쪽면 한가운데 만들었다. 6호분, 무령왕릉과 같은 형식이다. 벽은 깬돌을 쌓아 만들거나 매우 큰 돌을 평평하게 다듬어 만든 것도 있다. 잘 다듬은 판석 하나로 벽면 하나를 만들기도 한다. 천장을 만들 때는 모를 접어 기울게 한 다음 그 위에 길고 넓은 판석 몇 장을 덮어서 마감한다. 백제식 돌방무덤과 중국식 벽돌무덤이 만나서 새로운 돌방무덤을 탄생시킨 것이다. 사비백제 시절에 주로 사용되었다.

돌방무덤은 살아있을 때 만들어 둘 수 있다. 생존시 생활했던 집과 구조가 비슷해서 새로운 무덤을 받아들이는데 거북함이 없었다. 이 무덤은 합장(合葬)도 가능하다. 남편이 죽으면 미리 만들어 놓은 무덤의 입구를 열고 관을 안치한다. 그리고 입구를 막고 흙으로 덮는다. 부인이 죽으면 다시 입구를 열고 남편 곁에 안치하면 된다. 이런 구조적 편리성은 약점이 되기도 했다. 무덤 입구를 열면 손쉽게 도굴되어 무덤에 넣어두었던 귀한 유물들이 도굴꾼 손아귀에 들어가고 말았던 것이다. 도굴꾼의 손에 들어간 유물은 예술적 가치는 있을지언정, 역사적 가치는 상실되고 만다. 그들이 유물의 출토지를 속이기 때문이다.

5 세상을 놀라게 한 벽돌무덤 6호분

6호분은 일제강점기 가루베 지온이라는 일본인에 의해 발굴(?)되었다. 그는 유물을 깡그리 챙겨놓고 도굴되었다고 보고했다. 그러나 그가 도적질했다는 사실은 알만한 사람은 다 알고 있었다. 같은 일본인조차도 혀를 찼을 정도로 못된 도적이었다.

가루베는 출토 유물을 고스란히 자기가 챙기고 무덤 바닥을 빗자루로 쓸어 말끔히 치운 다음 총독부에는 이미 도굴된 것으로 보고하였다. 그리고 해방이 되자 가루베는 강경에 있던 이 훔친 유물을 트럭에 싣고 대구로 가서 그곳에서 남선전기 사장으로 골동품 수집에 열을 올렸던 오쿠라(小倉)와 함께 무슨 수를 썼는지 귀신같이 일본으로 가져갔다. 가루베는 이렇게 도둑질, 약탈한 유물을 가지고 《백제의 연구》라는 저서를 펴냈다.[33]

6호분은 벽돌무덤이라는 사실 때문에 세상을 놀라게 했다. 돌방무덤이 주를 이루던 시기에 뜬금없이 벽돌무덤이 발견된 것이다. 무령왕릉이 발견되기 전까지 이 무덤은 무령왕릉으로 알려져 있었다. 웅진백제를 반석 위에 올려놓은 왕이었고, 중국과의 교류를 활발하게 추진

6호분 일제강점기 가루베 지온에 의해 도굴된 무덤. 무령왕릉에 버금가는 무덤이었기에 지석과 유물이 상당했을 것으로 보이나 도굴된 후 알려진 것이 없다.

33 나의문화유산답사기, 유홍준, 창비

했기 때문에 기존의 형식과는 다른 무덤을 썼을 것이라는 짐작 때문이다. 그런데 1971년에 무령왕릉이 발견되었다. 그렇다면 6호분은 누구의 무덤일까? 무령왕릉에서 지석이 발견되었다면, 6호분에도 지석이 있었을 것이다. 그런데 가루베의 도굴이 모든 정보를 매장시켜 버리고 말았다. 그렇다고 해서 6호분의 주인에 대해 연구를 안한 것은 아니다. 지금까지 나온 6호분에 묻힌 주인공에 대한 의견을 정리해 보자.

동성왕설

그 이유는 무덤의 규모가 무령왕릉 못지않고, 무령왕릉과 연대적으로 가장 가까운 왕릉이라면 동성왕밖에 없다는 주장이다. 무령왕과 동성왕은 이복형제로 추정되며 정치적으로는 라이벌 관계였다. 그런데 6호분과 무령왕릉의 입지는 매우 밀접한 친족관계를 반영하는데 동성왕과 무령왕의 어색한 관계와는 잘 어울리지 않는다. 두 무덤의 위치 관계를 볼 때 6호분은 무령왕릉이 이미 건축된 뒤거나 아니면 자리가 결정된 뒤에 들어섰음이 분명해 보인다. 이런 까닭에 6호분을 동성왕릉으로 보기는 어렵다. 또 동성왕과 무령왕의 죽음은 20년이나 차이가 난다. 두 무덤의 형식과 무덤에서 발견된 벽돌들이 20년 차이를 보여주지는 않는다.

무령왕 전처(前妻)설

이 주장은 무령왕릉에서 출토된 왕비의 치아에서 시작된다. 치아 감정 결과 젊은 여성으로 판정되었다. 이 여인은 연령상 성왕의 생모가 될 수 없다. 그러므로 무령왕의 첫째 부인은 따로 있었을 것이란 논리다. 성왕의 생모일 가능성이 있는 여인이 무령왕보다 먼저 사망하자 6호분을 축조하여 안치하였다. 무령왕은 사후 무슨 까닭인지 전처와 함께 묻히는 규율을 어기고 별도의 무덤을 만들어 훗날 죽은 계비(젊은 여인)와 함께 묻혔다는 것이다. 하지만 1과(顆)에 불과한 치아로 연령을 추정한 과정 자체가 너무 불안하기 때문에 이 주장 역시 수용하기 어렵다. 만약 이 치아가 젊은 여성의 것이 아니라면 모든 논지가 일거에 허물어지기 때문이다.

순타태자설

〈관받침(관대)이 하나란 점에서 6호분 피장자는 배우자가 없었다〉〈무덤 규모로 봤을 때 무령왕에 버금가는 정도의 지위를 누렸다〉〈무덤 형식으로 보아 무령왕과 비슷한 시기에 죽었다〉 등 여러 가지를 감안할 때 513년에 사망한 무령왕의 아들 순타태자가 그 대상이 된다. 문제는 순타에 대한 기사가 『일본서기』 게이타이(繼體) 조에 "백제태자 순타가 죽었다"는 것밖에 없어서 더이상 추론할 수 없다는 점이다. 하지만 세 가지 가능성 중에서는 제일 가까운 것이 아닐까? 5호분과 29호분의 주인공도 무령왕과 아주 가까운 사이였지만 왕이 되지 못한 자의

무덤일 것이다. 왜냐하면 무령왕을 계승한 성왕의 무덤은 부여에 있기 때문이다.[34]

6 도굴꾼 가루베 지온

일제강점기 3대 도굴꾼이 있었다. 고려 왕공귀족의 무덤을 도굴해 고려청자를 싹 쓸어갔던 이토 히로부미, 이것저것 가릴 것 없이 모조리 가져갔던 오쿠라, 백제 고분을 도굴했던 가루베 지온이 그들이다.

가루베 지온(1897-1970)은 백제 무덤을 작정하고 도굴했다. 공주고등보통학교 교사로 와서 일본어와 역사를 가르쳤다. 당시 총독부는 유적이 많은 경주와 평양에 집중하고 있었기 때문에 상대적으로 공주나 부여는 관심이 덜한 상태였다. 덕분에 가루베는 마음 놓고 발굴을 빙자한 도굴을 해댔다. 그의 도굴은 총독부에서도 분노했을 정도로 사악했다. 1940년 공주를 떠나면서 "백제 고분 1,000기 이상을 조사했다"고 스스로 밝혔을 정도다. 조사했으면 조사보고서가 있어야 하는데 전혀 남기지 않았다. 심지어 미리 도굴한 후 정식 발굴을 신청하고서는 이미 도굴된 무덤이라고 신고하는 뻔뻔함을 보였다.

---

34 동아시아문명교류사의 빛, 무령왕릉, 권오영, 돌베개

아주 나쁜 놈이었다. 연전에 송산리에서 무령왕릉이 기적적으로 발견되어 그 속에서 수천 점의 부장품이 쏟아져나와 국내외의 최대의 고고학적 성과로 소개되었지만 바로 그 앞에 붙어 있는 제6호분을 완전히 파먹은 자가 바로 가루베였다는 사실은 여러 증거로써 이미 명백히 입증돼 있다. 공주 시민이 잊지 못할 최고로 악질적인 도굴꾼이요, 유물 악탈자였다. 당시 같은 일본인 사회에서도 그 자는 용서할 수 없는 못된 자로서 말해졌을 정도다.[35]

그는 공주고보 학생들까지 동원해서 문화재를 도굴하는데 열을 올렸다. 학생들에게 유적지를 알아 오는 숙제를 내주고, 그들이 조사한 지역을 근거로 도굴을 자행했다. 학생들에게 유물 수집을 요구했을 정도로 집요했던 도둑이었다.

그는 강경중학교 교사로 가서는 호남일대의 문화재를 도굴하기 시작했다. 그리고 해방 직후 자신이 훔친 컬렉션을 몽땅 빼돌려 일본으로 사라졌다. 그가 어떻게 일본으로 몽땅 빼돌릴 수 있었는지 알 수 없다.

상황이 이럴진대 무령왕릉이 도굴되지 않고 남았다는 것은 천행이었다. 가루베는 풍수적 시각에서 무령왕릉을 무덤으로 인식하지 않았다. 백제는 무덤을 조성하고 그 뒤편에 배산(背山)을 만든다고 생각했다. 무령왕릉을 5호분과 6호분의 배산이라 생각한 것이다. 천만다행이었다.

---

35 한국문화재수난사, 이구열, 돌베개

시련을 극복한 흔적

10

갱위강국(更爲强國)을 선포한 무령왕릉

1 무령왕릉의 가치

무령왕릉의 발견은 세상을 떠들썩하게 했다. 백제 왕릉 중에서 도굴되지 않고 완벽하게 보존된 상태로 발견된 것에서 놀라움을 주었다. 또한 출토된 유물들이 모두 국보급이라서 놀랐다. 그리고 무엇보다 세상을 놀라게 했던 것은 무덤에 피장된 주인공이 누구인 줄 알려주는 지석이 출토되었기 때문이다. 피장자를 확정할 수 있게 되자 선승(禪僧)이 어느 순간 깨달음의 눈을 번쩍 뜨는 것처럼 우리나라 고대사에 전환의 눈을 뜨게 해주었다.

무령왕 갱위강국을 선포했던 무령왕. 공주박물관 입구에는 무령왕의 흉상이 있다. 그는 웅진백제를 중흥으로 이끌었던 영명한 군주였다.

지석이 발견됨으로써 무령왕릉의 학술가치는 대단히 높아졌다. 지석에 무령왕의 나이와 죽은 해를 기록함으로써 절대 연대가 확정되었다. 이에 내부에서 함께 발견된 유물들의 연대도 대략 밝혀지게 되었다. 고대 문화유산의 기준점이 생긴 것이다. 수백 기의 고분을 발굴해도 누구의 무덤인지, 언제 축조된 것인지 알 수 없으면 내장된 유물의 제작 시기도 알 수 없다. 무령왕릉은 다른 유물들의 제작 시기를 가늠하게 해 줄 중요한 기준점이 되었다.

2 배수로 공사 중 발견

1971년 여름, 장맛비로 침수될 위험에 처한 6호분을 구하기 위해 무덤 뒤편으로 배수로를 파기 시작했다. 그때까지 송산리고분군에서 스타는 6호분이었다. 이미 2년 전부터 필요성이 제기되었지만 미루고 있었다. 7월 5일 인부의 삽에 단단한 물체가 걸렸다. 벽돌이었다. 6호분 것이라 보기에는 발견된 위치가 멀었다. 분명히 또 다른 무덤의 벽돌이었다. 조금씩 조심스럽게 파 내려가니 아치형태의 벽돌구조가 노출되었다. 즉시 중앙에 보고되었다.

7월 7일 국립중앙박물관장이던 김원용을 단장으로 전문가들이 파견되었다. 더 파내려가자 오후 4시경 무덤 입구가 확연히 드러났다. 빗물

무령왕릉 발견 6호분 배수로 공사중 벽돌이 발견되었고, 파내려가자 아치형 벽돌이 발견되었다.

이 역류해서 무덤 안으로 스며들지 않도록 배수로 작업을 한 후 그날 작업은 마무리하였다.

7월 8일 인부를 더 투입해서 파내려갔다. 오후 3시가 되어서야 바닥까지 닿을 수 있었다. 4시쯤 위령제를 지냈다. 북어 몇 마리 놓고 간단하게 절을 올린 약식 위령제였다. 무령왕릉인 것과 도굴되지 않은 것을 확인한 발굴단은 약식 위령제에 대한 미안함과 무안함 때문에 몸 둘 바를 몰랐다. 무령왕릉인 줄 알았더라면 좀 더 많은 제물을 준비해서 위령제를 올렸을 것을 한없이 죄송스러웠다고 한다.

위령제가 끝난 후 무덤을 밀폐한 제일 윗단 벽돌을 제거하였다. 1400년 이상 밀폐된 무덤이 열리는 순간이었다. 내부의 찬공기가 밖으로 새어 나오면서 흰 수증기가 되어 날아갔다. 이를 본 사람들은 왕

무령왕릉 위령제 무령왕릉 또는 도굴되지 않은 무덤인 줄 몰랐다. 무덤 입구를 열기 전에 위령제를 약식으로 지냈다.

의 영혼이 나갔다고 수군거렸다. 무덤 밖에는 언론사 기자들과 구경꾼 등 수백 명이 몰려와 있었다. 입구 폐쇄용 벽돌을 무릎 높이까지 제거한 후 김원용, 김영배 두 사람이 들어갔다. 그리고 입구에 놓인 석판을 바라보았다. "寧東大將軍百濟斯麻王(영동대장군백제사마왕)"이 뚜렷했다. 무덤 주공이 밝혀지는 순간이었다. 두 사람은 사마왕이 무령왕이라는 사실을 단박에 알아챘다.

3 17시간에 끝난 발굴

20분 후 밖으로 나온 두 사람은 기자와 군중들에게 무령왕의 무덤이며 왕비와 합장된 것이라는 사실을 알렸다. 현장은 순식간에 아수라장이 되었다. 기자들은 사진을 찍기 위해 발굴단을 밀쳐내고 들어가려 했다. 발굴단은 언론사마다 연도 밖에서 서너 컷만 찍는 것으로 허락하였다. 그러나 더 자세히 찍고 싶은 욕심에 몰래 연도 안으로 들어갔다가 숟가락을 부러뜨렸다. 실로 대혼란이었다. 군중을 막아야 할 경찰마저도 무덤 안을 보기 위해 대열에 합류할 정도였다. 이러한 상황에 발굴단도 흥분하였다. 서둘러 발굴을 마무리하기로 결정하였다. 철야작업을 진행하기로 하고 전등 2개를 켜서 무덤을 밝힌 후 2개조로 나누어서 작업하였다. 학술발굴이 아니라 유물수습에 가까웠다. 속전속결로 진행된 작업은 밤 10시쯤 마무리되었다.

수만 점의 유물을 17시간 만에 수습했다. 실제 유물수습에 할애된 시간은 더 짧았다. 이 정도 발굴이면 최소 몇 달은 걸렸어야 할 작업이었다. 제대로 된 발굴조사를 하려면 무덤 내부로 뻗어온 나무뿌리를 하나씩 잘라내면서 작업해야 했다. 유물을 하나씩 수습하면서 번호를 붙이고 그것이 있던 곳을 정확히 표시해야 한다. 또 외부에 노출되면 훼손될 유물은 조심해서 다루어야 한다. 구슬 수천 점도 그것이 있던 위치를 정확히 표시하고 수습해야 한다. 그래야 똑같은 모양의 목걸이를 복원할 수 있다. 그러나 너무 서둘렀기에 무령왕릉과 유물이 품고 있는 정보를 알아낼 도리가 없었다. 유물들을 원래 모습대로 복원하는 것도 영 어려워지게 되었다.

무령왕릉 발굴은 혹독한 대가를 지불해야 했다. 그 후로 발굴중에는 일반인 접근을 금지하였다. 언론사도 마찬가지였다. 어느 정도 발굴이 진행되었을 때 브리핑을 통해 상황을 전달하게 되었다. 특종 경쟁으로 인한 유적 훼손을 막기 위해서 발굴현장을 공개하지 않게 되었다. 일반인들은 발굴단이 어느 정도 정돈해서 전해주는 정보를 언론을 통해서 접할 수 있게 되었다. 이로써 온갖 추측과 억측을 사전에 차단할 수 있게 되었다.

4 김원룡박사의 회고담[36]

그래 그날로 공주에 내려가서 계속 파내려 가니 벽돌로 막고 강회로 단단하게 바른 입구가 나온다. 무덤이 틀림없었으나 아무도 그것이 무령왕릉일 줄은 꿈에도 예기 못했고, 또 도굴되지 않은 무덤이라고 생각도 하지 않았다. 신라 고분과는 달리 고구려나 백제 고분은 출입할 수 있는 구조이기 때문에 열이면 열 모두 도굴되어 있는 것이다. 그날 저녁은 큰 비가 내렸다. 우리는 밤을 새워 무덤 앞에 도랑을 파서 빗물을 돌려야 했다. 다음날은 다행히 비가 그쳤으나 문 앞에 강회가 콘크리트처럼 단단해 입구를 막은 벽돌의 맨 윗줄을 들어낸 것은 오후도 늦은 때였다. 그런데 그 구멍으로 들여다 보니 터널형의 연도에는 항아리가 굴러 있고 돌짐승 한 마리가 지석 두 장을 앞에 놓고 우리들을 노려보고 있지 않은가. 함께 들여다본 공주박물관장 김영배 씨와 나는 가슴이 덜컹하였으나 주위 사람들이 눈치 못 채도록 입을 다물고 벽돌을 떼어 갔다.

그리고 중간쯤에서 안으로 들어가 보니 지석 첫머리에 '녕동대장군 백제사마왕(寧東大將軍百濟斯麻王)'이라고 있다. 무령왕이다. 우리나라 고분은 연대나 이름을 써넣지 않는 것이 하나의 특색으로 되어 있다. 그래서 무덤을 파도 가장 중요한 연대를 알 수 없는 것이 공통된 안타까움이고, 그것이 또 우리 고대 문화나 역사를 밝히는 데 근본적인 장애로 되고 있다. 그래 유적을 파나 무덤을 파나 우리들의 가장 큰 소망은 연대가 써 있고 명문이 써있는 유물들이 발견되는 것이며, 나 자신도 꿈에서 그런 물건을 파내고 이게 웬일인가 기뻐하던 경험이 한두 번이 아니었다.

그런데 이제 그것이 눈앞에 현실로 나타나지 않았는가. 일본의 어느 유명한 고고학자는 그런 행운은 백 년에 한 번이나 올까말까 하다고 나를 축하해 주었지만, 이 엄청난 행운이 그만 멀쩡하던 나의 머리를 돌게 하였다. 이 중요한 마당에서 나는 고고학도로서의 어처구니없는 실수가 일어난 것이다. 무령왕릉의 이름은 전파를 타고 전국에 퍼졌고, 무덤의 주위는 삽시간에 구경꾼과 경향(京鄕) 각지에서 헐레벌떡

달려 온 신문기자로 꽉 찼다.

우리 발굴대원들은 사람들이 더 모여들어서 수습이 곤란해지기 전에 철야 작업을 해서라도 발굴을 속히 끝내기로 합의하였다. 철조망을 돌려치고, 충분한 장비를 갖추고, 한 달이고 두 달이고 눌러앉았어야 할 일이었다. 예기치 않던 상태와 흥분 속에서 내 머리가 돌아 버린 것이다. 우리나라 발굴사상 이런 큰일에 부딪힌 것은 도시 처음인 것이다.

카메라를 서너 개씩 둘러멘 기자들은 어서 사진부터 찍게 해달라고 야단이다. 그래 입구에서 안쪽으로 한 신문사에 2분씩만 찍기로 약속했는데, 그것은 약속뿐이고 카메라를 대자 발을 뗄 줄 몰랐고, 안으로 마구 들어가 숟가락을 밟아 부러뜨리기까지 했다. 누구 할 것 없이 모두 환장하여서 제정신이 아니었고, 뒤늦게 달려온 모 신문의 기자는 왜 늦게 알렸느냐고 문화재관리국 모 과장의 따귀를 갈기는 소동까지 일어났다. 그 북새통 속에서 나는 무령왕 쪽을 맡고 김영배 씨는 왕비 쪽을 맡아 정리하기로 하였다.

급히 발전기를 돌려서 어두운 전등을 켜보니까 썩어서 내려앉은 관의 널들이 방안에 가득 깔려 있다. 그것을 광목으로 싸서 하나하나 들어내니 바닥 벽돌 틈에서 나무 뿌리들이 수세미처럼 바닥을 덮었고 썩은 널 사이사이에 구슬이니 금장식들이 흩어져 있었다. 사실은 몇 달이 걸렸어도 그 나무뿌리들을 가위로 하나하나 베어 내고, 그리고 나서 장신구를 들어냈어야 했다.

그런데 그 고고학 발굴의 ABC가 미처 생각이 안 난 것이다. 어두운 데서 메모를 하고 약도를 그리며 물건을 들어내는 작업이 꼬박 아침까지 계속되었다. 하여튼 유물을 들어내고 바닥은 청소되었다. 아무리 변명하여도 장신구 원상들이 소홀히 다루어진 것은 분명하였다. 큰 고분을 발굴하면 불굴한 재난을 당한다는데 내가 바로 그것을 당한 것이다. 고고학도로서 큰 실수를 저지른 것이다. 아니 그보다 일 년 뒤는 나 자신이 파산해서 집을 내놓는 변이 일어났다. 그러나 무령왕릉 발굴의 쓰라린 경험은 그 뒤 경주 고분을 발굴하는 사람들에게 많은 교훈이 되었다. 그저 그것으로 스스로 위안할 뿐이다.

5 유물이 흩어진 이유

무령왕릉은 도굴되지 않은 무덤이다. 아무도 들어간 적이 없는 무덤이었다. 그런데 무덤 내부 유물은 흩어져 있었다. 아무도 들어간 적이 없는 무덤이라면 유물은 원래 자리에 고스란히 놓여 있어야 한다. 그런데 유물이 흩어져 있었던 것이다. 도대체 어떻게 된 일일까?

지진에 의해 유물이 흩어졌다는 주장이 있다. 유물이 흩어질 정도의 지진이 있었다면 벽돌로 만든 무덤 벽과 천장에도 충격이 가해졌을 것이다. 그런데 지진 흔적은 없었다. 지진에 의한 훼손은 아닌 것으로 결론 내렸다.

무덤 내부에 물이 찼기 때문에 생긴 현상이라는 주장이 있다. 그래서 나무로 된 것이나, 그릇들이 둥둥 떠다니다 물이 빠지자 흩어졌을 것이다. 과연 그럴까? 만약 그런 사실이 있었다면 무덤 내부에 쌓인 먼지 등 미세한 흙들이 물이 빠지는 곳으로 쏠려 있는 현상이 있어야 한다. 유물도 마찬가지다. 물에 둥둥 떠다니다가 물이 빠지는 방향으로 일정한 쏠림현상이 있어야 한다. 그러나 유물들의 흩어짐에는 일정한 방향이 없었다.

흩어진 유물 도굴당하지 않은 무덤인데도 유물이 흩어져 있었다.

김헌창의 난을 주목해야 한다는 주장이 있다. 김헌창은 아버지 김주원이 왕이 되지 못하고 강원도 명주지역으로 밀려나자 웅주에서 반란을 일으켰다. 웅주는 지금의 공주지역이다. 맹렬한 기세를 뽐내던 반란군이 진압되기 전에 김헌창은 죽었다. 반란군은 김헌창의 시신을 백제의 옛무덤을 열고 장사지냈다. 반란이 진압된 후 김헌창의 시신을 꺼내 목을 베었다. 이때 유물이 흩어졌다는 것이다. 만약 그렇다면 내부에 있었던 순금제품 등이 무사했을까 싶다. 아무리 무덤에 손을 대지 않는다고 하더라도 물욕 앞에서 그냥 지나칠 수 있었을까?

이런저런 상황을 짐작해 보아도 마땅한 이유가 없다. 도대체 유물이 흩어진 이유가 무엇일까? 무령왕릉은 이래저래 신비한 왕릉이다.

6 지석(誌石), 수많은 이야기를 담다

무령왕릉에서 발견된 지석은 엄청난 정보를 우리에게 전해주었다. 그래서 무령왕릉을 답사할 때면 '지석 내용을 아는 것'이 첫째 할 일이다.

지석에 기록된 내용을 모른 채 무령왕릉을 답사한다면 수박의 껍질만 만지다 돌아오는 격이다. 그렇다면 지석 내용을 하나씩 짚어가며 알아보자. 지석은 석판 2장으로 되어 있다. 첫째 석판은 왕의 지석(誌石)

이다. 왕의 지석에는 왕호, 향년, 사망과 장례에 관한 것을 52자로 기록하였다. 뒷면에는 십간(十干), 십이지(十二支)를 기록하였다. 두 번째 석판은 매지권(買地券)이다. 땅을 산 문서가 된다. 매지권 뒷면에 왕비의 지석을 새겼다.

왕의 지석

영동대장군(寧東大將軍) 백제사마왕(斯麻王, 무령왕)이 나이 62세가 되는 계묘년(癸卯年, 523) 5월 7일(壬辰)에 돌아가셨다. 을사년(乙巳年, 525) 8월 12일에 안조(安厝)하여 등관대묘(登冠大墓)하고 그 뜻을 다음(왕비지석 뒷면)과 같이 기록한다.

무령왕 지석 무령왕의 생몰년을 정확히 알 수 있어서 백제사를 다시 쓰게 하였다.

영동대장군(寧東大將軍)은 중국 양나라에서 받은 칭호다. 백제는 중국 남조 양나라와 긴밀한 외교관계를 유지했다. 양나라는 무령왕이 보낸 사신단에 답하는 의미에서 무령왕에게 영동대장군이라는 직책을 하사한 것이다. 외교적 의례일 뿐이었다. 사마왕은 무령왕이다. 무령왕의 본명은 '부여사마'다. '부여'는 성(姓)이고 '사마'는 이름이다. '사마'라는 이름은 그가 섬에서 태어났기 때문에 붙여졌다. 그는 일본 규슈에서 멀지 않은 카카라시마에서 태어났다.(간추린 웅진백제사 무령왕 참고) 일본 사람들은 섬을 '시마'라고 한다. 처음에는 섬을 '서마'라고 하다가 '시마'로 부르게 되었다. 섬에서 태어난 아이였기 때문에 이름을 사마라 불렀던 것이다. 한편 백제는 왕을 칭할 때 본명을 사용했다는 사실도 엿볼 수 있다. '영동대장군 백제 무령왕'이 아니라 '영동대장군 백제 사마왕'이라고 백제인들이 직접 기록하였다. 무령왕 지석 외에도 백제 유물 여러 곳에서 본명을 사용한 것이 확인되었다.

지석이 발견됨으로써 무령왕이 태어난 때가 확정되었다. 계묘년(523)에 죽었는데 그때가 62세였다. 그는 461년 또는 462년에 태어났다. 이때는 한성백제 시절인 개로왕 7년에 해당된다. 『삼국사기』는 그를 동성왕의 아들로 기록하였다. 그러나 무령왕릉 지석은 『삼국사기』가 틀렸다고 알려주었다.

계묘년에 죽었는데 을사년에 장례를 마무리했다. 장례절차가 삼년상이었음을 알 수 있다. 이때 삼년상은 죽은 이를 무덤에 묻은 후 신주를 모시고 치르는 것이 아니었다. 시신을 안치한 관을 특별히 마련된 빈전에 모시고 3년 상을 치렀다. 정확히 27개월 후 관(棺)을 무덤 안에 모셨다. 비로소 장례절차가 마무리되었다.

왕비 지석

병오년(丙午年, 526) 12월 백제 국왕태비(國王太妃)가 수명이 끝나니 거상(居喪)이 유지(酉地)에 있었다. 기유년(己酉年, 529) 2월 12일(甲午)에 개장(改葬)하여 대묘(大墓)로 돌아오니 그 뜻을 이렇게 기록한다.

무령왕비 지석 3년상을 지냈으며 장소는 유지에 있다고 기록하였다. 지석 한쪽에 녹물은 돈을 올려놓았던 흔적이다.

왕비의 지석에도 삼년상이 나타나 있다. 27개월 동안 삼년상을 치르고 무령왕릉을 열어서 합장했다. 거상(居喪) 즉 3년 상을 치르는 곳이 유지(酉地)에 있다고 하였다. 궁궐에서 보았을 때 유지(酉地)가 된다. 십이지신 중에서 유(酉:닭)는 10시 방향이다. 1996년 정지산에서 그와 관련된 유적이 발굴되어 거상(居喪)의 위치를 확정할 수 있게 되었다.

왕비 지석은 무령왕 지석 중 남아 있는 한 면을 재활용한 것으로 보인다. 매지권 뒷면이 비어 있었는데 여기에 기록하였다. 왕비 지석을 앞면이라고도 할 수 있겠지만 왕의 무덤을 조성하였을 때 석판 두 장 중에서 3면은 이미 기록되어 있었다. 한 면만 비어 있었던 것이다. 왕비 지석의 글자체, 글자 간격 등이 왕의 것과 비교하면 무성의한 측면도 보인다.

왕비 지석 뒷면 : 매지권

을사년(乙巳年) 8월 12일 영동대장군인 백제 사마왕이 앞의 건(件)으로 전(錢)을 바쳐 토왕(土王), 토백(土伯), 토부모(土父母), 상하중관(上下衆官), 이천석(二千石)에게 신지(申地)를 사서 묘를 만들게 되니 매지권(買地券)을 만들어 명확히 한다. 율령(律令)에 따르지 않는다.

왕이라 할지라도 무덤을 조성할 때는 땅을 사야 했다. 지하의 신(神), 땅의 신(神)에게 돈을 지불했다. 토왕, 토백, 토부모 등은 여러 신(神)

매지권 왕릉을 만들기 위해 신들에게 돈을 주고 땅을 샀다는 것을 확인하는 증서. 가운데 구멍은 두 장의 석판을 묶었던 흔적이다. 왕비가 죽자 매지권 뒷면에 왕비의 지석을 기록하였고, 두 장의 석판을 묶지 않고 펼쳐놓았다.

을 뜻한다. 돈을 주고 샀다는 사실을 기록하게 되었으니 이를 매지권(買地券)이라 한다. 실제로 지석 위에 돈을 올려두었다. 그러나 기록된 액수만큼 지불한 것은 아니다. 퍼포먼스(performance)를 한 것이다. 왕과 왕비가 저승으로 갈 노자돈으로 둔 것이라는 주장도 있다. 그러나 매지권 위에 돈을 두었기 때문에 땅값을 지불한 것으로 보는 것이 옳겠다.

땅의 신들에게 돈을 주고 매입한 땅은 '申地'였다. 십이지신에서 신(申:원숭이)은 9시 방향이다. 궁궐에서 봤을 때 9시 방향이다. 9시 방향에 무령왕릉이 있고, 10시 방향에 삼년상을 치르는 곳(정지산)이 있었다. 역으로 추적하면 아직도 확인되지 않고 있는 웅진백제 왕궁터를 추정할 수 있겠다.

7 국보가 수두룩한 무령왕릉

무령왕릉에서 출토된 유물은 그 화려함이 타의 추종을 불허할 정도다. 중요 장신구로는 왕이 소지한 것으로 보이는 금제관식 1쌍(국보), 금귀걸이 1쌍(국보), 금제 뒤꽂이 1점(국보), 은제 허리띠 1벌, 금동신발 1쌍, 환두대도(龍鳳文環頭大刀)와 금은제손칼(金銀製刀子) 각 1점, 발받침 1점(국보) 등과 왕비가 착용한 것으로 보이는 금제관식 1쌍(국보), 금귀걸이 2쌍(국보), 금목걸이 2개(국보), 은팔찌 1쌍(국보), 금팔찌 1쌍, 금은장손칼(金銀裝刀子) 2개, 금동신발 1쌍, 베개 1점(국보) 등이 출토되었다. 그 밖에 지석 2매(국보)와 청동제품으로 신수문경(神獸文鏡)·의자손명수대문경(宜子孫銘獸帶文鏡)·수대문경(獸帶文鏡) 등의 거울과 청동제 접시형 용기, 청동완, 수저, 젓가락, 다리미 등이 있고, 기타 도자제품으로서 등잔이 있다. 이 가운데 1974년 7월 9일에 국보로 지정된 것만도 12종목 17건에 이른다.[36]

---

36 한국민족문화대백과사전

국립공주박물관 1층 상설전시실은 무령왕릉에서 출토된 유물로 가득 차 있다. 휘황한 유물을 가까이에서 접할 수 있으니 공주답사 필수 코스가 되겠다.

관식(冠飾)

무령왕과 왕비는 화려하게 장식된 관모를 쓰고 있었다. 관모는 비단으로 된 고깔형 모자로 실제로 머리에 쓰는 것이다. 물론 비단 관모는 남아 있지 않았지만, 관모를 장식했던 관식은 남아 있었다. 관식은 부채 모양으로 대칭을 이루고 있다. 왕의 관식은 타오르는 불꽃 모양인데 나뭇잎같은 달개를 달았다. 움직일 때마다 반짝거리며 흔들렸을 테니 그 화려함은 더해졌을 것이다.

왕비의 관식은 화병에서 꽃과 덩쿨이 사방으로 피어난 모습이다. 왕의 것에 비해 정적이지만 단아한 아름다움이 있다. 두 관식의 자루

왕의 관식 불꽃모양의 관식에 달개를 달아 화려함을 더했다.

부분은 뾰족하고 길게 만들었다. 이 자루 부분을 위로 휘어서 비단 관모에 붙였던 것으로 보인다. 관모에 고정시키기 위한 구멍도 있다.

『삼국사기』에 의하면 백제의 왕은 오라관(烏羅冠: 검은 비단으로 만든 관)에 금꽃을 장식하며, 관원은 은꽃을 장식한다고 하였다. 무령왕릉 출토 관식은 이것이 사실임을 입증해주었다.

팔찌

팔찌는 왕비 쪽에서만 발견되었다. 왕비의 왼쪽 손목에서 은제 1쌍(국보), 오른쪽 손목에서 금제 1쌍이 발견되었다. 각 팔목에 금제, 은제 하나씩이 착용한 것이 아니고 왼팔목에는 은으로 만든 팔찌 한 쌍, 오른 팔목에는 금으로 만든 팔찌 한 쌍을 착용하고 있었다. 왕비의 발치쪽에서도 작은 팔찌들이 출토되었다. 둘레가 작은 것으로 봐서 왕비가 어린 시절에 착용했던 것으로 보인다.

왼팔목에 있던 은제 팔찌는 국보로 지정될 만큼 대단히 뛰어난 작품이다. 팔찌 겉면에는 2마리 용이 조각되었다. 머리를 뒤로 돌린 채 혀를 내밀고 있으며 움직임이 매우 역동적이다. 무엇보다 팔찌 안쪽에 글씨가 새겨져 있어서 주목을 받았다.

"庚子年二月多利作 大夫人分二百卅主耳(경자년이월다리작, 대부인분이백삼십주이)"

왕비 팔찌 팔찌 안쪽에 다리라는 장인의 이름을 새겼다. 백제의 정신이 담겼다.

경자년(520년) 2월에 다리(多利)가 만들었다. 대부인(왕비)용으로 만들었는데 230주(主)가 들었다. 팔찌 안쪽에 언제, 누가, 왜 만들었는지 기록했으며, 재료가 얼마나 들어갔는지도 기록해두었다.

520년이면 왕이 죽기 3년 전, 왕비가 죽기 6년 전이다. 즉 이 팔찌는 장례용품으로 제작된 것이 아니었다. 왕비가 생존해 있을 때 착용했던 것이다. 죽은 후에도 생전에 사용하던 팔찌를 착용했다는 점을 눈여겨 볼만하다.

또 多利(다리)라는 장인이 자신의 이름을 당당히 새길 수 있었다는 사실이 놀랍다. 후대로 올수록 기술자를 천시하는 경향이 있었다. 왕비 피부에 닿는 부분에 기술자가 자신의 이름을 당당히 새긴다는 것은 상상할 수 없는 행위였다. 그런데 백제는 그것이 가능했다. 기술자를 우대했던 나라가 백제였다.

환두대도(環頭大刀)

손잡이 끝에 둥근 고리가 달린 긴 칼을 환두대도라 한다. 둥근 고리는 칼을 휘두를 때 손에서 빠지지 않게 하는 역할을 한다. 또 고리에 끈을 매고 그것을 손목에 감아서 칼을 놓치지 않도록 하는 역할을 한다. 둥근 고리 안에는 용이나 봉황, 둥근 고리 세 개를 연결한 삼루문, 나뭇잎 모양 장식이 있는 쌍엽문 등이 있다. 일반적인 칼은 둥근 고리 안에 아무것도 없다. 용이나 봉황은 최고 지배자를 상징한다.

무령왕릉에서 출토된 환두대도는 그 화려함이 단연 으뜸이다. 둥근 고리 안에 용 한 마리가 조각되었으며, 둥근 고리에도 두 마리 용이 조각되었다. 손잡이 부분에도 매우 화려한 장식을 했다. 매우 작은 금구슬, 은구슬을 실에 꿴 듯한 금실과 은실을 교대로 감았다. 손잡이 상단과 하단 귀갑문 안에 봉황이 조각된 은판을 붙여서 장식했다.

환두대도 고대의 환두대도 중에서 가장 화려하다는 평가를 받는다. 무령왕의 자신감이 이 칼에서 묻어난다.

청동거울

무령왕릉에서 청동거울 3점이 출토되었다. 거울은 주술적 의미가 상당한 유물이다. 청동기시대 지배자이자 샤먼이 청동거울을 몸에 지니고 있었다. 햇빛에 반짝이는 거울은 그 자체가 신비로운 물건이었다. 신은 거울을 통해 자신의 얼굴을 보여준다고도 생각했다. 제정분리(祭政分離)가 되면서 지배자는 더이상 거울을 몸에 지니지 않았다. 무덤에도 부장하지 않았다. 수백 년 동안 왕릉에서 청동거울이 출토되지 않았는데 매우 뜬금없이 무령왕릉에서 3점이나 발견된 것이다. 왜, 무슨 이유로 청동거울을 부장했는지는 알 수 없다.

출토된 청동거울은 〈신수문경(神獸文鏡) · 의자손명수대문경(宜子孫銘獸帶文鏡) · 수대문경(獸帶文鏡)〉이라는 이름이 붙었다. 신수문경과 의자손명수대문경은 무령왕에게서, 수대문경은 왕비에게서 발견되었다. 한자식으로 이름을 붙여서 그 뜻을 알기 어려운데 하나씩 풀어보자.

신수문경(神獸文鏡)은 방격규구신수경(方格規矩神獸鏡)이라도 한다. 이 거울은 네모난 구획(방격)과 외곽으로 둥근 무늬를 둘렀는데, 톱니바퀴 무늬와 빗살무늬가 가득 차 있다. 내부에는 신선(神)과 동물(獸) 무늬(文)가 표현되었다. 문양 사이사이에는 길상문구를 가득 새겼다.

의자손명수대문경(宜子孫銘獸帶文鏡)은 "宜子孫(의자손)"으로 시작하는 문구와 동물의 모습이 새겨져서 이와같은 이름을 붙였다. 이 거울은 세 개의 거울 중 가장 크다. 일본에서도 이와 똑같은 거울이 3점이나 발견되었다. 마치 한 거푸집에서 찍어 낸 듯하였다. 백제와 일본열도가 매우 빈번하게 교류하였음을 알 수 있다.

수대문경은 왕비 쪽에서 발견되었다. 둥근 원을 반복해서 새기고 그 안에 다양한 동물 문양을 표현했다. 거울 중앙 꼭지를 중심으로 작은 돌기 9개가 있다. 밖으로는 원으로 둘러싸인 7개의 돌기가 일정한 간격으로 놓여 있다. 바탕문양으로 사신(四神: 청룡, 백호, 주작, 현무), 세 마리의 상서로운 동물이 가는 선으로 새겨져 있다. 거울 테두리에는 넝쿨무늬를 새겼다.

청동거울 무령왕릉에서 청동거울 3점이 출토되었다. 수백 년간 무덤에 부장하지 않던 거울을 무령왕릉에서 발견되었다. 무슨 의미가 있을까?

깨진 그릇

신기하게도 무령왕릉에서 백제 도자기는 하나도 출토되지 않았다. 대신 중국 도자기가 9점이나 발견되었다. 청자항아리 2점, 흑유자병 1점, 청자잔 6점이 나왔다. 청자잔은 백자라는 주장도 있었으나 정밀 조사 결과 청자라는 결론이 나왔다. 백제 고분에서 중국 자기가 출토되는 경우가 종종 있다. 대부분 1점 또는 2점 정도 출토되는데 무령왕릉은 9점이나 출토되어 무덤의 격이 다름을 보여주었다. 청자잔 6점 중에서 5점은 벽면에 있는 감실에서 발견되어 등잔이었음을 알 수 있었는데, 한 점은 바닥에서 발견되었다. 등잔으로 사용된 그릇 안에는 그을음이 남아 있어서 실제로 불을 밝혔다는 것을 알 수 있었다. 죽은 이를 무덤에 안치하고 나면 무덤은 폐쇄된다. 그러나 내부에 켜진 등잔은 계속 탄다. 무덤 내부에 남아 있는 산소를 모조리 태운다. 그리고 서서히 꺼진다. 산소가 모두 사라지면 부장된 유물들이 산화되는 것을 어느 정도 막아준다.

그런데 부장된 그릇 중 청자 2점, 흑유자 1점에서 그릇 일부가 깨진 것이 확인되었다. 아무도 들어간 적이 없는 무덤이었다. 그런데 깨진 그릇이 나왔다. 무슨 일일까? 백제의 다른 무덤에서도 일부가 깨진 그릇이 출토된다. 오히려 깨지지 않은 그릇을 찾기가 힘들 정도다. 일부러 깨서 넣었다는 것을 알 수 있다. 추측하건데 이승과 저승을 구분하기 위한 방법이었던 것으로 보인다. 신라, 가야, 일본 등에서도 비슷한 매장방식이 확인되었다.

무령왕릉에서는 청동그릇도 11점이나 출토되었다. 무덤에서 청동그릇이 출토되는 경우가 종종 있으나 한꺼번에 11점이나 출토되는 경우는 드물다. 완, 주발, 접시, 잔 등이 출토되었다. 특히 잔에는 아름다운 무늬가 새겨져 있다. 겉면에는 연꽃이 피어난 모양을, 안쪽에는 연꽃과 줄기 사이로 두 마리 물고기가 유유히 헤엄치는 장면이다. 술을 담았을 때 헤엄치는 물고기를 감상할 수 있었을 것이다.

동탁은잔

무령왕릉에서 발견된 금속 그릇의 진수는 동탁은잔이다. 동탁은잔이란 청동제 받침(동탁)과 은으로 된 잔을 합해서 부르는 말이다. 잔을 놓는 받침대는 평평한 것이 아니라 잔을 꽂을 수 있도록 만들었다. 잔 아랫부분에는 길고 둥근 굽이 있다. 이 굽을 잔받침에 끼울 수 있도록

동탁은잔 화려한 무늬, 정교한 세공, 우아한 형태가 백제문화가 절정을 향해 가고 있음을 보여준다.

만든 것이다. 잔에는 뚜껑이 있다. 잔과 두껑에 화려한 문양이 음각으로 새겨져 있다. 몸통 아랫부분에는 활짝 핀 연꽃이 있고 그 위로 사슴, 용, 새 등이 새겨졌다. 뚜껑에는 봉우리가 셋 있는 산과 봉황 무늬가 표현되었다. 뚜껑 꼭지를 부착한 곳에는 8잎의 연꽃을 금으로 조각해서 붙였다. 꼭지는 꽃봉우리로 표현되었다. 이곳에 표현된 문양들은 훗날 제작된 백제대향로와 비슷해서 당시 분위기를 짐작할 수 있게 한다.

휘황찬란한 유물

무령왕릉에서는 말로 다 할 수 없는 유물이 출토되었다. 몇 가지를 소개해 본다.

- 금박유리구슬 – 유리 표면에 금박을 입히고 다시 유리로 코팅한 것
- 연리문(練理文)유리구슬 – 색색의 유리띠를 감아 돌려 대롱모양을 만든 것으로 여러 색이 회오리처럼 돌아가는 무늬를 만들었다.
- 유리로 된 동자상 – 2점이 출토되었다. 손을 복부에 가지런히 모은 모습이다. 하나는 허리 아래가 부러져 사라졌다. 부러진 것은 산화가 심하여 원래 색을 잃었다. 허리 옆으로 구멍이 뚫려 있는데 끈에 매달았던 것으로 보인다. 목걸이처럼 차고 다니면 나쁜 기운을 몰아낸다는 팬던트(pendant)의 일종으로 보인다.
- 탄정 – 탄정은 석탄의 일종이다. 둥글게 다듬고 금테를 둘린 검은색 구슬이 104점이나 발견되었다. 구멍을 뚫은 것으로 보아 실을 꿰어 목걸이로 사용했던 것으로 보인다.

■ 곱은옥 – 푸른색 옥을 콤마형으로 다듬었다. 옥 끝부분에는 화려하게 장식된 금 뚜껑을 씌웠다.

■ 금은장식 – 무령왕릉에서는 용도를 알 수 없는 수많은 금은장식이 발견되었다. 연꽃모양의 금 · 은 장식이 수백 점, 나뭇잎, 용수철, 오각형, 네모판 모양 등 마치 색종이 오려내기 놀이를 즐긴 것 같은 것이 수천 점 나왔다. 이 장식들은 왕과 왕비의 옷에 붙였던 것이거나, 관 내부를 덮었던 천에 장식되었던 것일 수도 있다. 또는 관 내부에 붙였던 비단에 장식되었던 것일 수도 있다. 17시간에 끝낸 발굴로 인해 그 용도를 알 수 없게 되었다.

금송으로 만든 목관

왕과 왕비는 목관에 안치되었다. 길이 2.5m 목관은 검은 옻칠을 하였으며 화려하게 장식되었다. 목관에 박은 못대가리는 금과 은으로 도금되었다. 대가리 부분이 꽃문양으로 되어 있기 때문에 더 화려하였으며, 검은색 관에 금빛과 은빛이 유난히 돋보였을 것이다. 관 뚜껑 안쪽에는 화려한 비단을 붙였던 것으로 보인다. 비단을 고정시키기 위한 압정이 발견되었는데 압정 머리는 금판을 씌웠다.

목관은 나무로 만든 관이다. 목관 재료는 한반도에서는 자생하지 않는 금송(金松)이었다. 금송은 일본에서 자생하는 소나무다. 햇살을 받으면 금색으로 빛나기 때문에 금송이라 하였다. 일본인 중 일부는 무령왕의 목관은 일본에서 제작해 백제로 보내진 것이라고 주장한다.

사실일 수 있다. 그러나 당시 일본 열도에 살았던 사람들은 목관을 사용하지 않고 석관을 사용했다. 평상시에 사용하지 않던 목관을 갑자기 제작해서 백제로 보내준다는 설정은 무리다. 목재를 가져와서 백제인들이 제작했다고 보는 것이 더 설득력 있다. 백제라는 울타리 내에는 국적을 가리지 않는 다양성이 혼재하고 있었기 때문에 이상한 이야기도 아니다.

무령왕의 목관 왕과 왕비의 목관은 금송으로 제작되었다. 금송은 일본에 자생하는 소나무다.

베개와 발받침

왕과 왕비의 시신은 나무 베개로 목을, 발받침으로 발목을 고정시켰다. 베개와 발받침은 목관 내부에 꽉 끼도록 역사다리꼴로 만들었다. 베개는 목을 고정시켜야 하기 때문에 둥근 홈을 팠다. 발받침은 발목을 받쳐야 하기 때문에 두 개의 홈을 팠다.

왕의 베개와 발받침은 옻칠을 하여 검은색이다. 금판을 가늘고 길게 잘라서 벌집 모양으로 붙였다. 벌집 문양 가운데 금꽃을 붙이고, 육각형 모서리마다 금꽃을 붙였다. 바탕이 검은빛이라 금빛이 더 화려하게 빛난다.

왕비의 베개와 발받침은 붉은색이다. 금판을 잘라 육각형으로 붙였다. 육각형 무늬 내부에는 흰색, 붉은색, 검은색으로 그림을 그렸다. 그림의 내용은 비천, 새, 어룡, 연꽃, 인동, 사엽문 등이다. 상당히 세련된 필치로 그려졌다. 베개 양쪽 윗부분에는 봉황새를 나무로 깎아 고정시켰다. 발받침에는 육각문양 없이 금판을 오려서 테두리를 둘렀다.

왕과 왕비의 목받침 검은 것은 왕, 붉은 것은 왕비의 목받침이다. 금판을 오려 붙여서 육각형 무늬를 넣었다.

발받침 양쪽 위에는 쇠로 만든 나무 두 그루를 박았다. 줄기에는 금판을 오려서 나뭇잎처럼 붙였다.

8 梁官瓦爲師矣(양관와위사의)

6호분을 막았던 벽돌에서 '梁官瓦爲師矣(양관와위사의)'라는 글씨가 새겨진 것이 발견되었다. 아주 유려한 글씨체로 된 이 벽돌은 무령왕릉 벽돌 제작이 어떻게 진행되었는지 알려주는 귀중한 유물이었다. 일제강점기에 벽돌무덤인 6호분이 발견되었고, 1971년에 무령왕릉이 6호분 옆에서 발견되었다. 뜬금없이 세상에 나타난 벽돌무덤이었다. 돌방무덤이 대세였던 시대에 벽돌무덤이 축조되었고, 수천 년을 기다리다가 세상에 나타난 것이다. 그랬기에 두 기의 무덤을 축조한 벽돌은 중국에서 수입한 것이라 믿었다. 그런데 '梁官瓦爲師矣'라는 명문이 발견되어 벽돌 출처에 대한 해답을 찾을 수 있었다. '양나라 관청(궁중)용 瓦(와) 또는 물건을 모델로 하여 만들었다'라고 친절하게 써놓았던 것이다. 실제로 6호분과 무령왕릉 벽돌은 중국 양나라 벽돌을 많이 닮았다. 양나라 벽돌 기술자가 와서 지도했는지, 아니면 백제 기술자가 양나라에 가서 기술을 배워 왔는지는 확인할 수 없다. 다만 두 무덤을 만든 벽돌은 수입산이 아니라 백제 땅에서 제작되었다는 것이 확실한 것이다. 웅진시대 백제는 국제 감각을 익히던 때였다.

무령왕릉을 폐쇄하였던 벽돌 중에는 "~士壬辰年作(사임진년작)"이라는 명문도 있었다. 일부가 깨져서 앞에 새겨진 글자를 알 수 없었다. "~士"는 "瓦博士(와박사)"를 뜻하는 것으로 보인다. 백제는 전문 기술자를 '博士(박사)'라 했다. 임진년은 512년으로 보인다. 이 명문으로 인해 백제 와박사가 직접 제작했다는 사실도 확인할 수 있었다. 양나라 관청의 벽돌 제작기술을 백제 와박사가 익혀서 제작했다고 연결해 볼 수 있겠다.

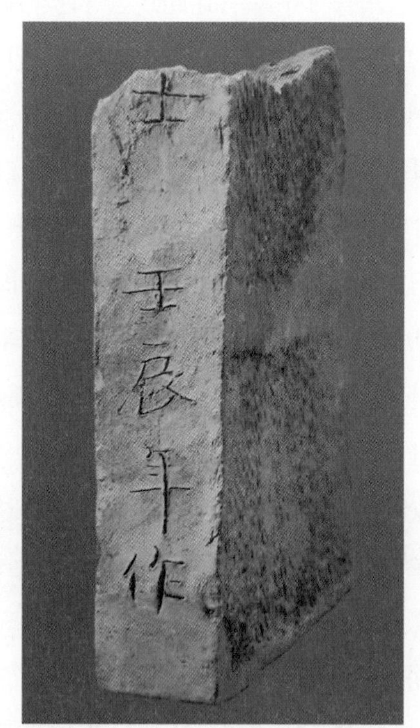

士壬辰年作 벽돌에 새겨진 명문은 많은 이야기를 들려준다.

무령왕릉 입구를 막았던 벽돌 일부는 512년에 이미 제작된 것이었다. 무령왕릉을 만든 시기보다 훨씬 앞서 벽돌 제작이 진행되었다는 사실이다. 혹시 6호분을 만들 때가 임진년 즈음이 아닐까 추측해본다. 6호분을 만들기 위해 벽돌을 제작하였고, 사용하고 남은 벽돌을 쌓아 두었다가 무령왕릉 연도를 폐쇄하는 용도로 사용한 것이 아닐까? 물론 벽돌무덤이 2기만 만들어지지 않았을 수도 있다. 더 있었지만 발견되지 않았거나 모두 파괴되었을 수도 있다.

9 무덤을 지키는 진묘수

진묘수는 무덤을 지키는 상상의 동물이다. 무덤을 지키는 역할 외에 죽은 자를 서왕모가 사는 곳으로 인도하는 역할도 한다. 그래서 진묘수는 무덤 입구에 있으며 죽은 이를 지키기 위해 무덤 밖을 바라보고 있다.

무령왕릉 진묘수는 돌을 깎아 만들었다. 뭉툭한 입과 코, 작은 귀, 풍만한 몸, 짧고 굵은 다리, 등에 돌기 된 4개의 갈기, 다리에 붙은 날개, 정수리에 꽂힌 쇠뿔 등은 실존 동물은 아니지만 돼지를 많이 닮았다.

무덤을 지키는 진묘수는 중국에서 유행했다. 무령왕릉 진묘수 또한 중국문화가 전해진 것이다. 중국에서 진묘수를 만든 재질은 돌, 흙, 나무 등 다양했다. 상상의 동물이다 보니 일정한 형태 없이 제각각이었다. 그런데 진묘수 뒷다리가 부러진 것이 유난히 많았다. 무령왕릉에서 발견된 진묘수도 뒷다리가 부러져 있었다. 이는 도자기 일부를 깨뜨려서 부장하거나, 칼을 구부려 부장하는 것처럼 이승과 저승을 구별하기 위한 방법으로 보인다.

웅진백제는 위축된 국력을 일으키기 위해 중국 문화를 가열차게 수입하고 있었다. 국제감각을 익혀서 백제의 수준을 한층 상승시킬 필요가 있었다. 그래서 중국에서 배울 수 있는 것이면 적극적으로 수용했다. 무덤에 부장하는 물건뿐만 아니라 무덤의 형태마저도 수용했다. 아무리 그렇다고 해도 장례풍습마저 따라 한다는 것은 시사하는 바가 크다. 진묘수를 무덤에 넣을 수 있다. 그러나 뒷다리마저 부러뜨려 넣는 것은 쉽지 않은 부분이다. 백제는 그만큼 절박했다. 나라를 다시 일으킬 수 있는 것이라면 무엇이든 수용하려 했다. 이 모든 것이 무령왕릉

진묘수 무덤을 지키는 상상의 동물. 사자(死者)를 저승으로 데리고 간다고도 한다.

에서 발견된 유물에 고스란히 담겨 있다. 무령왕 시대에 스스로 更爲強國(갱위강국)을 선포했다. 다시 강국이 되었다는 뜻이다. 이 모든 것은 국제감각을 수입하고 익히고 재창조하면서 한성백제와는 다른 수준의 문화강국을 일구었던 자신감이었다.

무령왕릉을 발굴했던 공부박물관 김영배 관장은 무덤이 발견되기 며칠 전 돼지가 쫓아오는 꿈을 꾸었다. 사납게 쫓아오는 돼지를 피해서 집으로 와 마루에 털썩 주저 앉았는데, 바로 옆에 돼지가 있어서 깜짝 놀라 잠에서 깼다. 그리고 며칠 후 무령왕릉 안으로 들어갔더니 꿈에서 보았던 돼지가 노려보고 있었다.

10 벽돌로 무덤 만들기

무령왕릉은 벽돌무덤이다. 삼국은 벽돌무덤을 만들지 않았다. 낙랑군, 대방군이 한반도의 일부를 차지하였을 때 그들에 의해 벽돌무덤이 조성된 적이 있었다. 한사군을 몰아낸 고구려나 백제는 그들의 문화를 수용하지 않고 독자적인 무덤을 축조하였다. 그런데 수백 년의 시간을 뛰어넘어 웅진에서 벽돌무덤이 등장한 것이다. 현재까지 남아 있는 벽돌무덤은 6호분과 무령왕릉 뿐이다. 웅진백제는 중국 남조였던 양나라와 활발한 교류를 했다. 벽돌 제조방법과 벽돌 쌓는 방법은 양나라의 도움을 받았다.

무령왕릉 축조 방식은 벽돌과 벽돌 사이에 접착제를 쓰지 않고 쌓는 공적법(空積法)이었다. 공적법은 벽돌끼리 누르고 밀어주는 인장력을 이용하는 것이다. 이렇게 쌓고 나면 벽면과 천장이 깨끗하다. 단 접착

벽돌쌓기 접착제 없이 벽돌을 쌓는 방식으로 무덤이 제작되었다.

제(시멘트 or 회)를 사용하지 않으면 벽돌의 크기와 모양을 설계대로 정확하게 제작해야 한다. 울퉁불퉁하거나 휜 것은 쓸 수 없다. 또 길고 짧음이 불규칙해서도 안된다. 그만큼 벽돌 제작 기술이 우수해야 한다.

바닥에는 장방형(직사각형)인 무늬 없는 벽돌을 깔았다. 두 개의 벽돌을 '人'자 모양으로 깔았다. 벽에 닿는 빈공간에는 삼각형 모양의 벽돌을 제작해 끼웠다. 바닥은 빈틈없이 벽돌로 마무리했다.

벽은 무늬 있는 벽돌을 사용하였다. 네 개를 눕히고 하나를 세웠다. 4평 1수라 한다. 눕힌 벽돌에는 연꽃과 격자문이 있다. 벽돌 양쪽 끝에 연꽃을 조각하고, 가운데 부분은 격자문을 넣었다. 세운 벽돌은 연꽃 두 송이가 연속해 있거나, 벽돌 두 장이 한 송이 연꽃을 만들기도 한다.

벽돌로 벽을 쌓는 것은 그다지 어려운 작업이 아니다. 그러나 아치형 천장을 축조하는 것은 매우 어려운 작업이다. 벽돌 수만 장을 쌓아서 하나의 아치형 천장을 완성해내야 한다. 천장을 구성하는 모든 벽돌은 치밀한 계산으로 제작되어야 한다. 천장에 들어갈 벽돌은 역사다리꼴로 제작되었다. 벽돌을 쌓게 되면 벽돌끼리 맞물리게 되고 내리누르는 힘을 견딜 수 있게 된다. 받침대 없는 허공에 아치형 천장을 만들기 위해서는 터널형 틀이 필요했다. 천장을 쌓기 전에 나무로 아치형 틀을 만든다. 튼튼하게 제작된 틀 위에 벽돌을 차곡차곡 쌓는다. 역사다리꼴 벽돌이 서로 맞물리면서 아치가 완성된다. 천장이 완성된 후 나무틀을 제거한다. 아치형 천장은 내리누르는 무게가 가해질수록 꽉 물리게 된다. 무너지지 않는 것을 확인하고 흙을 덮어 마무리한다.

벽돌에는 문양만 있는 것이 아니라 글씨도 양각되어 있다. 大方(대방), 中方(중방), 急使(급사)인데 대방은 바닥에 깔 벽돌, 중방은 벽을 쌓을 벽돌, 급사는 천장에 사용될 벽돌을 표시한 것이다.

11 닫혀버린 무령왕릉

송산리고분군에는 모두 7기의 무덤이 있다. 그중에 한 기가 무령왕릉이다. 그러나 송산리고분군보다는 무령왕릉이라는 이름으로 더 알려져 있다. "송산리고분군 가자!"가 아니라 "무령왕릉 가자!" 라고 해야 알아 듣는다.

무령왕릉이 워낙 유명하다 보니 잔뜩 기대를 품고 가지만 왕릉 앞에서 보면 별 특징 없는 평범한 겉모습만 보게 된다. 예전엔 무덤 내부를 들여 다 볼 수 있었다. 그러나 지금은 겉모습만 보아야 한다. 벽돌로 된 무덤이라 위에 덮인 봉분의 무게를 견디기 어려운 탓이다. 벽돌이 무너질 수 있기 때문이다. 그래서 지금은 무덤 내부에 모래주머니를 가득 채워 두었다고 한다. 무너질 것을 대비한 것이다. 우리는 무령왕릉을 해체하고 복원할 기술이 부족하다. 언젠가 충분한 기술을 갖추게 되면 무덤을 해체하고 고스란히 복원할 수 있을 것이다.

송산리고분군 왕릉 전시관에는 똑같은 크기의 모형이 전시되어 있기는 하지만, 진품이 뿜어내는 아우라에는 미치지 못한다. 그러나 부족하나마 전시관 내부에서 벽돌무덤의 형태를 확인할 수 있으니 고마울 뿐이다.

닫힌 무령왕릉 벽돌로 제작된 무덤이 봉분의 무게를 이기지 못하고 무너져내릴 위험이 있어 닫았다.

12 3년 상을 치른 정지산

왕과 왕비의 장례는 삼년상(三年喪)[37]이었다. 삼년상이라면 시신은 매장하고 혼이 깃든 신주(神主)를 혼전에 모시고 행하는 것이다. 그런데 고구려와 백제는 시신을 매장하지 않고 삼년상을 했다. 그렇기에 삼년상을 위한 별도의 장소를 마련해야 했다.

무령왕릉이 발굴되었을 때 왕비 지석 뒷면에 삼년상을 치른 장소에 대한 힌트가 있었다. '居喪在酉地(거상재유지)', 즉 '거상이 유지에 있다'라는 내용이다. 왕의 지석에서는 무덤 위치가 신지(申地)에 있다고 하였다. 무령왕릉은 확인되었기에 신지가 어딘지 확실해졌다. 그렇다면 유지(酉地)쯤에서 거상(居喪)의 위치를 찾으면 된다. 하지만 그게 그렇게 만만찮은 것이 아니었다. 온 산을 다 뒤집어 확인할 수 없기 때문이었다. 이 문제의 해답을 찾는 데 25년이 필요했다.

공주와 부여를 잇는 도로 중에서 금강을 따라가는 길을 백제대로라 한다. 1996년에 백제대로 공사를 하였는데, 이때 발굴이 필요하다고 여겨지는 지점마다 구제발굴이 진행되었다. 특별히 무령왕릉에서 금강으로 이어지는 산줄기는 무덤이 있을 가능성이 큰 장소였다.

송산리고분군이 있는 산줄기를 따라 북쪽으로 가면 금강과 맞닿는 지점이 있다. 이 지점을 절개하고 도로를 개설할 예정이었다. 산을 절

37 3년이라는 기간은 부모가 어린 자식을 하루도 손에서 놓은 적이 없는 때, 즉 3살이 될 때까지 극진한 돌봄을 받은 은혜를 갚는 기간이다.

개하기 전에 구제발굴이 진행되었다. 그런데 이곳에서 백제 때의 흔적이 대거 발견되었다. 이곳에서는 여러 건물 흔적, 저장시설, 목책, 무덤 등 다양한 것이 확인되었다.

유적의 중심에는 기와 건물이 있었다. 기와 건물은 32개의 기둥을 세웠는데 건물의 넓이에 비해서 매우 촘촘하였다. 기둥을 세우기 위한 주초시설은 확인되지 않았다. 기둥을 땅에 박는 굴립주방식으로 추정되었다. 이 건물터에서 8엽 연화문 수막새가 발견되었는데, 수막새는 국가 중요시설에 사용되던 기와였다. 수막새[38]에 새겨진 연꽃은 무령왕릉 벽돌에 표현된 것과 유사하였다. 유사하다는 것은 제작된 시기가 가깝다는 뜻이다. 기와를 얹은 이 건물은 무령왕과 왕비의 관을 3년간 모셔두었던 빈전으로 추정되었다. 실제로 申地(신지,무령왕릉), 酉地(유지, 3년상 장소)와도 부합하였다.

빈전을 중심으로 주변에 흩어진 건물은 다른 형태의 벽주(壁柱)건물[39]이었다. 벽주건물이란 네 모서리에 굵은 기둥을 세운 다음, 그 사이에 작은 기둥을 촘촘히 박아서 벽을 만든 건물을 말한다. 작은 기둥을 세워 만든 벽에는 흙을 발라 벽체를 보강한다. 건물 밖에서 보면 기둥은 숨겨져서 보이지 않는다. 이런 건물은 주거 용도라기보다는 창고로 사용했을 가능성이 높다. 빈전을 보좌하기 위한 건물로 추정해볼 수 있겠다. 이곳 정지산에서 벽주건물이 확인된 후 백제 유적 곳곳에서 벽주건물 흔적이 확인되었다. 일본에서 확인된 수십 기의 벽주건물

38 수막새는 궁궐, 사찰 등 중요시설에서만 사용할 수 있는 것이었다.

39 일본에서는 대벽건물이라 한다.

정지산 유적 무령왕, 왕비의 삼년상을 치루었던 곳이다. 여러 건물터, 얼음저장고 등이 확인되었다.

기원이 백제에 있음이 확인된 것이다.

정지산 유적에서는 건물터뿐만 아니라 제사에 사용되는 그릇받침, 뚜껑이 있는 세발 토기 등도 출토되어 이곳이 제사를 위한 공간이었음을 입증해주었다. 심지어 큰 구덩이는 빙고(氷庫 : 얼음창고)였음이 확인되었다. 빙고는 시신에서 나오는 냄새를 줄이기 위한 용도였다. 조선시대까지 이 방법은 유용하게 사용되었다. 시신을 모신 관(棺)은 평상 위에 올려놓는다. 평상 아래와 사면을 둘러싸는 상자를 만든다. 그리고 그 안에 얼음을 채워 넣는다. 이 시설을 설빙이라 불렀다.

공주의 지형은 물 위에 떠 있는 배와 같은 형국이라 한다. 풍수에서는 이런 형국을 행주형(行舟形)이라 한다. 배가 무작정 떠내려 가버리면 공주의 기운이 빠져나간다고 생각했다. 그렇다면 배가 흘러 가버리는 것을 막아야 한다. 풍수적 설정이 필요했다. 기운이 빠져나가는 지점에 위치한 산 이름을 정지산(艇止山)이라 했다. '정지=STOP'이라는 뜻이다.

정지산 전망대에 서서 금강, 고마나루, 연미산, 취리산, 백제큰다리, 금강철교, 공산성을 바라보면서 역사적 상상의 폭을 확장해보자. 답사는 옛것을 확인하는 것이기도 하지만 그것을 기반으로 상상의 날개를 펴보는 즐거운 작업이기도 하다. 웅진백제의 숨가빴던 시간들을 정지산에서 만나보자.

시련을 극복한 흔적

11

웅진백제, 불교를 붙잡다

1 불교를 일으킨 성왕

백제는 침류왕 원년(384)에 불교를 수용했다. 이후 불교를 권장하는 내용이 여럿 등장하기는 하지만 그것을 적극적으로 일으키고자 하는 내용은 없다. 한성을 잃고 웅진으로 천도해서도 마찬가지였다. 문주왕-삼근왕-동성왕-무령왕 시기에 남겨진 불교 흔적은 뚜렷하지 않다. 그러나 성왕이 즉위하면서 불교를 성장동력으로 사용하기 시작했다. 선대왕 이래 진행해온 중국 양나라와의 활발한 교류를 통해 경험한 바가 있었다. 즉 양나라는 불교를 신봉해서 문화가 왕성하게 일어나고 있었기 때문이다. 성왕은 이에 자극받아 불교를 국가 성장동력으로 활용하기 시작했다. 또 나제(羅濟)동맹이 강력할 때라 백제보다 늦긴 했지만, 신라가 활용하고 있는 불교도 보았으리라. 법흥왕과 진흥왕에 의해 서라벌에 창건되고 있던 거대 사찰의 위용을 보았을 것이다. 그뿐만 아니라 불교 교리를 정치적으로 어떻게 활용하는지도 경험했을 것이다.

백제가 불교를 수용한 것은 신라보다 무려 150년이나 이르지 않았는가 말이다. 교리에 대한 이해와 해석의 깊이는 신라보다 앞서 있었다. 중국과의 활발한 교류는 백제문화를 더 성숙시켰다. 게다가 불교는 국제 수준의 종교, 학문, 건축, 예술의 바로미터가 되었다. 그 실체가 명확하지는 않지만 백제만의 불교가 형성되어 있었다. 그러한 자신감을 바탕으로 일본열도에도 불교를 전할 수 있었다. 내가 이해하지 못한 것을 남에게 가르칠 수는 없다. 백제가 불교에 대한 자신감이 생겼기에 일본에 불교를 전할 수 있었던 것이다. 그렇다면 웅진시대 백제 불교의 모습은 어땠을까? 어디에 그 흔적을 남겼을까?

웅진시대를 대표하는 사찰로는 서혈사(西穴寺), 동혈사, 북혈사, 남혈사 등이 있었다. 혈사(穴寺)라는 이름에서 알 수 있듯이 자연석굴을 사찰로 이용한 것으로 보인다. 이는 당시 중국에서 유행하고 있었던 석굴사원의 영향으로 보인다. 서혈사에서는 '西穴寺(서혈사)', '三寶(삼보)' 명문이 적힌 기와가 발견되어 서혈사였음이 확인되었고, 백제의 연화문 와당이 출토되어 백제의 사찰이라는 사실도 확인되었다. 세 기의 석불상도 발견되어 공주박물관에 옮겨졌다. 공주 도심 가운데 세워졌던 대통사는 확실한 창건연대를 알려주고 있으며, 미륵선화에 대한 이야기가 전하는 수원사도 웅진시대의 대표적인 사찰이다. 흔적도 없이 사라진 금학동 절터도 백제의 절이다. 금학동 절터에서 옮겨진 광배(아우라)는 공주박물관 뜰에 전시되어 있다. 그러나 그 전모와 역사성을 파악하기엔 부족한 점이 많아 웅진시대 백제불교를 파악하는 데 어려움이 많다.

백제는 성왕이 불교를 국가종교로 일으켰다. 오래전부터 조금씩 자리해온 불교였기에 불교에 대한 이해는 깊은 편이었다. 그러나 성왕은 도읍을 사비로 옮길 계획을 오래전부터 품었기 때문에 웅진에 국가사찰을 건립할 필요가 없었다. 따라서 웅진에서 백제 불교의 전모를 파악하기에는 부족한 점이 많을 수밖에 없다.

2 웅진시대 불교 흔적 대통사터

공주 구시가지 가운데를 관통하는 제민천은 웅진시대에도 매우 중요한 수로였다. 서울의 청계천처럼 웅진시대 도읍지 가운데를 흐르며 도심의 생활용수가 되어 주었다. 이 제민천을 따라 역사의 흔적들이 늘어서 있어서 공주의 또다른 답사처가 된다. 웅진시대를 대표하는 사찰 대통사는 제민천변에 있다. 주택가 가운데 큰 공원처럼 남겨진 대통사터는 그 면면이 만만찮다. 절터에는 당간지주, 주춧돌들이 남아 있어 이곳이 범상치 않은 절이었음을 증언한다. 대통사 창건에 대해서는『삼국유사』에 기록되어 있다.

또 대통(大通) 원년 정미년(527)에 양나라의 무제를 위해 웅천주(熊川州)에 절을 세우고 이름을 대통사(大通寺)라 했다.[40]

'또'라고 시작한 것은 법흥왕이 불교를 공인하고 신라 불교가 왕성하게 일어나는 것을 설명하면서 뒷부분에 덧붙였기 때문이다. 이는 절을 세운 주체가 백제가 아니라 법흥왕이라는 것이다. 527년이면 신라는 법흥왕 14년이며 불교를 공인하기 1년 전이다. 백제는 성왕 5년이 된다. 신라에는 불교가 공인되지도 않았는데 서라벌도 아닌 백제의

40 삼국유사, 김원중, 민음사

대통사터 공주 구시가지 한가운데 자리한 절터다. 도시 한가운데 있다는 것은 매우 중요한 절이었다는 뜻이다.

도읍 한 가운데 절을 창건했다는 것은 잘못되어도 한참 잘못되었다. 일연스님은 기존 기록을 참고하여 대통사에 대한 기록을 남기면서도 나름대로 견해를 뒷부분에 덧붙였다.

웅천은 바로 공주인데, 이때는 신라에 속했기 때문이다. 그러나 정미년이 아니라 바로 대통 원년 기유년(529)에 세운 것이다. 흥륜사를 세운 정미년에는 다른 군에 절을 세울 틈이 없었다.[41]

일연 스님도 틀렸다. 이때 공주는 신라에 속하지 않았다. 웅천주가

41 위의 책

아니라 웅진으로 불릴 때다. 정미년에는 절을 세울 틈이 없었을 것이고, 기유년에 세웠을 것이라고 설명한다. 그러나 일연 스님의 이 설명도 틀렸다. 정미년은 말할 것도 없고 기유년(529)이라도 절을 세울 수 없다. 정미년이 아니라 기유년(529)이야 말로 신라는 불교를 막 공인했던 시점이고 서라벌에 절을 세우기에도 벅찬 때였다. 정미년이든 기유년이든 웅천주에 절을 세울 수 없다. 웅진은 백제의 도읍이었다. 성왕이 왕성하게 활동하던 재위 7년이었다. 창건한 의도가 양나라 무제를 위해서였다면 백제가 세운 것이지 신라가 세울 일은 없다. 양나라 무제는 백제의 외교 파트너였기 때문이다.

대통사 창건 목적

대통사의 창건 목적이 중국 양나라 무제를 위해서라고 한다. 양나라에서 대통(大通)을 연호로 사용하기 시작한 원년은 527년 3월이다. 백제가 이것을 재빨리 알아차린 후 절을 세우고(527년) 절 이름조차 '대통사'라 하였다는데, 이것이 사실이라면 공간적 제약을 넘어 실시간으로 건축 사업이 진행된 것이다. 일연스님은 미덥지 못했는지 기유년(529)에 세워졌다고 말하고 있다. 양나라가 대통이라는 연호를 '중대통'으로 고쳤는데 이때가 529년 10월이다. 법흥왕이 세운 것을 의심하면서 만약 세웠다면 529년 즉 '중대통 원년'이라고 설명하는 것이다. 중대통으로 연호를 바꾼 시기도 529년 10월이다. 이를 알고 529년에 대통사를 창건했다는 것도 어불성설이다. 오직 '大通(대통)'

이라는 이름으로 인해서 양나라 무제와 연결시켰지만, 대통(大通)은 대통불(大通佛)이라는 부처를 뜻한다는 주장도 있다.

대통사의 대통을 대통불이란 부처의 이름으로 보기도 한다. 『법화경』에 의하면 대통불의 다른 이름은 위덕불이고 아버지는 전륜성왕이며 대통불의 큰아들은 지적이고 막내아들은 법왕(석가모니)이라고 한다. 백제에는 전륜성왕으로 자처한 성왕이 있고 성왕의 아들은 위덕왕이고 성왕의 손자로 법왕이 있고 지적이란 이름을 가진 사택지적비도 남아 있다. 창건 목적도 무령왕의 명복을 빌고 새로 태어난 창(훗날 위덕왕)의 건강을 위해 세운 절로 보면서 창건 시기도 무령왕의 3년상이 끝나고 창이 태어난 525년으로 보기도 한다.[42]

백제가 불교를 수용한 것은 매우 오래되었다. 그 후 국가적으로 불교를 현양하지 않았지만, 서서히 확대되어가고 있었다. 성왕의 아들을 위덕왕으로 설정한 것은 성왕은 곧 전륜성왕이라는 뜻이다. 성왕(전륜성왕)−위덕왕(대통불)−법왕(석가모니)로 이어지는 설정은 백제 왕실이 불법(佛法)의 수레바퀴를 돌려 세상을 정복해가는 전륜성왕과 동일하다는 것을 표방한 것이다. 무왕도 고향인 익산에 행차했다가 미륵삼존을 만났다. 미륵이 나타나는 때는 전륜성왕이 세상을 다스리는 때이다. 이는 무왕 자신이 전륜성왕임을 비륵이 입증해주었다는

42 한국민족문화대백과사전

대통사 석련지 석련지는 수련을 기르는 곳이다. 대통사 법당 앞에 놓았었다. 공주박물관 앞으로 옮겨졌다.

설정이다.

신라도 이에 자극받았는지 불교를 수용한 후 신라 왕실은 석가모니와 같은 집안이라는 약간은 유치한 설정으로 대응하고 있었다. 진흥왕은 아들의 이름을 동륜, 사륜이라 지었다. 이는 자신은 은륜이며 법흥왕은 금륜이라는 설정이었다. 금륜-은륜-동륜-사륜은 전륜성왕이다. 백제가 왕실을 전륜성왕으로 설정하니, 신라도 따라서 설정했다. 어느 나라가 더 부처의 가호를 받을지 경쟁하고 있었던 것이다.

대통사는 이런 시대적 상황 속에서 창건되었다. 무령왕의 3년 상이 끝나는 시기에 창건되었다는 것은 선왕의 명복을 빌기 위한 의도가 다분하다. 또 절 이름을 대통사라 한 것은 막 태어난 아들 부여창(위덕왕)의 건강 빌고 왕실의 안녕을 바라는 소망을 담은 것으로 보인다.

일제강점기에 절터가 발굴되었다. 이곳을 발굴한 결과 문–탑–금당–회랑이 확인되었다. 이때 발굴지에서 '大通(대통)'이라 기록된 기와가 발견되었다. 이로 인해 절 이름이 '大通寺'였음이 밝혀졌다. 절터 전체를 발굴하지 못했기 때문에 대통사의 전체 규모는 파악되지 못했다. 발굴 후 다시 묻어버려 민가가 들어서게 되었고 다시 발굴하기엔 여러 가지 제약이 많아졌다.

당간지주가 지키고 있는 절터

현재 절터에는 여러 주춧돌과 잘생긴 당간지주가 남아 있다. 당간지주는 통일신라시대의 것이다. 돌기둥은 고급스럽게 조각되었다. 기둥의 끝부분을 합장하듯이 안쪽으로 둥글게 다듬었다. 돌기둥 테두리로 돌아가면서 돋을새김을 하였다. 기둥 등 부분에도 둥글게 돋을새김한 띠가 있다. 매우 세심하게 신경 쓴 흔적이 보인다.

당간지주(幢竿支柱)는 당간(기둥)을 바치던 받침대다. 국기 게양대를 생각하면 된다. 긴 장대를 세우고 국기를 매단다. 장대가 넘어지지 않도록 받침대를 만드는데 그것이 지주다. 깃발을 당, 깃대를 간, 받침대를 지주라 한다.

깃발인 당은 절의 위치, 행사내용, 교파 등을 표현하는 다양한 방법에 사용되었다. 당간은 웬만한 전신주보다 높았다. 어떤 것은 전신주의 2배나 되었다. 당간에 휘날리는 깃발은 어디서나 볼 수 있었다. 고층 건물이 없던 시절엔 가장 높은 것이 탑과 당간이었다. 멀리서도 무슨 행사를 하는지 쉽게 분간할 수 있었던 것이다.[43]

대통사 절터에서 발견된 대형 석조 두 기는 공주박물관 야외에 전시되어 있다. 통돌을 둥글게 깎고 내부를 파내어 석조를 만들었다. 석조 가운데로는 두 줄 띠를 둘렀다. 띠 가운데는 연꽃문양을 새겼다. 석조를 받치고 있는 받침대는 석조에 비해 가늘어서 불안해 보인다. 받침대는 연꽃모양으로 했으며 한 기는 원래의 것인데 나머지 한 기는 복원되었다.

석조는 연꽃을 기르던 용도로 사용되었다. 높은 대석 위에 놓았기 때문에 생활용 식수를 담는 용도는 아니었다. 수련을 심은 석조를 건물 밖 기단 아래 두면, 법당이나 기단 위에서 내려다볼 수 있었다. 그래서 이 석조를 석련지라고도 한다. 석련지는 부여박물관과 법주사에도 있다.

참고로 '大通'이라는 명문이 기록된 기와가 부여 부소산성에서도 발견되었다. 또 공산성 안에서 '대통사'란 명문이 적힌 벼루가 발견되기도 했다. '大通'을 양나라 연호를 본다면 기와를 제작한 시기를 말하는 것으로 매우 중요하다. 대통은 양나라 무제의 연호로 527-529년까지 사용되었다. 백제는 성왕 16년(538)에 사비로 도읍을 옮겼다. 그런데

43 경주-천년의 여운, 임찬웅, 야스미디어

대통이라는 명문 기와가 부소산성에서 출토되었다는 것은 천도하기 10여 년 전부터 사비도성이 준비되고 있었다는 것을 말해주기 때문이다.

TIP 제민천변 하숙마을

대통사터가 있는 주변 지역은 공주 구도심의 핵심지역이었다. 제민천을 따라 여러 볼거리가 늘어서 있다. 공주제일교회, 독립운동가 서덕순집터, 대통사터, 하숙마을, 공주갑부 김갑순 집터, 충청감영터, 나태주 시인의 풀꽃문화관 등이 있다.

공주제일교회는 공주지역 첫 번째 교회이자 인재양성과 사회활동을 활발하게 진행한 교회였다. 교회에는 기독교박물관도 꾸며져 있으며 교회건물은 근대문화유산에 등재되었다.

공주갑부 김갑순 집터도 있다. 그는 선행으로 인생을 바꾸었으나 권력과 결탁해 재산을 모았다. 국내 부동산 투기꾼 1호로도 유명하다. 그의 별명은 '유능한 화폐 제조기'이자 '당국자 환심 사기의 달인'이다. 일제강점기에는 친일행위를 하여 자신의 재산을 지켰다. 말년에는 자손들의 재산다툼을 지켜보며 죽어야 했다.

하숙마을은 제민천변에 있는 하숙집이다. 1960~70년대 교육도시로 유명했던 공주는 충청일대의 학생들이 유학을 와 묵었던 하숙집이 많았다. 이곳 하숙집은 옛 것을 재현한 곳이다. 주변에는 공주고, 공주여고, 공주사대부속고, 영명고등학교 등이 있으며 공주교육대학교도 근처에 있다.

제민천변

충청감영터는 공주가 충청도의 중심이었을 때 관찰사가 근무하던 감영이 있던 곳이다. 공주사대부설고등학교 정문에는 공주감영의 정문인 포정사 문루를 복원해두었다.

나태주 시인의 풀꽃문화관은 시인의 시를 좋아하는 이들로 발걸음이 끊이지 않는다. 때로 시인이 반겨주기도 하여 함께 기념촬영도 한다. 일본식 가옥을 그대로 활용한 문화관이다. 공주사대부설고등학교 옆 봉황산 자락에 있다.

3 신라 승려 진자가 찾아왔던 수원사

백제 도읍이었던 웅진에 수원사라는 절이 있었다. 『삼국유사』에 조금은 특이한 이야기가 전한다. 신라 진지왕(576-579) 때 흥륜사 승려 진자(眞慈)가 웅진 수원사로 찾아와 화랑을 구하는 이야기다. 경주 흥륜사는 이차돈의 순교 이후 창건된 신라 최초 중요 사찰이었다.

진지왕 대에 이르러 흥륜사의 승려 진자가 매일 법당의 주인인 미륵상 앞에 나아가 소원을 빌어 맹세하며 말했다.

"우리 부처님께서 화랑으로 변하여 세상에 나타나신다면, 제가 언제나 미륵의 얼굴을 가까이 대하고 받들어 시중을 들겠습니다."

그는 정성스럽고 간절하게 기원하는 마음이 날로 커졌다. 어느 날 저녁 꿈에 승려가 나타나 말했다.

"네가 웅천 수원사로 가면 미륵선화를 보게 될 것이다."

진자는 꿈에서 깨어나 놀라고 기쁜 마음으로 그 절을 찾아갔는데, 열흘 동안 길을 가면서 한 걸음에 한 번씩 예를 올렸다. 그 절에 도착하여 문 앞에 이르자, 잘생긴 소년 하나가 반갑게 맞아들여 작은 문으로 데리고 들어가 손님이 묵는 방으로 안내했다. 진자가 올라가면서 읍을 하며 말했다.

"그대와 나는 평소 안면이 없는데 어찌 이와 같이 친절하고 정중하게 대접하시오?"

소년이 말했다.

"저 역시 서울 사람입니다. 덕이 높은 스님께서 멀리서 오는 것을 보고 위로해 맞이한 것일 뿐입니다."

얼마 후 소년이 문을 열고 나갔는데, 어디로 갔는지 알 수가 없었다.

진자는 속으로 우연한 일일 것이라 생각하고 그다지 이상하게 여기지 않았다. 다만 절의 승려에게 지난번 꿈과 오게 된 뜻만 이야기했다.

"잠시 이곳에 머물면서 미륵선화를 기다리려는데 어떻겠습니까?"

절의 승려는 그의 감정이 흔들리고 있는 것을 알아 속이려 하였지만 그 정성이 근실한 것을 보고는 곧 말했다.

"이곳에서 남쪽으로 가면 천산(千山)이 있는데, 예부터 현인(賢人)과 철인(哲人)들이 살고 있어 은밀한 감응이 많다고 합니다. 어찌 그곳으로 가 보지 않으십니까?"

그 말에 따라 진자가 산 아래에 이르자 산신령이 노인으로 변해 나와 맞으면서 말했다.

"이곳에 무엇 하러 왔는가?"

진자가 대답했다.

"미륵선화를 만나 보려고 합니다."

노인이 말했다.

"지난번에 수원사 문밖에서 이미 미륵선화를 보지 않았던가? 또 무엇을 구하러 왔는가?"

진자는 이 말을 듣고 놀라 땀을 흘리며 본사로 달려 돌아왔다. 한 달 남짓 지나자 진지왕이 이 일을 듣고는 불러들여 그 까닭을 물었다.

"그 소년이 스스로 서울 사람이라고 했고, 성인은 거짓말을 하지 않는 법이니, 성안에서 찾아보는 것이 어떻소?"

진자는 왕명을 받들어 무리들을 모아 마을을 두루 돌면서 찾았다. 단장한 모습이 수려한 소년이 영묘사 동북쪽 길 옆의 나무 아래를 거닐면서 놀고 있었다. 진자는 그를 마주하자 깜짝 놀라서 말했다.

"이 분이 미륵선화시다."

소년에게 가까이 다가가 말했다.

"당신의 집은 어디입니까? 성이 무엇인지 듣고자 합니다."

소년이 말했다.

수원사터 신라 승려 진자가 미륵선화를 찾아서 먼 길을 왔던 수원사

"제 이름은 미시입니다. 어릴 때 부모를 모두 여의어 성은 모릅니다."

그래서 진자는 그를 가마에 태우고 왕에게 데려갔다. 왕은 그 소년을 경애하고 받들어 국선으로 삼았다.

이 기록으로 보아 6세기 후반에는 수원사가 이미 있었던 것으로 보인다. 진자가 수원사로 찾아온 시기는 백제 위덕왕 재위기이다. 사비가 도읍이었던 시기다. 위덕왕의 아버지였던 성왕은 신라와 싸우다 죽었다. 따라서 위덕왕 시기는 신라에 대한 복수심으로 와신상담하던 때였다. 이러한 때에 신라 승려가 백제로 찾아온 것이다.

미륵과 화랑의 관계

신라는 진흥왕의 강력한 대외팽창으로 영토를 배나 확장한 상태였다. 반면 백제와 적이 되었고 고구려와의 동맹도 일찍이 무너졌다. 청소년들을 조직화하여 전쟁으로 내몰아야 하는 상황이었다. 화랑도라는 것이 청소년 집단이지만 전쟁의 전위부대였다. 어린 청소년의 분전으로 군사들의 사기를 끌어 올리는 방법을 썼다. 왕족이라도 출세하기 위해서는 화랑의 우두머리인 국선이 되어야 했다. 따라서 청소년 집단을 이끌 강력한 리더십이 필요했다. 진지왕 때에 화랑을 이끌 리더를 달라고 부처에게 빌만큼 절박한 상황이었는지는 모르겠다. 진흥왕 때에 화랑은 이미 조직화되어 있었다. 어떤 연유로 진자가 부처에게 빌었는지 알 수 없다. 분명한 것은 전쟁터에서 전위부대와 같은 화랑에게 좀 더 확실한 계기를 심어주어야 한다는 생각이 있었던 것으로 보인다. 그것은 세상을 구원할 미륵과 화랑을 동일시하는 것이었다. 구성원들 스스로 세상을 구원할 존재라는 확신을 가져야 했다. 그렇게 하기 위해서는 우두머리를 미륵선화로 설정할 필요가 있었다.

백제에서 모셔온 미륵선화

진자는 미륵신앙이 체계화된 백제에서 미륵을 모셔오는 것으로 결정했다. 백제에서 미륵을 모셔와 화랑의 우두머리로 세운다면 미륵에 대한 확신이 세워지리라 믿었던 것 같다. 그렇다고 아무나 내세워서는 안 된다. 부처의 계시를 받은 자여야 한다. 어떤 인연도 개입해서는 안 된다. 제3의 인물이어야 한다. 부모마저도 알 수 없는 인물이어야 한다. 누구도 그의 출신에 대해 의심할 수 없을 만큼 완벽하게 신분세탁 된 인물이어야 한다. 부처의 계시에 따라 적국인 백제 땅 깊숙한 곳에서 모셔왔다고 하면 입증할 방법이 없다. 부처가 신라를 위해 준비해준 자라는 소문을 만들 필요가 있다.

진자는 자신이 백제의 수원사로 간 일이며, 그곳에서 미륵선화를 만났던 이야기를 왕과 신료들 앞에서 아뢴다. 미륵신앙의 선진국 백제에서 미륵선화를 만났으며 소년 스스로 서라벌 사람이라고 했다고 아뢴다. 그리하여 미륵선화를 찾은 곳은 수원사가 아닌 서라벌 한 가운데였다. 모든 것이 각본대로였다. 백제국의 수도인 웅진에서 미륵선화를 모셔오면 그의 출신 때문에 신라 화랑의 우두머리가 되는 것은 어려웠을 것이다. 그런데 그가 서라벌 사람이라고 했으니 문제될 것이 없다. 거기에다 부처가 점지해주었다고 하지 않는가? 누구도 토를 달지 못한다. 신라는 불교를 이렇게 이용했다.

간송미술관의 최완수 선생은 이 사건을 미륵선화 쟁탈전으로 해석하였다. 진자가 백제에서 미륵을 모셔갔다면, 훗날 서동이 서라벌로 들어가 선화공주를 빼앗아 오는 것은 이때 빼앗긴 미륵선화를 되찾아 온 사건으로 해석하였다. 재미있는 해석이다.

골짜기 모양에 따라 절을 짓다

백제는 성왕(재위 523-554) 때에 이르러 불교를 크게 일으켰다. 불교를 수용한 지 오래되었지만 국가적으로 불교를 적극 활용한 것은 매우 늦었다. 성왕은 웅진에서 사비로 도읍을 옮겼다. 사비 도읍기 때에는 많은 절이 세워졌다. 그리하여 백제는 '절과 탑이 매우 많은 나라'라는 평을 받았다. 어느 정도였는지는 알 수 없지만, 웅진에도 여러 절이 세웠졌을 것이다.

수원사가 언제 어떻게 사라졌는지 알 수 없다. 1967년, 1989년, 1991년 총 세 차례에 발굴 조사가 진행되었다. 절터는 묘하게 생겼다. 절은 월성산(313m)의 북쪽 골짜기에 있다. 서쪽과 남쪽, 동쪽은 높은 산으로 둘러싸였고, 골짜기는 북으로 트였다. 절은 서쪽 산기슭에 자리 잡았는데 동쪽을 바라보고 있다.

법당은 정면 5칸, 측면 3칸으로 제법 큰 규모이며 동향으로 지었다. 주춧돌이 잘 남아 있어 법당의 규모가 확인된다. 법당 앞에는 네 채의 건물이 다닥다닥 붙어 있는데 어떤 규칙이 없다. 실제로 네 채의 건물이 한꺼번에 있었다면 상당히 답답한 구조였으리라 생각된다. 건물이 바투 서 있어서 마당이 없으니 답답할 수밖에 없다. 서로 다른 시기에 지어진 건물일 수도 있다.

법당 앞에 탑(塔)을 세우는 것이 사찰 건축의 기본이나 수원사는 그런 것과는 거리가 멀었다. 법당 앞에 탑을 세울 공간이 없어서 그랬는지 법당 앞이 아닌 남쪽에 있는 별도의 공간에 탑을 세웠다. 탑은 석탑이었으며 통일신라 시대의 것으로 보인다. 지금은 석탑의 하층기단 일부만 남아 있다. 통일신라 시대에도 절이 번성했음을 알 수 있다. 탑이 있는 남쪽 부분에도 산기슭을 다듬어 여러 건물을 지었을 것으

수원사터 탑자리 탑은 법당 앞이 아닌 다른 곳에 세워져 있다.

로 보인다.

골짜기 아래에서 신라 승려 진자가 기대에 찬 얼굴로 수원사로 들어서고 있다. 마당을 쓸고 있던 동자가 반갑게 맞이한다. 수원사 승려들은 그가 온 이유를 알고 아연실색을 한다. 적국인 신라가 미륵부처를 모셔간다고 하지 않는가? 외면하고 싶은데 그의 눈빛이 너무도 절실하여 알려 주었다. 진자와 백제 승려들의 보이지 않는 경쟁은 진실하고 간절한 눈빛에 녹아버렸다. 수원사 주춧돌에 앉아 삼국유사를 읽고 있자니 골짜기를 채운 밤꽃 향기가 바람따라 어지럽게 흩어진다.

12

산사, 한국의 산지 승원 – 마곡사

1 마곡사로 가는 길

마곡사는 공주 서북쪽에 위치한 태화산 동쪽 기슭에 있다. 마곡천이 절 가운데로 흐른다. 하늘에서 내려다보면 마곡천이 휘돌아 흐르는 모습이 태극(太極)이다. 물굽이가 크게 두 번 휘돌아 가니 길(道)도 물길 따라 산을 휘감았다.

주차장에서 절로 이어진 길은 계곡을 거슬러 오르는 완만한 산책로다. 절로 가는 길은 걸어가야 한다. 그래야 산사의 제멋을 느낄 수 있다. 절 마당까지 차를 타고 들어가서는 산사의 참맛을 느낄 수 없다. 절로 가는 길은 계절마다 그 분위기를 바꾼다. 산사를 찾는 이들은 천변만화(千變萬化)의 자연을 만날때 도심에서 생긴 억센 기운이 누그러진다. 유불리만 따지던 안목이 자연에서 너그러워지고 순화된다. 그제야 산사가 품고 있는 역사의 향기를 받아들일 준비가 된다.

공주에는 세계문화유산이 둘 있다. 《백제역사유적지구》와 《산사, 한국의 산지 승원-마곡사》가 그곳이다. 한국의 산사가 어떤 의미에서 세계문화유산이 될 수 있었는지 알아둘 필요가 있다. 그리하면 절을 찾아가서 무엇을 봐야 하는지 알게 되기 때문이다.

산사는 한반도 남쪽 지방에 위치한 7개 불교 산지 승원-통도사, 부석사, 봉정사, 법주사, 마곡사, 선암사, 대흥사-으로 이루어져 있다.

마곡사 마곡사는 세계문화유산에 등재되었다.

7세기에서 9세기에 창건된 이들 7개 사찰은 신앙과 영적 수행, 승려 공동체 생활의 중심지로 한국 불교의 역사적인 전개를 보여주고 있다. 한국의 다양한 불교신앙이 산사의 경내에 수용되었으며, 이는 역사적인 구조물과 전각, 유물, 문서 등에 잘 남아있다. 사찰 운영에서 나타나는 자립성과 승려 교육, 한국 선불교의 특징인 영적 수행과 교리 학습의 공존 등의 지속적인 전통에서 한국 불교의 무형적, 역사적 측면을 확인할 수 있다. 이들 산사는 조선시대 억압과 전란으로 인한 손상에도 불구하고, 오늘날까지 신앙과 일상적인 종교적 실천의 살아있는 중심으로 남아있는 신성한 장소이다.[44]

오늘날까지도 사찰이 갖고 있는 목적성이 유지되고 있다는 것이다. 참선(參禪)을 통한 영적 수행, 경전 교육, 승려의 체계적인 계율실천,

44 문화재청 홈페이지

승려 공동체의 유지, 수천 년 동안 지켜온 문화재 등에서 큰 가치를 부여받았다. 위의 평가에는 없지만 산사의 실제적 가치는 무형에 있다고 하겠다. 위에서 언급한 가치들이 자연과 혼연일체가 되어 그도 또한 세월 묻은 자연이 되었다는 것이다. 산사와 자연이 둘이 될 수 없을 정도로 자연스러워졌다.

대략 20여 년 동안 사찰들은 불사한답시고 중장비 소리가 끊이지 않았다. 누가 더 크냐, 누가 더 화려하냐 경쟁이라도 하는 듯하다. 이제 제발 멈추고 절을 둘러싸고 있는 자연을 돌아보길 바란다. 산에 있다고 산사가 아니다. 자연과 하나가 되어야 산사다. 자연을 억누르려고 해서야 어찌 산사라 하겠는가?

2 북원과 남원으로 구성된 마곡사

마곡사 가운데 마곡천이 흐른다. 마곡천은 태극을 이루며 휘돌아 내려간다. 절은 계곡을 사이에 두고 북쪽과 남쪽에 일정한 영역을 구성했다. 절의 중심은 북원이며 건물들이 남향으로 배치되었다. 북원(北院)에는 대적광전(大寂光殿), 대웅보전(大雄寶殿), 오층석탑, 응진전, 심검당, 범종각, 요사채 등이 있다. 남원(南院)에는 영산전, 명부전, 흥성루, 수선사, 매화당, 해탈문, 천왕문이 있다. 남원은 영산전을 중

마곡사 마곡사는 남원과 북원으로 구성되었다. 마곡천을 가운데 두고 오른쪽은 북원, 왼쪽은 남원이다.(사진: 마곡사 안내판)

심으로 짜임새 있게 건물이 배치된 것에 비해, 북원은 확장을 지속적으로 했기에 짜임새가 흐트러진 모습이다.

남원 일곽은 안산과 주산을 잇는 자연 축과 영산전-강당의 방향을 일치시키고 있는데, 마곡사 전체에서 가장 안정된 지형의 형국을 가진 자리이다.

아마도 남원 일곽에 원래의 가람을 창건하였다가, 고려 중기에 사찰을 확장하면서 개울 건너 북원 일곽을 개창한 것으로 추정된다. 새로 개창된 북원 가람에 새로운 전각들이 들어서면서 이곳이 주가람이 되고, 기존의 남원 가람은 영산전 일곽으로 변화되어 부가람이 된 것으로 보인다.[45]

45 한국 미의 재발견, 김봉렬

남쪽에 있는 해탈문(解脫門)과 천왕문(天王門)은 북원에 있는 대적광전으로 가는 산문(山門)이다. 남원과는 연결성이 없다. 그래서 마곡사를 탐방하려면 일정한 순서가 있게 된다. 주차장-일주문-매표소-해탈문-천왕문-극락교-오층석탑-대적광전-대웅전으로 가게 된다. 남원은 북원을 모두 탐방한 후에 봐야 한다. 남원을 먼저 보고 북원을 볼 수도 있겠지만 탐방 흐름이 어수선해진다.

3 자장율사가 창건했다는데

마곡사에서 소개하는 마곡사 창건 역사를 살펴보자.

마곡사 사적입안(事蹟立案)의 기록에 따르면 '마곡사는 640년(백제(百濟) 무왕(武王) 41년) 신라의 고승 자장율사가 창건한 것으로 전해오고 있으며 고려 명종(明宗) 때인 1172년 보조국사(普照國師)가 중수하고 범일(梵日)대사가 재건하였다고 합니다. 도선국사(道詵國師)가 다시 중수하고 각순(覺淳)대사가 보수한 것으로 전해오고 있습니다.[46]

우리나라 절의 창건 기록은 대개 앞뒤가 맞지 않는 경우가 많다.

46 마곡사 홈페이지

마곡사도 마찬가지다. 640년에 신라의 고승 자장율사가 창건했다고 하나 640년이면 자장이 당나라에서 공부하고 있을 때다. 자장은 643년에 신라로 귀국한다. 또 자장이 백제 땅 한가운데로 와서 절을 창건할 일도 없다. 그는 643년에 귀국해서 분황사와 황룡사에 머물면서 신라가 처한 위기를 돌파할 책략에 골몰하였다. 황룡사구층목탑 건립을 건의하였고, 분황사에 머물며 신라 불교계의 질서를 바로잡는 역할을 하였다. 그런 그가 백제의 심장부에 들어와 절을 창건했을 리 만무하다. 또 고려 명종(1172) 때 보조국사가 중수했다고 했는데 여기서 말하는 보조국사는 '보조국사 지눌'을 지칭하는 듯하다. 1158년에 태어난 보조국사가 14살에 중수했다는 것이니 너무했다. 거기다가 보조

마곡사 국사전 내부 자장율사가 창건주로 모셔진 마곡사 국사전

국사가 중수한 절을 범일 대사가 재건했다고 하는데, 여기서 범일은 통일신라의 사굴산문을 개창했던 분이니 앞뒤가 맞지 않는다. 그 뒤에 도선국사도 뜬금없이 나타난다.

이제 마곡사는 세계문화유산으로 당당히 그 이름을 올리고 있다. 그러므로 사찰의 창건 역사를 정확히 짚어낼 수 없다면 적어도 앞뒤 분간 안 되는 이런 기록은 수정해야 한다. 철종 2년(1851)에 기록한 '마곡사 사적입안'에 나온 내용을 소개하고 있지만, '마곡사 사적입안' 자체가 잘못된 기록이다. 잘못된 기록을 그대로 소개해서야 되겠는가? 적어도 어느 정도 설득력 있는 이야기를 해야 수긍하지 않겠는가? 이제는 교육 수준이 높아서 이런 류의 창건설로는 사찰의 사격이 높아지지 않는다.

마곡사 국사당에는 보조와 범일, 도선이라는 고승의 초상화를 모시고 있다. 국사당은 해당 사찰의 창건주 또는 중창주, 큰 영향을 끼친 승려 등을 모시는 곳이다. 범일(梵日, 810-889)과 도선(道詵, 827-898)은 통일신라 때에 선풍을 드날리던 승려다. 그런데 범일, 도선과 나란히 모셔진 보조는 누구를 말하는 것일까? 시대적으로 보자면 통일신라말 활동했던 보조 체징(普照 體澄, 804-880)이 틀림없다. 나이 순서로 보자면 보조, 범일, 도선이 된다. 국사당에 모셔진 세 분의 고승은 이 세 사람이 틀림없다. 그렇다면 보조라는 승려가 창건에 언급되는 것으로 봐서 보조 체징이 어떤 모습으로든 관여했을 것으로 보인다. 보조 체징은 구산선문 중 '가지산문', 범일은 '사굴산문'을 개창하여 종풍을 드날렸다. 도선은 '동리산문'의 승려이며 풍수지리설의 비조로 알려져 있다. 보조 체징은 공주 출신으로 서산 보원사에서 수계[47]한 바가 있었다. 사적입안에서 보조 이야기를 한 후 '그 후에 범일 대사가 창건하다'라고 되어있다. 보조가 먼저 나온 것으로 봐서도 그는 고려의 보조가 아니라 신라의 보조 체징이 틀림없다. 범일은 마곡사에서 멀지 않은 곳에 있는 부여 무량사를 창건했다. 도선은 풍수의 대가답게 마곡사를 일러서 '천년만년토록 절이 있을 땅'이라고 했고, '유구와 마곡의 양수(兩水)간에는 천명의 목숨을 살릴 수 있다'고 했다.

정리를 하자면 보조 체징은 공주 사람으로 마곡사를 창건했다. 범일은 가까운 곳에서 활동했기 때문에 마곡사와 어떤 방식으로든 인연을 맺었을 것이다. 그렇기 때문에 그가 창건했다는 이야기도 함께 실린 것이다. 도선은 풍수를 따져 마곡사의 지리적 잇점을 설명함으로써 마곡사가 자리 잡는 데 일조했다.

절 이름의 유래

창건주 자장이 절을 완공한 뒤 낙성식을 열었을 때 그의 법문을 듣기 위해 모여든 사람이 골짜기에 '삼대밭처럼 무성했다'하고 하여 삼 마(麻), 골 곡(谷)를 써서 마곡사라 하였다. 또다른 설은 통일신라 후기 무염스님이 당나라에서 돌아와 절을 지을 때 스승인 마곡보철(麻谷寶徹)을 생각하며 절 이름을 '마곡사'라 했다고 한다. 다른 이야기로는 절을 세우기 전에 이 골짜기에 마씨(麻氏) 성을 가진 사람들이 살고

---

47 석가의 가르침을 받는 자가 지켜야 할 계율에 대한 서약

있었다 하여 마곡사라 했다고도 한다.

창건 이후

신라말에서 고려 중기까지 200년간 사세가 기울자 절터는 도둑의 소굴이 되었다. 왕명을 받은 보조국사 지눌이 절을 중창하려 하자 도둑들의 방해가 극심하였다. 이에 보조국사는 신술로 호랑이를 만들어서 도둑들에게 달려들게 하여 도둑을 물리쳤다. 이에 왕에게서 전답 200결을 하사받아 대가람을 이루었다. 그러나 앞서 설명한 것처럼 왕명을 받은 시기가 고려 명종 2년(1172)이다. 보조국사 지눌은 14살이었다. 200결의 토지를 하사받았다는 것도 선덕여왕이 자장에게 200결을 하사했다는 이야기와 비슷하여 뒤죽박죽된 것으로 보인다. 대광보전 앞 오층석탑이 원나라 지배기에 세워진 것이 확실한 것으로 보아 이 무렵 중창이 한 번 있었던 것으로 보인다. 절은 임진왜란 때 대부분 불타버렸다. 그 뒤 60년 동안 폐사가 되었다가 1651년(효종 2)에 각순이 절을 중건하였다. 1782년에 큰불이 나서 전각이 소실된 후 체규선사가 중건하였다.

4 순서가 바뀐 해탈문과 사천왕문

절은 산에 있다. 마곡사는 태화산 골짜기에 있다. 실제로 산에 있기도 하지만 불교적 우주관으로 볼 때 수미산에 있다. 그래서 절로 가는 길에 통과하는 문을 산문(山門)이라 한다. 수미산문인 셈이다.

산문은 일주문(一柱門) - 금강문(金剛門) - 사천왕문(四天王門) - 해탈문(解脫門) 순서대로 놓인다. 순서가 바뀌면 안된다. 엄격한 우주적 질서이기 때문이다. 그런데 마곡사에서는 순서가 바뀌었다. 일주문 - 해탈문 - 천왕문 순서로 놓였다. 이유는 알 수 없다. 해탈문을 지나야 부처의 세계로 들어갈 수 있다. 해탈(解脫)하면 부처가 되기

해탈문과 사천왕문 두 문의 순서가 바뀌었는데 이유는 모르겠다.

때문이다. 그런데 해탈의 단계에 들지 못한 사천왕이 해탈문 안쪽에 있으니 순서가 바뀐 것이다. 사천왕은 여전히 윤회의 사슬에 들어 있는 존재다. 해탈문 안쪽에 있을 수 없다.

조선시대 불교가 심하게 억압받을 때, 지식수준이 높은 승려가 드물었다. 어쩌다 글을 읽을 수 있는 승려들은 크게 대접받았다. 이들은 경전 공부와 참선에 전념하면서 지적 수준이 낮은 승려들을 이끌었다. 참선과 공부만 해서는 승려들의 생활이 불가능했다. 그래서 경전 연구와 참선을 전담하는 승려와 마을로 내려가 탁발하는 승려로 나누게 되었다. 불교의 본질을 지키는 승려, 절의 살림을 맡아 보는 승려로 나뉘게 된 것이다. 절의 살림을 맡아보는 승려를 사판승, 수행을 전문으로 하는 승려를 이판승이라 했다. 조선시대 불교가 가장 어려울 때 어쩔 수 없이 생겨난 현상이었다. '갈 때까지 갔다'는 뜻으로 '이판사판'이라 하는데, 여기에서 유래되었다. 사정이 이러하니 절을 창건하거나 중창했을 때에 교리에 입각한 건축을 기대하는 것은 애시당초 어려운 것이다. 모양만 갖추면 되었다. 눈에 보이는 것에 집착하기보다는 내면의 것을 중요하게 여기는 선종(禪宗)이 유행하면서 생겨난 현상이기도 했다.

고려시대까지 번창했던 불교는 조선시대에 들어서서 극심한 탄압을 받아 수많은 사찰과 승려들이 사라졌다. 거기에다 결정적인 타격을 가한 것은 임진왜란이었다. 왜군은 나라 안 곳곳을 들쑤시고 다니면서 불을 질렀다. 임란 후 불타버린 절은 일부만 재건되었다. 그것도 옛 규모대로 재건한 것이 아니라 필요한 것만 겨우 갖추는 모양새가 되고 말았다. 그마저도 빈번한 화재가 발생해 폐사된 경우가 많았다. 절을 재건했을 때 법당에 모신 부처와 처마 밑에 건 현판이 일치하지 않는 경우가 비일비재했다. 예를 들면 아미타불이 있는데 '대웅전'이라고 하거나, 석가모니불이 있는데 '대적광전'이라고 하는 경우다. 이를 바로잡을 교학적 지식은 없었다. 모양만 갖춘 채 지내온 것이다.

5 화엄의 세계 대광보전

대광보전(大光寶殿)은 화엄종의 주불인 '비로자나불'을 모신 전각이다. 대적광전, 비로전 등으로도 불린다. 대광보전은 1831년에 중창된 것으로 정면 5칸, 측면 3칸인 15칸 건물이며 팔작지붕을 하고 있다. 제법 큰 규모의 법당으로 묵직하면서 안정적인 건축이다. 법당은 남향이며 남쪽 문창살은 격자로 만들었지만 약간의 장식을 가미해서 담백한 아름다움을 갖추었다.

법당 내로 들어가면 부처는 서쪽에 앉아 동쪽을 바라보고 있다. 기존의 절과는 다른 배치다. 왜 이런 배치를 하게 되었는지는 알려지지 않았다. 교리적 의미는 없는 것으로 보인다. 다만 이렇게 배치하면 법당 내부를 효과적으로 사용할 수 있게 된다. 부석사 무량수전도 부처가 서쪽에 앉아 동쪽을 바라보고 있다. 무량수전은 아미타불의 세계이며

대광보전 화엄종의 주불인 비로자나불을 모셨다. 부처는 서쪽에 앉아 동쪽을 바라보고 있다.

아미타불은 서방극락정토의 부처이니 서쪽에 앉아서 동쪽을 바라보도록 한 것이다. 무량수전의 경우 교리에 근거한 배치인 것이다. 그런데 마곡사 대광보전은 교리에서 근거를 찾을 수 없다. 공간을 효율적으로 사용하기 위한 목적으로 그렇게 배치한 것으로 보인다.

내부공간을 더 효율적으로 사용하기 위해서 내부 기둥을 생략하기도 했다. 내부에 세우는 기둥인 고주(高柱:높은 기둥) 3개를 생략했다. 부처가 좌정한 불단 앞쪽으로 6개의 고주가 있어야 하는데 세 개만 있다. 뭔가 어색하다. 그걸 느끼려면 내부로 들어가 보아야 한다. 기둥을 세우지 않으므로 그만큼의 공간을 확보하게 되었다. 고주를 사용하지 않고도 건물을 튼튼하게 세울 수 있었던 자신감이 있었던 것이다. 고주는 대들보를 받쳐주는 역할을 한다. 고주가 없으면 대들보가 길어진다. 긴 대들보가 허공에 떠 있게 되는데, 지붕에서 내리누르는 무게를 받치기에는 부담감이 커진다. 그럼에도 고주를 3개 생략하고 건물을 지었다. 자신감이 있었던 것이다.

본존불인 비로자나불은 우리가 흔하게 보아온 부처 얼굴과는 조금 다르다. 풍만한 두 볼로 인해서 눈은 움푹 들어간 듯하다. 눈은 감은 듯 만 듯하며 입은 꼭 다물고 있다. 비로자나불은 지권인(智拳印)의 수인(手印,손모양)을 한다. 그런데 마곡사 비로자나불은 통상의 지권인과는 다른 수인을 하였다. 합장한 듯 두 손바닥을 붙였고 오른손으로 왼손을 감싸 쥐듯 하였다. 양손 검지는 세웠는데, 오른손 검지로 왼손검지를 덮었다. 몇몇 사찰에서 이런 수인의 비로자나불을 만날 수 있다.

후불탱화는 영산회상을 표현하였다. 탱화 가운데 있는 부처는 석가모니불이다. 대개는 본존불에 맞추어 탱화를 그린다. 본존이 비로자나불이면 탱화도 비로자나불을 그린다. 그런데 석가모니불의 영산회상 탱화를 걸었다. 왜 그런지 이유는 알 수 없다.

수월관음도

대광보전 내부 불단 뒤로 돌아가 보자. 반드시 시계방향으로 돌아야 한다. 탑돌이를 할 때도 시계방향으로 돈다. 오른쪽 어깨가 안쪽으로 들어가도록 해야 한다. 인도에서는 왼쪽은 불결하다고 생각한다. 왼손으로 악수하지 않는다. 왼손은 죽은 것을 처리하는 용도로 쓴다.

몸에서 나오는 것은 죽어서 나오는 것이라 생각한다. 땀, 소변, 대변 등을 처리할 때 왼손을 사용한다. 오른손은 밥을 먹을 때 사용한다. 그러므로 오른쪽 어깨가 부처가 있는 안쪽으로 향하게 해야 한다. 그리되면 시계방향으로 돌게 된다. 자! 이제 시계방향으로 돌아서 불단 뒤로 가보자.

불단 뒤 후불벽화는 매우 장대하다. 5m나 된다. 수월관음도(水月觀音圖)라 불리는 이 벽화는 백의관음도(白衣觀音圖) 또는 양류관음(楊柳觀音)이라고도 한다. 수월관음은 33관음 중 하나로 물가 바위에 걸터앉은 모습으로 표현된다. 바위에 걸터앉아 물에 비친 달을 내려다보고 있기 때문에 수월관음(水月觀音)이라 한 것이다. 흰옷을 입고 있기에 백의관음, 주변에 버드나무가 있기에 양류관음이라고도 한다. 중생의 소원을 이루게 하는 것은 마치 버드나무가 바람에 흔들리는 것과 같다고 한데서 버드나무를 소재로 사용하였다. 정병에 꽂힌 버드나무, 연꽃, 산호초 등도 있다. 이러한 모습은『화엄경』에 설명되어 있는 대로 그린 것이다.『화엄경』〈입법계품〉에는 선재동자가 방문한 53명의 선지식 중 28번째인 보타락가산의 관음보살이 묘사되어 있다. 수월관음 옆에 그려진 동자는 '선재동자'를 표현한 것이다.

특히 이 〈백의관음도〉는 좁은 공간에서 위로 올려다보는 시각차를 고려하여 비례를 조정하였기 때문에 극단적인 상황 속에서도 수월관음의 우아한 자태를 경험할 수 있다. 일반적으로 선재동자는 관음보살의 발치에 묘사되는 경우가 많지만, 여기서는 허리 높이에 위치한 것

수월관음도

도 특이하다. 또한 방향도 수월관음의 오른쪽에 놓이는 경우가 많으나, 여기서는 왼쪽에 놓였다. 이러한 구도는 불단을 시계방향으로 도는 요잡의식에 있어 선재동자가 예불자들과 같은 방향에서 수월관음에 다가가는 효과를 줌으로써 선재동자와 예불자를 일체화시킨다. 또한 선재동자가 수월관음의 발치에 있을 때보다 더 가까이서 관음보살을 친견하는 듯한 모습은 마치 내가 그렇게 가까이서 관음보살을 뵙고 있는 것 같은 감정이입 효과를 거둔다는 점에서 독창적이다.[48]

이 벽화 때문인지 마곡사 홈페이지에는 마곡사를 〈관음신앙의 성지〉라 소개하고 있다. 마곡사를 관음신앙의 성지라 소개하고 있어서 조금 의아스럽기도 했다. 굳이 관음신앙의 성지라고까지 해야할까 싶다. 언제부터 관음신앙의 성지가 되었는지 모르겠다. 마곡사를 소개해오던 어떤 것에도 그런 내용이 없었기 때문이다.

기도하며 짠 삿자리

대광보전에는 이런 이야기가 전한다. 옛날 앉은뱅이였던 사람이 대광보전을 찾아와 낫게 해달라고 100일 기도를 하였다. 기도만 하고 있을 수 없었던 그는 틈틈이 삿자리를 짰다. 어쩌면 이곳에 와서 기도만 하고 있기가 민망했을 수도 있어 작은 정성을 보태어 절에 희사하고 싶었는지도 모른다. 그가 평시에 할 수 있었던 일은 앉아서 할 수 있

---

48 한국의 산사, 세계의 유산, 주수완, 조계종출판사

는 노동이었으리라. 삿자리 짜기는 그의 직업이었을 수도 있겠다. 그의 기도만큼이나 삿자리에는 정성이 담겼다. 100일 기도가 끝나던 날, 그는 아무렇지 않게 걸어서 나갔다. 자신이 걷는다는 사실도 모른 채 걸어서 나갔다고 한다.

불단 뒤로 돌아가서 바닥에 깔린 카펫을 살짝 들어보면 그가 짠 삿자리가 보인다. 지금까지 보존하고 있다는 사실이 고맙고 놀랍다. 그래서 마곡사가 더 풍요롭다.

삿자리 지금도 법당 바닥에는 삿자리가 깔려 있다.

용마루에 얹은 청기와

사찰여행 가면 여기저기서 이런 소리가 들려온다. "그 절이 그 절이지 뭐 볼 것 있나?" 나는 조금만 더 꼼꼼히 보라고 권하고 싶다. 놓치기 쉬운 몇 가지를 더 추가한다면 그 사찰만이 갖고 있는 아름다움을 느낄 수 있을 것이다.

첫째, 절에 들어가면 마당 가운데 서서 절을 둘러싸고 있는 산세를 보라.

둘째, 큰법당 처마 밑에 서서 부처의 눈으로 앞에 펼쳐지는 풍광을 보라.

셋째, 절 뒤로 돌아가서 산줄기가 어떻게 법당으로 이어지는지 보라.

넷째, 용마루를 유심히 보라. 청기와가 몇 장 올려져 있는 곳이 있다. 임금님이 왔다 간 절이라는 뜻이라 한다. 그러나 명확한 이유는 모른다.

다섯째, 기둥과 주춧돌의 모양 살펴보라. 덤벙주초, 도랑주 등 자연을 닮은 건축 자재들을 보면 조상들이 얼마나 자연을 닮고자 했는지 알게 될 것이다.

여섯째, 문창살에 담긴 목수의 마음을 읽어보자. 영원히 지지 않는 꽃을 부처에게 공양한 목수의 마음이 느껴질 것이다.

용마루와 청기와

이것 외에도 할 수 있다면 평상시 눈을 두지 않았던 부분에 마음을 줘보자. 그러면 절마다 간직하고 있는 재미있는 특징을 찾아낼 수 있을 것이다.

마곡사 대광보전 용마루에는 청기와 한 장이 올려져 있다. 조선 세조가 마곡사에 왔었다. 그는 매월당 김시습을 만나러 왔다. 매월당을 직접 만나 도와달라고 설득하고 싶었던 것이다. 그러나 매월당이 만나 줄 리 없었다. 어쩔 수 없었던 세조는 기도만 하고 떠났다. "신하 하나 못 얻은 내가 어찌 가마를 타고 돌아갈 수 있겠느냐"라며 타고 온 연을 마곡사에 두고 갔다. 문화재자료로 등록된 세조대왕연이 그것이다. 남원 영역에 있는 영산전 현판은 세조가 쓴 것이라고 한다.

6 풍마동이 올려진 오층석탑

마곡사 오층석탑은 고려말에 세워졌다. 탑 꼭대기에는 청동으로 제작된 독특한 모양의 상륜 풍마동[49]이 올려져 있다. 그 모양이 특이해서 한 번 더 쳐다보게 된다. 상륜으로 인해서 이 탑의 건립 시기가 고려말 원나라 지배기였음을 유추할 수 있게 되었다. 원나라 때에 유행했던 라마교 불탑의 모습을 빼닮았기 때문이다. 실제로 중국 베이징에는

49 구리의 하나. 바람이 잘 통하는 곳에 두면 광택이 불처럼 이글거린다고 한다.

마곡사오층석탑 상륜을 구성하고 있는 풍마동이 특징인 이 탑은 고려말 원나라의 영향을 받아 만들어진 것이다.

이 시기에 세워진 '묘응사백탑'이 남아있는데 마곡사탑 상륜과 똑같이 생겼다. 상륜의 모양이 또 하나의 탑이다. 원나라는 티벳불교의 영향력 아래 있었다. 훗날 청나라를 세웠던 여진족도 티벳불교의 영향을 받았는데, 그들의 수도였던 심양에도 비슷한 탑이 건립되었다.

상륜은 탑 꼭대기에 있어서 세부적인 부분까지 살펴보기 어렵지만, 얼핏 보아도 상당히 고급스러운 솜씨라는 것을 알 수 있다. 청동으로 만든 공예품이기에 실제 탑보다 더 세련되고, 화려하게 조각되었다. 고려의 금속공예 수준으로 본다면 이 정도는 충분히 제작할 수 있었을 것이다. 그러나 고려의 공예가들이 자주 만들던 작품은 아니었다. 원나라 지배기에 들어서야 저들의 불교를 만날 수 있었기 때문이다. 솜씨는 충분해도 이색적인 것을 대번에 만들어낼 순 없다. 거기에다 종교와 관련된 작품은 장인의 개성이 개입될 여지가 적다. 오직 원칙에 충실해야 하기 때문이다.

풍마동(風摩銅)은 매우 정교하게 제작된 것으로 아마 원에서 직접 수입된 완제품이 아닐까 싶다. 청동 주물로 만들었지만 전체적인 형상뿐 아니라 각 부분의 조각과 장식이 너무 완벽하고, 이 정도 제품의 거푸집을 만들려면 대량생산 체제가 필요했을 텐데, 고려 내에 그만한 수요가 있었을까 의심스럽다. 또한 청동 주물의 기법은 우리보다 중국에서 훨씬 발달했었다. 총 높이 1.8m로서 4부분으로 분리 제작하여 조립한 것으로 장거리 운송에 편리한 구조다.[50]

---

50 김봉렬의 한국 건축 이야기, 돌베개

상륜에 올려진 풍마동으로 인해 이 탑은 풍마동다보탑(風磨銅多寶塔)으로 불리기도 한다. 마곡사 오층석탑은 상륜을 빼고는 그리 주목할만한 탑은 아니다. 이중의 기단은 좁고 높다. 거기에다 탑신(塔身)과 지붕 체감률이 적어서 길쭉해 보이며 넘어질까 불안하다. 차라리 삼층석탑으로 했더라면 더 안정적이었을 것이라는 생각이 든다. 1층 몸돌에는 사방불(四方佛)이 새겨져 있다. 사방불은 석가모니불(남), 약사불(동), 아미타불(서), 미륵불(북)을 새긴다.

7 한국적 아름다움 심검당, 고방

천왕문을 통과해서 다리를 건너면 정면에 대광보전이 있고, 오른쪽으로 종각, 심검당, 고방, 영각, 관음전(염화당), 요사 등이 자리하고 있다. 대광보전 왼편으로는 국사전, 응진전, 김구 선생 머물렀던 건물 등이 있다. 특히 동쪽 구역은 한국의 아름다움을 간직한 곳으로 마곡사가 간직한 진정한 보물이다. 대광보전 마당에서 보는 것과는 달리 안으로 들어가면 영각, 고방, 심검당이 지붕의 높낮이를 달리하면서 차분하게 앉아 있다. 단청이 없는 백골집인데다가 우악스럽지 않은 안정적 자태로 건축되었다. 적당한 높이로 올려진 담장이 구역을 나누기도 하고 열어주기도 한다. 이 구역은 언제 지어졌는지 알 수 없으나 1797년

(정조 21), 1856년(철종 7)에 중수했다는 기록이 있다. 중수는 건물을 완전해체하여 수리하는 것인데, 보통 건물을 짓고 나서 100년 후에 한다. 그러니 적어도 1697년 경에 창건했을 가능성이 크다.

심검당은 ㄷ자 모양의 큰 집이다. 대광보전 마당에서 보면 제법 격조 있는 건물로 보인다. 대방이라 부른다. 그러나 안으로 들어가서 보면 ㄷ자 모양이 확연히 보이는데, 앞에서 보던 것과는 전혀 다른 느낌이다. ㄷ자 양 날개 건물은 대방보다 낮춰 지었다. 중마당을 가운데 두고 ㄷ자 형태를 하였는데, 좌우 날개 건물에는 여러 개의 방이 연속되어 있으며 전면에 쪽마루를 달았다. 대방과 북쪽 건물에는 마루를 설치하였다. 남쪽 건물은 팔작지붕, 북쪽 건물은 맞배지붕을 하였다. 서로

심검당, 고방 백골집, 담장이 그려내는 풍경이 매우 아름답다.

다른 시기에 지어졌기 때문에 모양을 달리 한 것으로 보인다. 심검당의 규모는 크지만 낮게 지어져 편안하다. 지혜의 칼을 찾아 번뇌망상을 베어낸다는 심검당(尋劍堂)은 승려들이 참선하고 수행하는 곳이다. 그렇기 때문에 건물에도 禪(선)의 미학이 고스란히 표현되었다. 이곳에 있는 많은 방은 승려들의 참선으로 침묵만이 가득했을 것이다.

하이라이트는 고방(庫房)이다. 고방은 창고인데 2층으로 되어있다. 아래층은 흙바닥 구조를 하였고 흙벽+판벽으로 마감하였다. 내부로 들어가는 문은 판문을 세 곳 두었다. 위층은 마루로 되어있으며 2층으로 올라가는 층계는 통나무를 깎아 만들었다. 층계 모양으로 깎은 통나무 두 개를 걸쳐놓았는데 무심한 경지가 절정을 이룬다. 층계는 이동이 가능하며, 칸마다 나무를 길게 빼놓아 층계를 걸칠 수 있게 하였다. 위층의 벽은 판자로 마감하였다. 아래층은 둥근기둥, 위층은 네모난 기둥을 세워 변화를 주었다.

심검당 남쪽에는 요사채가 담장 안에 고요하게 있다. 담장과 굴뚝, 나무가 조화를 이루며 욕심부리지 않는 선승의 자태를 보여준다. 고방 북쪽에는 영각이 있는데 담장을 둘러서 별도의 공간으로 만들었다.

관음전 마루에 앉아 영각, 고방, 심검당, 요사가 만들어 내는 지붕의 선율을 감상해야 한다. 그리고 그 뒤로 보이는 대광보전, 대웅보전이 펼쳐내는 화엄도 느껴야 한다. 그리고 눈을 더 멀리 두어 산자락이 감싸는 것도 보아야 한다. 이곳에 앉아 있으면 마곡사가 매우 괜찮은 절이라는 생각이 든다.

8 싸리나무 기둥으로 유명한 대웅보전

대웅전은 석가모니를 모시는 법당이다. 절에는 가장 큰 법당, 즉 중심법당이 있다. 우리나라 절에는 대웅전이 중심법당(주불전)인 경우가 제일 많다. 그러다 보니 불자가 아닌 사람들은 모든 절에 대웅전이 있는 줄 안다. 또 대웅전이 가장 큰 법당인 줄 안다.

마곡사는 대광보전이 주불전이다. 대웅보전은 대광보전 뒤에 있다. 다만 대웅보전은 대광보전 뒤 바투 선 언덕 위에 2층으로 지어서 대광보전 마당에서도 시야에 들어온다. 우리나라에는 여러 층으로 지은

대웅보전 중층건물이며 대광보전 뒤에 있다.

법당이 많지 않다. 〈부여 무량사 극락전〉〈보은 법주사 대웅전〉〈구례 화엄사 각황전〉〈김제 금산사 미륵전〉이 전부다. 마곡사 대웅보전은 희귀성으로 인해 보물로 지정되었지만, 건축적으로 주목할 만큼 잘 지은 법당은 아니다. 마곡사 대웅보전은 1651년 각순스님이 중건한 기록이 있으나 현재 건물은 체규스님이 중창했던 19세기 전반기에 다시 지어진 것으로 보인다. 大雄寶殿(대웅보전)이라는 현판은 김생의 글씨라고 하나 알 수 없다.

내부 수미단 위에는 주불로 석가모니불, 동쪽에 약사불, 서쪽에 아미타불이 있다. 삼존불을 모셨기에 대웅전이 아니라 대웅보전이라 하였다. 협시보살은 없다.

대웅보전 내부 기둥 중에는 싸리나무 기둥이 4개 있다고 한다. 이 기둥을 안고 한바퀴 돌면 6년을 아프지 않고 장수한다고 한다. 또 기둥은 안고 기도하면 아들 낳는다고 하며, 죽어서 염라대왕 앞에 가면 '마곡사 싸리나무 기둥을 몇 번 돌았느냐?'고 묻는다고 한다. '아들을 낳고 안 낳고를 떠나서 싸리나무가 맞냐?'라는 궁금증이 더 생긴다. 어떤 절은 싸리나무보다 한발 더 나아가 칡기둥이 있다고도 한다. 결론부터 말하면 터무니없는 이야기다. 싸리나무가 한 아름 될 정도로 굵어지지 않는다. 칡은 더더욱 말이 안된다. 그렇다면 싸리나무 기둥이라는 이야기는 어디에서 나왔을까?

승려가 입적하면 화장을 한다. 화장 후 사리가 있으면 따로 모아 사리탑을 세운다. 사리탑이 만들어지기까지는 시간이 필요하다. 이때 사리를 임시로 모실 상자를 만들었다. 느티나무로 만든 보관함이었다. 그래서 느티나무를 '사리나무'라고도 불렀다. 이것이 점차 경음화되면서 싸리나무로 변한 것이다.

아주 먼 옛날 건물 기둥으로 쓰이던 목재는 대부분 느티나무였다. 부석사 무량수전의 기둥, 해인사 장경판전 기둥 등에서 그 예가 확인된다. 느티나무 기둥은 소나무보다 3배나 오래간다고 한다. 최고의 목재였던 셈이다. 그러나 목재로 쓸만한 느티나무가 사라지면서 소나무가 그 자리를 대신하게 되었다. 그래서 우리는 소나무가 가장 좋은 목재인 줄 안다. 마곡사 대웅전 기둥은 싸리나무 아니라 느티나무다.

내부 기둥이 유난히 반질거리는 것은 그만큼 많은 기도의 흔적인 것이다. 대웅보전이라는 공간 안에서 불교와는 상관없는 토속신앙의 한 단면을 만날 수 있는 것이다. 마곡사 승려 중에서 누구도 싸리나무 기둥을 안고 기도하면 그리될 것이라고 설법으로 알려준 이는 없을

대웅보전 내부 싸리나무 기둥으로 유명하다. 석가모니, 아미타불, 약사불 삼존불이 모셔져 있다.

것이다. 언제부터 시작된 것인지 알 수 없으나 이곳에 와서 기도했던 누군가의 체험적 기적이 점점 증폭되어 사실화된 것으로 보인다.

9 마곡사와 백범 김구

백범 김구는 젊어서 유학을 배웠고, 한때는 동학에 뛰어들어 활약하기도 했다. 1895년 명성왕후가 일인들에 의해 시해되자 원수를 갚는다고 일본군 중좌를 때려죽였다. 그 후 그는 체포되어 일제에 의해 수감되었다. 나라를 잃어버린 때도 아닌데 일본법으로 처벌받은 것이다. 1898년 인천교도소 복역 중에 탈옥하여 마곡사에 은신하였다. 선생은 은신하던 중에 출가하였는데 법명을 원종(圓宗)이라 하였다.

사제 호덕삼이 머리털을 깎는 칼을 가지고 왔다. 냇가에 나가 삭발 진언을 쏭알쏭알 하더니 내 상투가 모래위로 툭 떨어졌다. 이미 결심은 하였지만 머리털과 같이 눈물이 뚝 떨어졌다.[51]

마곡사 옆 개울로 나가면 백범이 삭발했던 바위가 있다. 이 개울을 따라 산책로가 만들어져 있어서 백범의 마음을 생각하며 명상할 수

51 백범일지

백범당 백범 김구 선생이 숨어 살았던 곳이 마곡사였다. 그는 이곳에서 승려가 되기 위해 머리를 깎았다.

있도록 했다. 백범은 마곡사에서 반년 남짓 지냈는데 주로 백련암에서 은거하였다고 한다.

대광보전 앞에 '백범당'이라는 작은 건물이 있다. 마루에는 백범의 사진이 여러 점 걸려 있다. 이로 인해 마곡사가 백범의 흔적이 묵직한 곳임을 알게 된다. 해방된 조국으로 돌아온 선생은 1946년 마곡사를 찾았다. 가장 암울했던 시절 자신을 지켜주었던 마곡사를 찾는 것은 당연했던 걸음이었다. 그는 이를 기념해 기념 식수도 하였다. 백범당 옆에는 선생이 심은 나무가 자라고 있다.

10 영산전인가? 천불전인가?

남원 영역의 중심은 영산전(靈山殿)이다. 영산은 영축산(靈鷲山)을 줄인 말로 석가모니가 설법했던 영산불국(靈山佛國)을 상징하는 법당이다. 석가모니는 영축산에서 『법화경』을 설법했으며, 이 장면을 재현한 곳이 영산전이다. 불자들은 이곳에 참배함으로써 사바세계(娑婆世界)의 불국토인 영산회상에 참여하는 것이 된다.

그러나 마곡사 영산전은 영산회상과는 상관없는 공간으로 꾸며져 있다. 내부에는 칠불(七佛)을 중심으로 금빛 천불(千佛)이 모셔져 있다. 안에 모셔진 부처로 본다면 현판은 천불전(千佛殿)을 걸었어야 맞다. 무슨 연유로 현판과 내부 부처가 달라졌는지는 알 수 없다.

천불은 수작업으로 제작되었는지 크기와 모양이 제각각이다. 대부분은 돌을 깎아 만든 석상이며, 일부는 흙으로 빚은 소조상이다. 천불을 가만히 그리고 꼼꼼히 보고 있으면 불상 조각이라는 규범을 따르면서도 조각가의 개성이 묻어 있어 감상자의 발걸음을 한참 머물게 한다.

과거에 천불이 있었으며, 현재에도, 미래에도 천불이 있다고 한다. 이를 삼천불사상이라 한다. 우리나라에는 천불전이 많으나 간혹 삼천불전을 갖추기도 한다. 대부분 천불전(千佛殿)은 현재천불을 모신 곳이다.

영산전 천불 앞에는 따로 모셔진 칠불(七佛)이 있는데 과거 칠불이

영산전 단아한 맞배지붕으로 조선초기 건축 분위기를 간직하고 있다. 복원할 때 옛 건축을 재현한 것으로 보인다.

라 한다. 이름은 비바시불 · 시기불 · 비사부불 · 구류손불 · 고나함모니불 · 가섭불 · 석가모니불이다. 과거 칠불은 부처가 끊임없이 수기(授記)[52]를 받아 세상에 출현한다는 사상에서 나왔다. 이중에서 구류손불, 고나함모니불, 가섭불, 석가모니불은 현재 천불의 첫 순서 즉 1-2-3-4에 놓인다. 현재 천불은 이 네 부처가 차례로 나타난 후 나머지 996불(佛)은 한꺼번에 세상에 나온다고 한다.

현겁천불은 온 우주에 부처님이 두루 존재한다는 것을 시각화 한 것이다. 과거칠불이 초기불교에 있어서 시간적 개념의 다불(多佛)의 개념이라면, 천불은 대승불교에 있어서 공간적 개념의 다불 개념이다. 따라서 영산전은 시 · 공간적으로 끊임없이 부처님이 출현한다는

52 수기(授記)란 불법(佛法)을 닦는 사람에게 부처가 미래에 부처(부처의 경지)가 될 것이라고 미리 예언해 주는 것

개념을 표현한 것이다.[53]

영산전 내부 영산전이지만 천불을 모셨다. 천불전 역할을 한다. 수작업을 했는지 부처의 크기와 표정이 제각각이다.

영산전은 대웅보전과 함께 1651년에 각순대사에 의해 중건되었고, 1842년에 중수된 기록이 있다. 마곡사에서 가장 오래된 건물이다. 정면 5칸, 측면 3칸의 건물로 맞배지붕에 주심포 양식을 하였다. 지붕을 받쳐주는 공포는 전면과 후면을 달리 설치했다. 사람들이 보는 전면은 공포 끝부분을 구름처럼 둥글게 말아 올렸다. 장식성이 농후하다. 건물 뒷부분에 있는 공포는 장식적인 부분을 빼고 심플하게 얹었다. 서까래도 전후면을 다르게 걸었다. 전면은 겹처마를 하였고 후면은

53 한국의 산사 세계의 유산, 주수완, 조계종출판사

홑처마를 하였다. 전면은 불당으로의 격조를 갖추었지만 후면까지 그리 하기엔 건축비용이 만만찮게 들어가게 되니 간략화한 것으로 보인다.

비록 조선 중기에 중건된 건물이지만 건물 전체에서 풍기는 기품은 고려와 조선초기 멋이다. 수덕사 대웅전이나 개심사 대웅보전처럼 군더더기를 빼고 있을 것만 설치한 담백한 기품을 지니고 있다. 맞배지붕과 주심포, 기둥과 기둥 사이가 넉넉한데서 오는 멋이 아닐까 한다.

靈山殿(영산전) 현판은 세조의 어필이라 한다. 작은 글씨로 世祖大王御筆(세조대왕어필)이라 표시하였다. 세조가 매월당을 만나기 위해서 왔을 때 남겨 놓고 간 것이라 한다. 그러나 글씨를 보는 전문가들은 고개를 갸웃한다.

큰 목조 건물은 ㅅ자 지붕을 받치기 위해서 건물 내부에 2줄의 높은 기둥을 세우고 처마쪽으로 짧은 평주를 세운다. 내부에 세운 높은 기둥을 고주(高柱)라 한다. 영산전 측면에서 그 높이를 확인하면 쉽게 구분할 수 있다. 건물 내부로 들어가면 고주가 두 줄로 늘어서 있는 것을 볼 수 있다. 그런데 마곡사 영산전 내부에는 고주가 한 줄만 있다. 신도들이 앉아서 예불을 드리는 앞쪽에는 고주를 설치하지 않았다. 고주가 한 열 없기 때문에 긴 대들보가 시야에 확 들어온다. 이로 인해 눈이 어지럽지 않고 시원한 맛이 느껴지는데 일품이다.

선승들의 수행처 수선사와 매화당

남원 영역은 동향을 하고 있다. 중심 건물인 영산전와 홍성루는 동향(東向)을 하였다. 영산전 남쪽에는 수선사가 있고, 북쪽에는 매화당이 있다. 두 곳 모두 승려들의 수행공간이다. 법당이 아니기 때문에 단청을 생략한 백골집이다. 건물 네 채가 만든 마당은 정돈된 느낌이다. 그래서 남원 영역이 건축적으로는 가장 짜임새 있다고 한 것이다.

수선사(修禪社)는 참선 수행하는 곳이다. 수선(修禪)은 '흐트러짐이 없는 경지' 또는 '모든 경지를 자유자재로 넘나드는 경지'을 말한다. '선정(禪定)'이라고도 한다. 참선 수행하는 것은 결국 이 경지에 들어가기 위해서다. 수선사 건물은 선승들의 수행처다. 눈에 보이는 것보

수선사 고승들의 수행공간답게 선(禪)의 풍모가 가득한 집이다.

다는 그 너머에 있는 것을 추구하는 장소답게 자연을 닮았다. 규격화된 생각과 행동으로는 도저히 도달할 수 없는 곳이 선(禪)의 세계다. '1+1=2'라는 생각으로는 도달할 수 없는 곳이다. 어쩌면 선의 세계는 자연과 닮았다. 자연을 구성하고 있는 것들 하나하나는 같은 것이 없다. 그러나 그것이 함께 이루어 내는 결과물은 위대한 것이다. 그러므로 선승들은 자연과 혼연히 하나되기 위해 깊은 산중에 암자를 짓고 선정에 들거나 산책을 즐겼다. 수선사는 심하게 휜 기둥(도랑주), 다듬지 않은 주춧돌(덤벙주초), 단청을 하지 않아 맨얼굴 같은 담백함, 막돌로 쌓은 기단 등이 한국의 정서를 잔뜩 머금고 있다. 자연 속에 있으면서도 건물마저 자연을 닮게 지은 옛 건축가의 안목에 감탄을 할 수 밖에 없다. 이곳은 한국 근현대불교의 거목이었던 경허, 만공 스님들이 머물렀던 곳이라 한다. 두 분이 계셨던 곳이라면 고개가 끄덕여진다. 두 분 선승이 좋아했을 만한 곳이라는 생각이 들기 때문이다.

매화당도 수행처인 선원이다. ㄷ자형 건물로 수선사보다는 연식이 짧은 건물로 보이며 좋은 목재로 잘 지은 집이다. 동안거, 하안거 때에 문을 열고 용맹정진하는 곳으로 사용된다. 태화선원이라고도 한다. 마곡사가 태화산에 있기 때문에 태화선원이라 하였다.

11 저승세계 명부전

단풍나무가 마당을 둘러싸고 있는 명부전은 저승세계를 재현한 곳이다. 마곡사에서도 별도의 공간처럼 홀로 한적한 곳에 있다. 마당이 너무 넓어 휑한 느낌마저 있으나 늦가을 단풍이 들 때면 인파가 가장 많이 몰리는 장소다. 1937년에 건립된 이 불전은 산 아래 바짝 붙어 있으며 개울 건너 사바세계를 바라보는 듯하다.

명부전은 지장보살과 시왕이 있는 법당이다. 심판의 세계 즉 명부의 세계를 보여준다고 해서 명부전(冥府殿)이라 한다. 지장보살을 주불로 모신다고 해서 지장전(地藏殿), 열 명의 시왕이 있어서 시왕전(十王殿)이라고도 한다. 지장보살은 죽은 사람이 심판받을 때 변호사 역할을 한다. 후손들은 이곳에서 죽은 이의 명복을 빌면서 지장보살에게 정성을 다한다. 지장보살 좌우로는 시왕(十王)이 있는데 이들을 심판자라고 한다. 시왕신앙은 인도에서 온 불교가 아니다. 불교가 긴 세월 동안 여러 곳을 거쳐 오면서 흡수한 신앙형태라고 한다. 열 명의 왕(시왕: 十王) 중에는 우리에게 익숙한 염라대왕도 있다. 영화 '신과 함께'에서 심판의 과정이 실감나게 묘사되었다. 거기에서 심판관 노릇을 하던 왕들이 명부전의 시왕에 해당된다.

불교를 억압하던 조선시대에도 효(孝)를 다할 수 있는 공간이라 하여 많이 건축되었다. 그래서 명부전은 우리나라 사찰에서 반드시 볼 수 있는 법당이다. 초파일이 되면 이 법당 앞에 하얀 연등이 달린다.[54]

12 현판 이야기

大光寶殿(대광보전)

현판은 표암 강세황(豹菴 姜世晃, 1713-1791)의 글씨다. 표암 강세황은 시문서화(詩文書畵) 사절(四絕)로 꼽히던 예원의 총수였다. 그의 향저(鄕邸:시골집)가 이웃 고을인 아산에 있었다. 표암의 성향을 고려

대광보전 현판

54 강화도-준엄한 배움의 길, 임찬웅, 야스미디어

했을 때 마곡사를 놓칠 리 없다. 언제 그가 이곳에 왔는지 알 수 없지만, 그의 글씨가 이곳에 있다는 것만으로도 마곡사의 보물이다.

靈山殿(영산전)

현판은 세조가 1465년에서 1487년 사이에 마곡사에 들러 쓴 현판이라 한다. 이 내용은 '마곡사 사적입안'에 기록되어 있다. 현판에도 '세조어필'이라고 쓰여 있다. 그러나 '세조어필'이라는 글씨는 후대에 덧붙인 것이다. 세조는 매월당 김시습이 마곡사에 있다는 이야기를 듣고 마곡사에 거둥했다고 한다. 그러나 매월당이 세조를 만나줄 리 없다. 매월당을 만나봐야겠다는 의지가 있었겠지만, 세조 자신이 독실한 불자였기에 매월당을 핑계대고 마곡사에 거둥한 것이리라. 고려가 멸망한 지 오래되지 않은 시점이라 마곡사의 여러 모습은 휘황했으리라. 세조는 이곳에서 기도하며 지내다 영산전 현판을 써 준 것으로 보인다. 그러나 현판에 '世祖御筆 – 세조어필'이라는 표시가 있다고 해

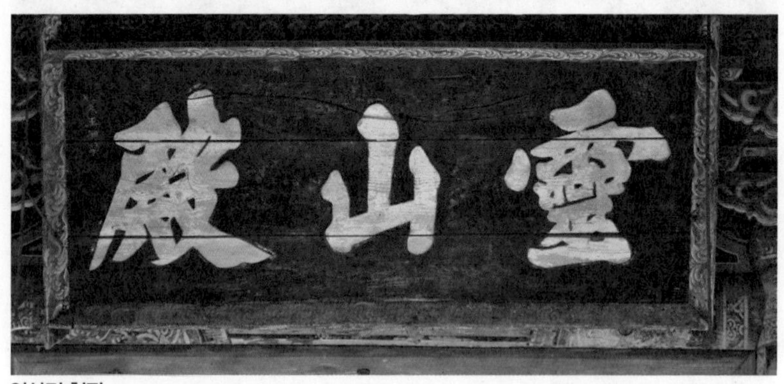

영산전 현판

서 세조의 친필로 보기는 어렵다는 이야기가 있다. 글씨는 속일 수 없다. 세조의 어필과 비교했을 때 고개를 갸웃거리게 하기 때문이다.

麻谷寺(마곡사)

마곡사 현판은 심검당에 걸려 있다. 근대의 서화가 해강 김규진(海剛 金圭鎭, 1868-1933)의 글씨다. 그가 쓴 현판은 나라 안 곳곳에 있어 어렵지 않게 구별해낼 수 있고, 현판 옆에 자신의 호와 낙관을 쓰기 때문에 쉽게 알아낼 수 있다. 그는 현판을 하나의 미술작품으로 남기기를 좋아했는데, 이는 청나라풍이라 한다. 액자 속에 액자를 담아 마곡사라 썼다. 액자 밖으로는 흰색을 바탕으로 칠하고, 대나무와 꽃을 새겼다. 김규진 자신이 청나라에 다녀온 적이 있었기 때문에 거기서 영향을 받았으리라. 이와 비슷한 현판은 강화 전등사, 완주 위봉사에도 있다.

마곡사 현판

尋劒堂(심검당)

현판은 송하 조윤형(松下 曺允亨, 1725-1799)의 글씨다. 그는 정조 연간에 청렴한 관리로 존경받았다. 그는 초서와 예서에 능했다고 한다. 현판 글씨는 매우 힘이 있으며, 빈틈을 허락하지 않을 듯한 기세다. '지혜의 칼을 찾아 번뇌망상을 베어낸다'는 뜻을 담았으니 글씨도 거기에 맞춰서 쓴 듯하다. 심검당은 참선 수행을 위한 선방(禪房)이다.

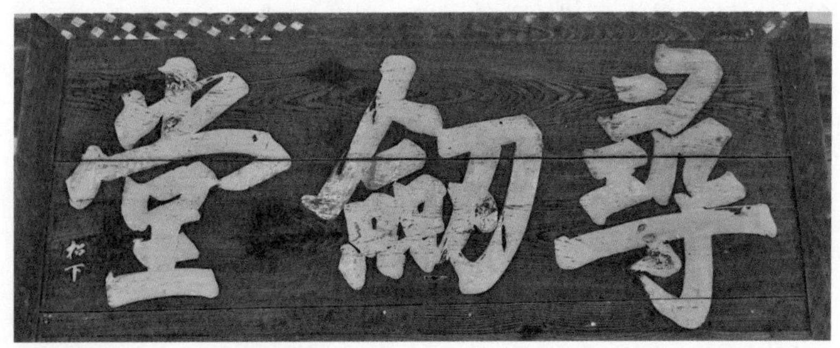

심검당 현판

TIP 마곡사의 사계

춘마곡이라 했다. 그러나 춘마곡이라 하여 꼭 봄에만 아름다운 것은 아니다. 그건 옛사람의 평가다. 지금은 어느 계절에 가더라도 아름답다. 춘마곡은 명불허전이다. 벚꽃이 흐드러지게 피었다가 흩날리고 나면 신록이 눈부시다. 여름엔 마곡천을 따라 시원한 계류의 흐름을 감상할 수 있고 9월엔 꽃무릇, 10월 말에는 단풍이 남원 영역을 붉게 물들인다. 이 모든 것을 제대로 감상하려면 주차장에서 걸어가야 한다.

영규대사의 의기가 서린 갑사

1 가을의 대명사 갑사

'춘(春)마곡 추(秋)갑사'라 했다. 그래서 가을 대명사가 된 절집이 계룡산 갑사다. 때론 우리 내면에 선점된 이미지로 인해 다른 가치를 몰라보는 경우가 있다. '추갑사'가 너무 유명해서 '춘갑사'를 모른다. 갑사의 봄은 황매화가 뿜어내는 노란색으로 기분 좋은 눈부심이 가득한 계절이다. 개나리와는 다른 노란빛인데 꽃모양이 매화를 닮았다.

절은 수정봉 서쪽에 있으며 절이 바라보는 방향도 서쪽이다. 수정봉을 주산(主山)으로 삼았기 때문에 좌향도 서향(西向)을 하였던 것이다. 어쩌면 남쪽은 산이 가로막고 있어서 서쪽으로 방향을 잡은 것일지도 모른다. 우리나라 건축은 남향을 기본으로 한다. 햇살을 받기 위함이

갑사 오리숲 봄에는 황매화가 노랗게 피어 갑사의 또다른 명물이 된다.

다. 그렇다고 해서 반드시 남향을 하지 않는다. 건물이 앉은 주변 지형에 맞춰서 방향을 정한다. 앞으로 펼쳐지는 풍광에 따라 좌향이 결정된다고 할 수 있다. 갑사는 서북쪽으로 계곡이 흐른다. 그 방향으로 시야가 넓게 터져서 멀리까지 조망이 가능하다. 갑사가 서향을 한 중요한 이유가 된다.

갑사는 크게 세 영역으로 구성되었다. 대웅전을 중심으로 삼성각, 갑사강당, 적묵당, 진해당, 관음전, 장판각이 절의 핵심부다. 북쪽에는 표충원, 팔상전이 독립구역을 이루고 있다. 갑사 계곡 일원과 계곡 건너에는 약사불, 공우탑, 선명상학교, 대적전, 철당간이 또 하나의 구역을 이루고 있다. 각 구역별로 꼼꼼하게 답사하면 놓치는 것 없이 모두 둘러볼 수 있게 된다.

2 창건 이야기

갑사(甲寺)는 그 이름이 독특하다. 대개 절의 이름은 세 글자인 경우가 많은데 갑사(甲寺)는 두 글자다. 짧으면서 확실한 이름이다. 군더더기가 없는 갑(甲)의 절이다. 갑사 외에 여러 이름으로 불리기도 했다. 창건 유래는 갑사 홈페이지를 통해 살펴보자.

갑사는 대한불교조계종 제6교구 본사인 마곡사의 말사입니다. 예로부터 이곳은 계룡갑사(鷄龍甲寺) · 갑사(岬寺) · 갑사사(甲士寺) · 계룡사(鷄龍寺)라고도 하였습니다.

갑사는 420년에 계룡산 천진보탑을 보고 아도가 창건하였다는 설과 556년(진흥왕 17)에 혜명이 창건하였다는 설, 아도가 창건하고 혜명이 중창했다는 설이 있습니다.

우리나라 절의 창건 이야기는 사실이 아닌 경우가 많다. 후대에 사적을 정리하면서 이것저것 가져다가 만들다 보니 앞뒤가 맞지 않는 경우가 많다. 웬만한 절은 아도, 자장, 원효, 의상, 도선을 창건주로 한다. 그러나 몇몇 사찰 외에는 사실이 아닌 것이 많다.

갑사는 420년에 아도가 계룡산 천진보탑을 보고 창건했다고 하는데, 그는 계룡산에 온 적이 없다. 천진보탑은 계룡산 암석 중 하나를 말한다. 420년이면 신라 눌지마립간 4년이 되던 해다. 아도가 불교를 전하기 위해 신라로 간 것은 소지마립간 때다. 그는 신라 땅 선산에 숨어서 불교를 전하였다. 420년에 갑사를 창건했다면 신라로 가기 전에 계룡산에 머물렀다는 이야기가 되는데, 그의 행보에서 계룡산은 없다. 거기다가 계룡산까지 와서 절을 창건할 여유가 없었다.

진흥왕 때에 혜명이 창건하였다는 것은 어디서 유래했는지 모르겠다. 진흥왕 때 계룡산 일대는 백제 땅이었는데 혜명이라는 승려가 어떻게 이곳에 절을 지을 수 있었는지 모르겠다. 이왕에 적을 것이면 신라왕을 앞세울 것이 아니라 백제왕을 앞에 붙였더라면 더 신빙성이 있었을 것이다. 신라왕을 앞세우면서 백제 땅에다 절을 지었다고 하니 신빙성이 덜한 것이다. 혜명이라는 분은 혹시 논산에 있는 관촉사 은진 미륵과 쌍계사를 창건한 고려 초 승려 혜명을 말하는 것인지 모르겠다. 만약 그렇다면 어느 정도 설득력을 갖는다. 그렇다하더라도 창건이 아니라 중창불사했다고 해야 맞다. 왜냐하면 통일신라시대에 이미 갑사가 있었기 때문이다.

기록에 의하면 679년(문무왕 9) 의상대사(義湘)가 갑사를 중수하여 '화엄대학지소 (華嚴大學之所)'로 삼았으며, 이때부터 신라 화엄십찰(華嚴十刹)의 하나가 되었습니다. 이후 고려를 거쳐 조선 초기 숭유억불 정책 와중에도 선종 18개 사찰로 이름을 올리면서 사세가 확장되기도 하였습니다.

의상대사는 부석사에서 화엄학을 가르쳤다. 많은 제자가 그로 인해 화엄학에 입문하였다. '하나가 모두이고, 모두가 하나'라는 화엄의 가르침은 통일신라의 이념으로 자리 잡게 되었다. 이 새로운 불교 사상을 널리 전하기 위해 전국에 사찰을 건립하거나 기존의 사찰을 지정하여 '화엄십찰'이라 하였다. 화엄십찰은 의상대사 당대에 생겨난 것이 아니다. 의상대사 당대에는 부석사를 중심으로 화엄학이 막 시작되던 단계였다. 그로부터 손(孫)제자 대에 이르러서야 신라 전체의 사상으로 확고하게 자리 잡게 된다. 화엄십찰은 그 시기에 생겨났다. 갑사는 화엄십찰 중 하나였다고 한다. 그러니 의상대사는 갑사를 중수하지 않았다. 화엄십찰로 창건되었든지, 아니면 기존에 있던 절을 화엄십찰 중 하나로 지정하였든지 7~8세기에 사세를 크게 키웠을 것으로 보인다.

정리하자면 갑사가 창건된 시기는 모른다. 통일신라 때에 화엄십찰이 되면서 절이 커졌을 것으로 보인다. 어쩌면 화엄십찰로 창건되었을 수도 있다. 그리고 후삼국 시대를 겪으면서 위축되었던 사세가 고려 초 혜명이 관여하면서 중건되었을 것으로 보인다.

3 누각처럼 지어진 강당

갑사 강당은 앞에서 보면 누각이지만, 마당에서 돌아보면 단층 건물인 독특한 구조를 하였다. 일반적으로 누각은 아래층에는 기둥만 있고 윗층은 마루로 되어있다. 그런데 갑사 강당은 형식은 누각이지만 누각과는 다른 모습을 하였다. 건물을 축대 밖으로 살짝 내밀고 내밀어진 곳에 기둥을 한 줄 세워 누각처럼 보이게 했다. 그래서 아래층에는 기둥이 한 줄만 있다.

2층에는 대개 나무로 짠 판문을 달거나 문을 달지 않고 개방하는 구조를 한다. 갑사 강당은 가운데 칸에는 창호지를 바른 문짝을 네 개 걸었다. 좌우 칸에는 나무로 짠 판문을 달았다. 법당과 누각의 절충형이다. 판문에는 청룡과 황룡을 그렸다. 뒤로 돌아가 마당에서 보면 세

갑사 강당 누각처럼 지어졌으나 기둥 한 열만 밖으로 내어 지었다.

칸 모두 창호지 바른 격자문 네 짝을 걸었다. 누각이라면 측면도 개방형 구조를 갖는데, 갑사 강당 측면은 벽으로만 된 법당 구조를 하였다.

규모있는 절집에는 누각이 있다. 누각은 대개 법당과 마주 보게 되어있다. 그래서 법당 앞마당으로 들어서려면 누각을 지나야 한다. 진입방식은 누각 아래에 층계를 두어 누하(樓下) 진입을 하거나, 누각 좌우에 층계를 두어서 마당으로 진입하게 한다. 갑사 강당은 구조상 누각 좌우 진입을 하게 하였다.

사찰 누각에는 '보제루'라는 이름을 붙이지만, 사찰마다 다른 이름을 붙이기도 한다. 갑사의 누각에는 '계룡갑사(鷄龍甲寺)'라는 절 이름을 붙였다. 하얀 바탕에 파란색 글씨로 된 현판은 충청 병마절도사 홍재희가 쓴 것이다. 작은 글씨로 '丁亥 菊秋 節度使 洪在羲書(정해 국추 절도사 홍재희서)'라는 기록을 남겼다. 즉 정해년(1887) 국화꽃 피는 가을에 홍재희가 썼다는 뜻이다.

고종 24년(1887) 정해(丁亥)에 충청 감사로 와 있던 홍재희가 쓴 모양이다. 그 시대 글씨답게 예기(隸氣)있는 글씨로 추사 서파에 속하는 글씨임을 과시한다. 그러나 과도한 전율(戰慄)과 변화없는 간가결구(間加結構)는 아직 추사체의 요체를 터득하기에는 요원한 경지에 있음을 드러내 보인다.[55]

홍재희는 홍계훈이다. 홍계훈은 임오군란, 을미사변 때 명성왕후

갑사 강당 현판은 홍계훈이 썼다. 흔들림이 심하다

55 명찰순례, 최완수, 대원사

옆에 있었던 무관이었다. 1882년 임오군란 때에는 명성왕후를 업고 궁궐을 탈출했고, 을미사변 때에는 명성왕후를 지키다 일본군의 총에 맞아 죽었다. 그는 한말에 보기 드문 무관이었다.

마당으로 들어서서 누각을 돌아보면 단아한 맞배지붕 건물이다. 맞배지붕에 다포집이지만 절제된 단아함이 돋보인다. 마당에서 보면 누각으로 보이지 않고 법당으로 보인다. 칸마다 네 짝의 문을 달았다. 이 강당은 원래 누각이 아니었다. 마당을 확장하기 위해 축대를 밖으로 더 내밀어 쌓고 건물도 축대 끝으로 옮겨 짓다 보니 누각형식을 갖추게 된 것이다. 마당을 최대한 확보하기 위한 방편이었다. 그러다 보니 건물의 한 면이 축대 밖으로 나가게 되었다. 돌출된 한 면은 누하 기둥을 세워서 받치게 하였다. 그래서 밖에서 보면 누각처럼 보이는 것이다.

사찰 누각은 강당 역할을 한다. 불자들은 이곳에 모여 법회를 연다. 그래서 보제루(普濟樓)라는 이름을 붙인다. 인천(人天)의 바다에 투망을 던져 중생을 구해낸다는 뜻이다.

갑사 강당에는 윤장대(輪藏臺)가 있다. 윤장대는 빙글빙글 돌아간다. 윤(輪)은 돌아간다는 뜻이며, 장(藏)은 경전을 넣었다는 뜻이다. 경전이 들어 있는 윤장대를 돌리면 경전을 읽은 것과 같은 공덕이 있다는 것이다. 윤장대를 돌릴 때에는 반드시 시계방향으로 해야 한다. 불교에서 탑돌이를 하거나 부처를 돌면서 기도할 때는 반드시 시계방향으로 돌아가야 한다. 인도에서는 왼쪽은 불결하게 생각한다. 왼쪽 어깨가 부처쪽으로 향하면 안된다.

4 석가모니의 궁전 대웅전

갑사는 대웅전이 중심법당이다. 대웅전은 석가모니불을 모신 법당을 말한다. 갑사 대웅전은 1875년에 지어진 건물로 정면 5칸, 측면 4칸으로 모두 20칸의 건물이다. 기단은 크기가 제각각인 네모난 화강암으로 정성껏 쌓았다. 맞배지붕을 하였으며 화려한 공포를 한 다포식 건물[56]이다. 대개 맞배지붕에는 주심포식을 사용하나 이곳은 다포식을 적용했다. 맞배지붕 측면에는 풍판을 달아서 비바람이 들이치는 것을 막았다. 풍판 안 천장을 쳐다보면 거칠게 생긴 서까래와 그 위에 쓰다 남은 나무를 모조리 얹어 막아놓은 모습이 그대로 노출되어 있다. 진흙을 덮어야 하나 측면이라 그리할 필요가 없었던 것으로 보인다.

대웅전 뒤로 돌아가면 기둥 모양이 다양하다. 구불구불한 나무를 그대로 사용한 도랑주가 제법 많다. 가운데 칸과 제일 오른쪽 칸에는 나무로 된 판문을 달았다. 무슨 이유로 이렇게 달았는지는 모른다.

大雄殿(대웅전) 현판 글씨는 강희 8년 기유년에 썼다고 되어 있는데, 이때는 조선 현종 8년(1669)이다. 누가 썼는지는 기록되어 있지 않다. 당시 호조판서를 지낸 구사(龜沙) 오정일(1610-1670)의 글씨로 짐작될 뿐이다. 그는 한석봉체를 잘 썼다고 한다.

---

56 다포식은 공포를 기둥 위에만 설치한 것이 아니라, 기둥과 기둥 사이에도 설치한 건물을 말한다. 반면 주심포는 기둥 위에만 설치한다. 다포는 화려한 것이 특징이며, 주심포는 화려함이 줄고 단아함이 돋보이는 건물이다.

대웅전

내부를 들여보면 불단 위에 부처가 세 분, 보살이 네 분 모셔져 있다. 가운데 주존불은 석가모니불, 동쪽은 약사불, 서쪽은 아미타불이다. 흙으로 빚은 소조불이다. 네모난 얼굴에 약간의 미소가 보인다. 옷자락은 두툼하게 표현되어 갑옷을 입은 것같이 어색하다.

성상은 모두 소조인데 바로 임진왜란 직후의 삼엄한 분위기를 드러내는 무장다운 모습을 하고 있어 선조 37년(1804) 조성일 듯하다. 갑사가 의승대장으로 금산 전투에서 의병대장 중봉 조헌과 함께 장렬한 최후를 마친 기허당 영규 대사의 본사로 이곳에서 승병을 최초로 일으켰다는 사실을 상기한다면 이러한 무장풍의 성상이 모셔진 이유는 금방 이해가 될 것이다.[57]

법당 안에 부처를 세 분 모셨으니 대웅보전(大雄寶殿)이라 해야 하나 그냥 대웅전이라 했다.

57 명찰순례, 최완수, 대원사

5 토속신앙의 흔적 삼성각

갑사 대웅전 옆에 삼성각(三聖閣)이 있다. 정면 3칸, 측면 2칸으로 지붕은 맞배지붕을 한 단아한 건물이다. 사찰 건물 이름에 전(殿)이 아니라 각(閣)이 붙은 곳은 전통 불교가 아닌 토속신앙을 받아들인 곳이다. 산신각(山神閣), 칠성각(七星閣), 독성각(獨聖閣)이 있으며, 산신과 칠성과 독성을 한 건물에 모실 경우 삼성각이라 한다.

삼성각 현판은 컴퓨터로 찍은 듯, 글씨체에서 붓의 흐름을 느낄 수 없다. 독특하다. 석천(石泉)이라는 도장이 새겨져 있으니, 석천이라

삼성각

는 분이 썼다는 것을 알 수 있다. 혹 해인사에서 수도하면서 글과 그림으로 수행했던 석천 스님(1942-)이 아닌가 한다.

삼성각을 들여다보면 산신탱화, 칠성탱화, 독성탱화가 있다. 호랑이가 있는 그림은 산신탱화다. 산신은 앉아 있는데 손에 인삼인지 산삼인지를 들고 있다. 지팡이 끝에는 호리병을 매달았다. 산신 옆에는 두 명의 시자가 천도복숭아와 음료를 올리고 있다. 독성탱화는 스승의 가르침을 받지 않고 혼자(독) 깨우쳤다는 독성존자 즉 나반존자를 그린다. 신선처럼 생긴 독성, 선약을 다리고 있는 시자(侍者), 영지버섯을 잔뜩 따서 품에 안고 있는 시녀(侍女)의 모습으로 봐서 도교적인 요소가 많다. 독성은 조선후기부터 유행했다. 유행했을 때는 이유가 있는데, '중생에게 복을 주고 재앙을 없애주며, 소원을 들어준다'고 믿었기 때문이다. 기복적인 이유에서 유행한 것이다.

삼성각에서 칠성탱화는 항상 가운데 있다. 칠성신은 인간의 수명과 길흉화복을 주관한다고 한다. 또 가물 때 비를 내리게 하는 신통이 있다고 한다. 그런데 칠성탱화에서 칠성신은 언제나 옆으로 밀려나고, 북두칠성을 주재하는 북극성의 상징인 치성광여래(부처)를 가운데 두었다. 치성광여래 좌우에는 일광보살, 월광보살이 있다. 또 머리 뒤에 광배(아우라)가 있는 부처가 있는데 좌측에 넷, 우측에 셋이 있다. 그 앞으로 왕처럼 생긴 이들이 좌측에 셋, 우측에 넷이 있다. 이들이 칠성신이다. 토속신앙이지만 부처를 우선하는 불교적 면모를 볼 수 있는 것이다.

6 제일 바쁜 관음전

관음전(觀音殿)은 삼성각 오른쪽에 있다. 갑사 건물 중에서 법당은 대부분 맞배지붕이다. 대웅전의 격조와 맞추기 위한 방법으로 보인다. 관음전은 5칸의 긴 건물로 최근에 신축했다.

관음전은 현생의 문제를 해결해주는 관세음보살을 모신 전각이다. 우리나라 사찰에 가면 반드시 있는 법당 중 하나다. 불단 위에는 연꽃을 들고 있는 관음보살이 있다. 관음보살은 아미타불을 보좌한다고 하여 보관(모자)에는 아미타불이 새겨져 있다. 갑사 관음전에서 특이한 점은 뒷벽에 많은 관음보살이 있다는 것이다. 관음보살은 중생의 다양한 소원처럼 다양한 모습으로 나타난다고 한다. 그러므로 관음보살은 천수천안관음보살, 11면 관음보살, 32응신 관음보살 등 다양하게 불린다. 대중의 다양한 소원을 해결하기 위해 다양한 모습으로 나타나기 때문이다.

7 월인석보를 보관한 장판각

갑사에는 월인석보를 새긴 목판이 있다. 월인석보를 보관하고 있는 곳을 장판각(藏板閣)이라 한다. 갑사에 보관된 판목은 선조 2년(1569)에 충청도 한산(지금의 서천)에 사는 백개만(白介萬)이라는 사람이 시주하여 새겼다고 한다. 완성된 목판은 충남 논산 쌍계사에 보관하였다가 70여 년 전 갑사로 옮겨와 보관 중이다. 70여 년 전만 해도 쌍계사의 사세가 지금과 같지 않았기 때문에 보관에 어려움이 있었던 것이다.

장판각 월인석보 판본을 보관하고 있다. 용마루에 오리를 얹어 놓았는데 화재를 방지하기 위한 목적으로 보인다.

세종 때 한글로 편찬된『월인천강지곡』과『석보상절』을 합하여 세조 5년(1459)에 편찬한 책이『월인석보 月印釋譜』다. 이『월인석보』를 선조 2년에 목판에 새겼던 것이다. 원래의 것을 본으로 해서 새겼기 때문에 조선 초 한글을 연구하는데 귀중한 자료가 되었다. 본래는 57매 233장으로 모두 24권이었으나 현재는 21권 46매만 남아 있다. 판목은 계수나무다.

장판각은 월인석보를 보관하기 위해 최근에 지은 건물이다. 이 건물 용마루에는 돌로 만든 새가 앉아 있다. 무슨 이유로 새를 앉혀 놨는지 알 수 없지만, 화재를 방지하기 위한 것이 아닐까 한다. 물새 종류를 앉혀 놓으면 화마가 물러간다는 믿음이 있기 때문이다. 화재방지용 솟대에는 물새 종류를 올려놓는다.

8 승병장 영규대사의 표충원

표충원(表忠院)은 임진왜란 때 승병장 기허당 영규대사(?-1592)를 추모하는 곳이다. 영규대사는 공주 출신이며, 계룡산 갑사에서 출가하였다. 출가 후 서산대사에게서 가르침을 받고 법을 깨우쳤다.

그는 공주 청련암에서 수행하던 중 임진왜란이 일어나자 스스로 승장이 되어 승병을 일으켰다. 그가 의승군을 일으키고자 하는 뜻을 보였으나 응하는 이들이 없자 3일 밤낮을 갑사 마당에서 통곡했다. 이에 승려들이 마음을 움직여 대사의 뜻에 동참했다. 갑사를 중심으로 수백 명의 승병을 모아 청주성을 치는 관군에 합류하였다. 왜군이 점령하고 있는 청주성 공격에서 관군은 패하여 달아났으나 승군이 분전하여 되찾을 수 있었다. 그 후 왜군이 전라도로 침공하려 하자, 금산에서 조헌 의병장과 함께 적을 막다가 전사하였다. 승병과 의병 700명 모두가 전사하였다.

영규대사가 일으킨 승병은 임진왜란 최초의 경우였으며 그의 희생은 전국에서 승병들이 일어나는 계기가 되었다. 영규대사의 승병이 일어난 후 서산대사의 지휘로 전국에서 승병들이 궐기했다. 승려로서 불살생의 계율을 어기는 것이 되지만 나라와 백성의 생명을 지키고자 일어섰다. 임진왜란 후 나라에서 승병들의 희생을 기려 사찰 내에 사당을 짓도록 했다. 갑사의 표충원과 더불어 서산대사를 기리는 해남 대흥사의 표충사(表忠祠), 사명당 유정 스님을 기리는 밀양의 표충사가 있다. 표충(表忠)은 나라에 바친 충(忠)을 드러내(表) 기린다는 뜻이다. 현충(顯忠)과 같은 의미가 되겠다.

갑사 표충원에는 영규대사의 진영이 있다. 매우 우락부락하게 생겼다. 왜적의 간담을 서늘케 했던 스님의 기운이 그대로 느껴진다. 이러한 기운이 느껴지는 것은 영규대사의 생김뿐만 아니라 진영을 그리는데 서양화법인 음영법이 적용되었기 때문이다. 음영법은 정조 시대에 처음 사용되었다. 따라서 영규대사의 진영은 그 후대의 작품이 되겠다. 진영 아래에 도광 25년(헌종 11년, 1845)이라는 기록이 있어서

표충원비 임진왜란 승병장 영규대사를 기리기 위해 표충원 앞에 비를 세웠다.

음영법이 사용되던 시대의 흔적임을 확인할 수 있다. 기록에 의하면 영조 14년(1738)에 충청도 관찰사가 퇴락한 표충원을 북쪽 산 아래로 옮겨 지었다고 한다. 표충원이 퇴락했었다면 진영 또한 제대로 관리되지 않았다는 것이 된다. 따라서 새로 건축된 표충원에 모실 진영이 필요했고, 기존에 있던 진영를 본(本)으로 해서 음영법을 적용하여 새로 그린 진영이 지금의 진영이겠다.

영규대사의 진영 옆에는 서산대사와 사명당의 진영이 함께 있다. 표충원 마당에는 영규대사의 행적을 기록한 비석이 서 있다. 위당 정인보 선생이 비문을 지었는데, 비석을 세운 때는 1973년이었다.

9 병을 치유하는 약사여래

장판각에서 동쪽 계곡으로 내려가다 보면 약사여래가 있다. 계곡 옆 석벽에 작은 동굴이 있고 그 안에 약사여래불이 있다. 부처는 서 있는 모습이며 키는 1.4m이다. 오른손은 선서하듯 손바닥을 펴서 들고 있고 (시무외인), 왼손은 중생의 병을 치유한다는 약합을 들고 있다. 옷 주름은 U자 형태로 내려오는데 자연스럽지 않고 형식적이다. 얼굴은 갸름하고 코가 큰 미남자 스타일이다. 목주름인 삼도는 약식으로 표현했다. 오른손과 약합이 유난히 까매졌는데 병 낫기를 바라는 사람들이

약사여래 중사자암에 있던 것을 친일파 윤덕영이 자신의 별장 옆으로 옮겨왔다.

만졌기 때문이다. 기도의 간절함이 손때만큼 짙게 묻어 있다.

이 불상은 원래 중사자암에 있었던 것인데 일제강점기 친일파 윤덕영이 갑사 계곡에 별장을 지으면서 옮겨온 것이다. 불상의 형태로 보아 고려 중기 불상으로 보인다.

10 소의 공을 기리는 공우탑

약사불에서 아래로 조금 내려오면 길가에 탑이 하나 있다. 삼층석탑으로 단아한 기품이 있다. 탑 몸돌에 功牛塔(공우탑)이라 새겨져 있어 탑 이름이 공우탑인 것을 알 수 있다. 글자 그대로 소(牛)의 공을 기려 세운 탑이다. 백제 비류왕 때 부속 암자를 지으면서 소를 짐꾼으로 부렸다. 소는 무거운 짐을 지고 험한 산길을 오르내렸다. 소의 공(功)으로 암자 짓기가 잘 마무리되었다. 그 후 소가 죽자 절에서는 소를 위로하는 탑을 세웠다. 그러나 백제 비류왕 때는 석탑을 세우지 않았다. 우리나라에서 석탑이 최초로 나타난 때는 백제 무왕 때다. 그리고 이 탑은 백제식+신라식이 조합된 탑이다. 지붕돌 넓이에 비해서 몸돌이 좁은 것은 백제식이며, 지붕의 기울기와 지붕 아래 층층이 층급받침을 한 것은 신라식이다. 기단부는 땅에 묻혀 있어서 정확한 모습을 알기 어렵다. 상륜부는 후대에 다시 올려놓은 것 같은데 우리나라

탑에서는 보기 어려운 구조다. 이 탑은 후삼국시대 또는 고려시대탑으로 보인다.

공우탑 윤덕영이 옮겨와 별장 옆에 두었다.

이 탑도 약사불, 승탑과 함께 친일 매국노 윤덕영이 옮겨왔다. 3층 탑신에 '功', 2층 탑신에 '牛塔'이라 새겼다. 윤덕영이 새긴 것이다. 윤씨(尹氏)가 꼬리 달린 소(丑)라 하여 자신의 공덕을 새긴 것이라 한다. 게다가 1층 탑신에는 '臥塔起立(와탑기립) 人道偶合(인도우합) 三兮乙乙(삼혜을을) 궐공거갑(厥功居甲)'이라 새겼다. '쓰러진 탑을 일으켜 세우니, 사람의 도리에 부합하네, 세 번을 수고 했으니, 그 공이 으뜸'이라는 뜻이다. 이 글은 윤덕영이 암자에 쓰러져 있던 탑을 일으켜 세우고, 자신의 별장 간성장 곁에 세워둔 것을 자찬하는 글이다.

11 매국노 윤덕영의 흔적 간성장

계곡으로 내려가면 '禪 명상학교'라는 편액이 걸린 건물 하나가 나온다. 계곡 옆에 있어서 바위를 타고 흐르는 물소리를 사철 들을 수 있고, 또 숲이 우거져 여름철 별장으로 사용하기에 안성맞춤이다. 절집 건물치고는 호사스러운데 역시 매국노 윤덕영의 별장인 간성장(艮成莊)이었다. 공주 갑부 홍원표가 당시 4만원을 갑사에 지불하고 계곡 일대를 30년간 임대받아 별장으로 가꾸고 윤덕영에게 주었다고 한다. 갑사 입구로부터 용유소(龍遊巢), 이일천(二一川), 백룡강(白龍岡), 달문택(達門澤), 군자대(君子臺), 명월담(明月潭), 계명암(鷄鳴岩), 융문

폭(龍門瀑), 수정봉(水晶峰) 등 구곡(九曲)의 각자를 새겼다. 그리고 계곡 일대에 울타리를 쳐 외부인이 접근하지 못하게 했다. 옛 선비들이 주자의 무이구곡(武夷九曲)을 본떠 자신이 머무는 곳에 이름을 붙이곤 했는데 윤덕영도 그러했다. 그는 선비의 기품이라곤 조금도 찾을 수 없는 소인배였다. 갑사 계곡은 자신이 만든 것이 아닌데도 울타리를 치고 소유하였다. 옛 선비들은 계곡에 이름만 붙였을 뿐 소유하지 않았다. 그것이 군자와 소인의 차이다.

다리를 건너면 바위에 金鷄嵒(금계암)이라 새겨져 있는데 이 역시 윤덕영이 갑사계곡에 새긴 것이다. 풍수에서 말하길 계룡산은 금닭이 알을 품고 있는 금계포란(金鷄抱卵)형이라 한다. 금계포란에서 그 이름

간성장 친일파 윤덕영의 별장이다. 공주 갑부 홍원표가 뇌물로 바친 것이다.

을 빌려 금계암이라 한 것이다. 간성장 앞 바위에 '간성장(艮成莊)'이라는 글씨, 별장 앞 계곡 석벽에 '×瑞圖'라는 석각도 그가 새긴 것이다.

갑부였던 홍원표가 공짜로 상납한 것은 아닐테니, 그가 대가로 받은 것은 무엇이었을까? 홍원표 역시 자신의 부를 유지하려면 윤덕영 같은 자의 도움이 필요했을 것이다. 그에게 잘 보여서 자신의 부를 유지하려 했을 것이다. 그렇다면 간성장 주인 윤덕영이 누군가? 그는 순종황제의 계비인 순정효황후의 숙부이다. 그는 경술국치(1910) 당시 시종원경(侍從院卿) 벼슬에 있으면서 가장 적극적으로 일제에 협력한 매국노였다. 비서원경은 황명의 출납과 기록을 맡아보는 비서원의 최고 책임자를 말한다. 일설에 의하면 창덕궁 흥복헌에서 열리던 마지막 어전회의를 옆방에서 듣고 있던 황후가 조약에 찍을 어새(御璽)를 치마 속에 감추고 내주지 않았다. 이때 황후를 밀치고 어새를 가져간 이가 윤덕영이었다. 윤덕영은 일제에 협조한 대가로 일제로부터 자작 작위를 받았다. 그는 막대한 부도 함께 거머쥐었다. 나라를 팔아먹은 대가로 일제로부터 46만원을 받았다. 지금 돈으로 환산하면 230억 정도였다. 서울 옥인동 땅의 절반에 가까운 면적을 차지하고, 유럽식 건물인 벽수산장을 짓고 떵떵거리며 살았다. 황후의 아비인 윤택영은 윤덕영 못지않은 매국노였다. 나라에서 온갖 혜택을 받아 누리던 자들이 나라를 팔아서도 호가호위하며 살았다. 이런 매국노들은 해방 후에도 그 부를 자손에게 승계하면서 기득권이 되어 지금도 잘살고 있다. 심지어 자신들이 나라를 구한 것처럼 포장지를 바꿔가며 살고 있다. 정치권력, 언론권력, 경제권력을 지금도 움켜쥐고 친일을 감추거나 미화하며 살아가고 있다.

12 갑사의 시작, 대적전(大寂殿)

대적전 일대는 갑사가 초창되었던 자리다. 그래서 갑사 당간도 이곳으로 올라오는 길에 설치되었다. 대적전 앞 넓은 공터에 갑사 승탑이 있고 승탑 주변으로 주춧돌이 여러 개 있다. 승탑은 윤덕영이 중사자암에 있던 것을 옮겨온 것이고, 주춧돌은 임진왜란 전까지 법당이 있었

대적전 갑사가 초창되었던 장소다. 마당에는 옛 절터의 주춧돌이 늘어서 있다.

던 흔적이다.

대적전(大寂殿)은 대적광전(大寂光殿)이라고도 하는데 화엄종의 주불인 비로자나불을 모시는 법당이다. 갑사가 화엄십찰의 하나로 번성하였을 때 이곳이 사역의 중심이었고 큰법당에는 비로자나불이 있었을 것이다. 그 흔적이 대적전이라는 법당의 이름과 마당에 흩어진 주춧돌로 남았다. 그러나 지금은 대적전 내부 불단에 비로자나불이 아니라 아미타불이 있다. 수인(손모양)은 석가모니불의 항마촉지인을 한 듯하나, 손가락을 말아쥔 모습이 아미타불이다. 문화재안내판에도 '목조 아미타 삼존상'이라고 되어있다. 그런데 광무 11년(1907)에 조성한 후불탱화는 석가모니불을 중심으로 삼존불을 그렸다. 불단에 모셔진 것은 아미타불, 후불탱화는 석가모니불, 현판은 비로자나불의 대적전으로 되어있다. 또 후불탱화는 삼존불(부처 세 분)이나 불단에 모셔진 모습은 중심에 아미타불, 좌우에 협시보살이 있다.

조선시대 한국 불교는 매우 큰 어려움을 겪는다. 숭유억불이 강화되면서 경전에 해박한 승려들이 점차 줄어들게 되었다. 거기다가 임진왜란을 겪으면서 대부분의 사찰이 소실되었다. 그나마 명맥을 유지하고 있던 것이 모두 소실된 것이다. 전쟁 후 절을 재건하는 과정에 현판과 내부 모습이 달라지고, 탱화와 불상이 달라지는 현상이 발생했다. 한편 승려들이 선(禪)에 치우쳐 경전을 멀리한 결과 교리에 근거한 건축, 조각, 회화를 도외시하면서 벌어진 현상이기도 했다.

대적전 내부 단청은 갈색톤으로 통일되어 있어 화려하기보다는 따뜻한 맛이 일품이다. 시간이 허락된다면 다양한 그림들을 감상해도 좋다. 우물 정(井)자 모양으로 짠 천정에는 태극, 학, 연꽃 등을 그렸다. 삼존불 위에는 닫집을 따로 설치하지 않았으나 천정을 한 단 올려서 닫집 효과를 주었다. 닫집은 덧달아 놓은 집으로 그 아래 계신 분은 신성하다는 것을 상징하는 방법이다.

대적전 내부 아미타불이 본존이고, 탱화는 영산회상도를 걸었다. 갈색톤의 담백한 단청이 아름답다.

대적전(大寂殿) 현판은 담백하면서 힘있는 서체다. 불어오는 바람에 맞서 앞으로 나아가는 듯하다. 작은 글씨로 '도광 6년 4월 목암서(道光6年4月牧岩書)'라고 덧붙여 놓았는데, 도광 6년은 순조 26년(1826년)을 말한다. 1826년에 대적전이 건립되거나 크게 중수된 것으로 보고 있다. 원래 현판에는 글씨를 쓴 이를 기록하지 않는다. 그러나 조선 후기에 이르면 쓴 사람의 이름을 현판에 기록하기 시작했다. 대개는 글씨를 쓰고 난 후 현판의 왼쪽에 작은 글씨로 남기는데, 대적전 현판에는 오른쪽에 있다. '도광 6년 4월 목암서(道光6年4月牧岩書)'라는 글씨는 대적전 글씨체와 비교하면 다르다. 다른 사람이 썼다는 뜻이다. 아마추어의 글씨다. 훗날 추가로 덧붙여 놓은 것으로 보인다. '牧岩'이 썼다는 것인데, 목암이 누군지 밝혀지지 않았다.

13 큰 스승의 무덤 승탑

보물로 지정된 갑사 승탑은 대적전 앞에 있다. 승려의 사리탑인 승탑은 법당 앞에 세우지 않는다. 절집 주변 좋은 곳에 둔다. 무덤이기 때문이다. 요즘에는 절 입구에 모아 놓는데 원래부터 한 군데 있었던 것은 아니다. 도둑질하는 자들이 많아서 한군데 모아 둔 것이다. 남의 무덤을 훔쳐 가서 뭘 하려고 그러는지! 탑을 마당에 두면 '우리 집은 절집이요!', 문인석을 마당에 두면 '우리 집은 무덤이요!'라고 자랑하는 꼴이다. 부끄러운 줄도 모르고 훔쳐다 장식으로 쓰고 있다.

갑사 승탑은 원래 중사자암(中獅子庵)에 있던 것이었는데 1917년에 대적전 앞으로 옮겨온 것이다. 매국노 윤덕영이 근처에 별장을 두고 중사자암에 있던 공우탑, 약사불, 승탑 등을 옮겨온 것이다.

갑사 승탑 윤덕영이 대적전 마당으로 옮겨 놓았다.

사자조각이 아름다운 승탑

갑사 승탑은 훼손된 부분이 적어 원형이 잘 남아 있다. 전체적으로 팔각이나 기단부가 조금 특이하게 만들어졌다. 아래부터 위로 올라가면서 차례로 살펴보자.

하층 기단부의 입체감은 대단하다. 과장된 입체감 때문에 조각의 형태를 알아보려면 꼼꼼히 살펴봐야 한다. 지면에 팔각의 지대석을 두고 그 위에 사자가 새겨진 받침대를 두었다. 사자 조각이 매우 동적이며 재미있게 되어있다. 팔면에 새겨진 사자 모습이 모두 달라서 하나씩 짚어보는 재미가 있다. 어떤 사자 조각 옆에는 인물상도 있다. 사자 옆에 인물상은 숨은그림찾기 하듯이 찾아보아야 한다. 어떤 의도로 조각했는지 알 수 없다. 불교에서 사자는 부처를 상징하는 동물이다. 부처의 설법을 '사자후'라고도 한다. 팔각 모서리마다 연잎이 피어오르는 모습을 조각하였다. 과장이 심하여 그것이 연잎인지 알기 어렵다.

윗단도 입체감이 풍성하다. 구름이 과할 정도로 볼륨감 있게 조각되었다. 구름 속에는 보일 듯 말 듯 용(龍)이 꿈틀거리고 있다. 운룡문(雲龍文)이다. 용과 구름이 하나가 되어 더 신령스럽다.

운룡문 기단 위에는 승탑의 몸체를 받치는 팔각 대석이 있다. 대석의 조각도 대단히 화려한데 기단부에 비해서 입체감은 덜하다. 각 면마다 악기를 연주하는 비천상이 새겨져 있다. 팔각의 모서리마다 피어나려는 연꽃을 두어서 칸을 나누는 역할을 하였다.

승탑 몸체로 올라가 보자. 8면 중에서 4면에는 사천왕이 부조되었다. 나머지 2면에는 문과 자물쇠가 조각되었고, 2면은 비워두었다. 문과 자물쇠를 새기는 것을 문비형(門扉形)이라 한다. 자물쇠(비)를 새겨둔 것은 그 안에 귀중한 것이 있다는 표시다. 승려의 사리가 있으니 누구도 열 수 없다는 뜻도 되겠다. 사천왕을 새겨둔 것 역시 사리를 지켜달라는 의미다.

갑사 승탑 세부 사자-용-연꽃-구름-비천 등이 아름답게 조각되어 있다. 신라말 고려초 승려의 묘탑으로 짐작된다.

지붕은 경사가 급하며 처마가 짧아 챙이 좁은 모자를 쓴 것 같다. 추녀마루와 기왓골이 선명하며, 상륜은 막 피어나는 연꽃봉우리로 마감하였는데 원래의 것이 아니다. 훼손되어 없어진 것을 후대에 추정하여 덧붙인 것이다.

이런 모양의 승탑을 팔각원당형(八角圓堂形)이라 한다. 팔각(八角)은 원(圓)에 내접한다. 당(堂)은 건물을 말한다. 팔각으로 생긴 법당인 셈이다. 승탑 높이는 205cm이며 통일신라말 또는 고려초의 양식을 겸비하고 있다. 전체적으로 팔각원당형을 띤 모습은 통일신라시대의 것으로 보이나, 기단부가 과장되게 처리된 것은 고려초의 양식으로 보인다.

선종과 승탑

승탑은 통일신라 후기에 등장했다. '깨닫는 자가 곧 부처'라 했다. 도력 높은 승려는 깨달은 자가 되는 것이고, 그러니 그도 부처가 된 것이다. 그의 사리는 곧 부처의 사리다. 부처의 사리는 탑을 세워 봉안한다. 그러므로 승려의 사리도 탑을 세워 봉안했다. 그것이 승탑이다.

선종(禪宗)에서 깨달은 바를 입증하는 방법은 오직 스승의 인가(印可)에 있다. 지극히 주관적인 깨달음은 스승의 인가를 통해서만 확증된다. 그러므로 자신에게 인가를 준 스승의 사리를 잘 받들어 모시는 것이 곧 자신의 정체성을 입증하는 것이 된다. 어느 스승에게 인가를 받았느냐가 매우 중요했다. 그래서 한 스승으로부터 인가받은 이들이 모여 선문(禪門)를 형성하였다. 신라말에 등장한 구산선문이 그것이다.

갑사 승탑은 누구의 사리를 모신 것일까? 알 수 없다. 신라 말이나 고려 초에 이 정도의 승탑에 모셔질 인물이 갑사에 있었던가? 승탑이 있다면 탑비(塔碑)도 있었을텐데 전하지 않아서 알 수 없다. 어떤 이들은 구산선문 중 사자산문을 개창했던 징효 절중(澄曉折中, 826-900)의 것이라 한다. 그는 신라말 승려로 철감선사 도윤(道允, 798-868)의 제자다. 도윤은 당나라에서 선(禪)을 배워서 신라로 돌아와 많은 제자를 길러냈다. 징효가 철감선사의 제자가 되기 전에는 영주 부석사에서 화엄학을 배웠다. 이름있는 선종 승려들은 모두 화엄의 깊은 요체를 깨달은 후 선(禪)의 세계로 들어갔다. 선종이 '不立文字 敎外別傳 直指人心 見性成佛 불립문자 교외별전 직지인심 견성성불'이라 하지만, 문자와 경전을 몰라도 된다는 뜻은 아니다. 문자나 경전에 너무 의지하지 말라는 의미다. 직관으로 깨달아 아는 것도 있으니 눈을 가리는 지식에 매달려서는 알 수 없다는 것이다. 마음으로 전달되어지는 법을 깨달아 알려면 교리에 대한 해박한 지식이 우선되어야 한다. 선종 승려들의 엘리트 코스는 화엄학에서 선종으로 들어가는 것이었다.

부석사에서 화엄학을 배운 징효는 도윤에게 나아가 선(禪)을 배웠다. 스승의 가르침을 전수받은 그는 큰 스승이 되어 영월 사자산에서 흥녕선원을 열었다. 드디어 사자산문이 시작된 것이다. 그러나 도처에서 도적이 일어나 편히 선법을 펼 수 없었다. 징효는 나라 안 여러

갑사 승탑 선종 이후 스승의 묘탑을 세우는 것이 유행이 되었다.

곳을 다녔다. 상주–조령–금산–공주에 이르는 순례길이었다.

그가 가는 곳에는 대중이 구름처럼 모여들었다. 공주 지역 유력자들은 징효 스님이 공주에 머물러 주기를 청했다. 그러나 그는 스승이 계시던 화순 쌍봉사로 떠났다. 그가 공주에 왔을 때 어느 정도 머물렀으며, 또 어디에 머물렀을까? 아마 영주 부석사에서 화엄학을 배웠던 인연으로 화엄십찰의 하나였던 갑사에 머물지 않았을까? 이때 갑사에 있던 승려들이 그의 가르침을 받지 않았을까? 설사 그가 갑사로 오지 않았더라도 그가 공주에 왔다는 소식을 듣고선 거리를 마다않고 찾아갔으리라. 징효 스님이 입적하자 갑사 승려들은 사리 중 일부를 계룡산에 모신 것이 아닐까? 원래 사리탑이 있던 곳이 중사자암이었다는 사실도 '사자산문'과 관련된 것은 아닐까?

14 갑사 철당간 및 지주

아주 먼 옛날 절 입구에는 높은 장대 끝에 깃발을 걸었다. 깃발은 절의 행사, 종파 등을 알리는 역할을 하였다. 높은 것은 전봇대 2배 높이가 될 정도였다. 깃발을 당(幢)이라 하였고, 깃발을 매다는 장대를 당간(幢竿)이라 하였다. 장대가 넘어지지 않도록 붙잡아 주는 장치를 당간지주(幢竿支柱)라 한다. 당간지주는 돌로 만든다. 우리나라 당간지주는 82기나 된다. 당간지주는 많이 남아 있지만, 당간은 3개만 남았다. 그것도 온전하게 남은 것은 없다. 청주 용두사지 철당간(고려 광종), 안성 칠장사 철당간(고려 초) 그리고 공주 갑사 철당간이다.

옛날 당간을 세운 곳은 절의 대문 밖이었다. 그런데 갑사 당간은 지금의 갑사와는 거리도 멀고, 위치도 맞지 않는다. 옛사람들이 의미없이 세우지는 않았을 것이고 무슨 이유가 있을 것으로 보인다.

원래 갑사의 중심부는 지금의 자리가 아니고 대적전이 있는 곳이었다. 정유재란으로 모두 소실된 후 자리를 옮겨서 중건된 것이 지금 위치다. 당간이 세워지던 무렵만 해도 갑사의 중심은 대적전이 자리한 언덕 주변이었다. 갑사 당간은 대적전으로 가는 길에 세워진 것이기 때문에 지금의 갑사 위치와 맞지 않은 것이다. 그래서 지금의 갑사 중심부만 답사할 경우 당간은 못 볼 수도 있다.

이 당간은 통일신라시대 당간으로는 국내 유일한 것이다. 통일신라 전기인 문무왕 20년(680)에 세워진 것이라고 하나 확실한 근거는 없다. 아마 화엄십찰의 하나로 지정되던 때를 근거로 추정한 듯하나 앞서 살펴본 것처럼 정확한 시기를 알 수 없다.

받침대(기단) 네 면에 안상을 새겼다. 기단 위에 철당간을 세우고 양옆에 지주를 세워 지탱하였다. 지주는 위로 갈수록 가늘게 하여 당간과 함께 솟아오르는 것처럼 보인다. 다듬기는 했지만 표면이 거칠어 투박한 모습이며 특별한 조각은 없다. 당간을 지주에 고정하기 위해서 지주 윗부분에 홈을 파고 굵은 쇠를 가로로 끼우고 당간에 땜질해서 붙였다. 아래에서 받쳐주는 받침대에는 둥근 홈을 파고 그곳에 당간을 끼웠다.

철당간은 지름이 50cm로 속이 빈 철통이다. 철통 28개를 연결하여 기둥을 만들었으나, 고종 35년(1899) 폭풍우에 벼락을 맞아 4절이 부러졌다고 한다. 현재는 24절만 남아 있다.

갑사 철당간

임진왜란 승병장으로 활약한 영규대사가 갑사에서 승군을 일으킬 때 불살생의 계율 때문에 승려들이 주저하였다. 이에 영규대사는 철당간에 올라가 소리쳤다.

"내 목숨 하나 내놓으면 부처님과 신장님들이 손이 되고 발이 되어 중생을 구할 것이다. 두려워 말라. 나와 함께 중생을 구하러 가자!"

갑사 대적전 마당에서 몇 날을 통곡했던 스님이었다. 동료들이 함께 출전하겠다고는 했지만 주저하는 승려들도 있었다. 이로 인해 함께 출전하겠다 다짐했던 승려들마저 사기가 저하되고 있었다. 주저하는 이들을 독려하기 위해 당간에 올라선 영규 대사였다. 수백 년을 버틴 무쇠당간 같았던 스님의 의기(義氣)가 지금도 시퍼렇게 살아 있는 곳이 갑사 철당간이다.

TIP 봄, 여름, 가을의 갑사

갑사는 4월 10일 무렵이면 벚꽃, 4월 15일~5월 초까지는 황매화가 피어 노랗게 변한다. 갑사는 전국최대 황매화군락지다. 이 무렵 갑사에서는 황매화축제를 한다. 황매화는 꽃잎이 매화를 닮았다. 노란색이기 때문에 황매화라 하였다. 6월에는 수국정원에서 다양한 수국을 볼 수 있다. 수국정원에는 조팝나무도 수천 그루 있어서 4월 중순이면 하얗게 꽃을 피운다. 갑사 주차장에서 절까지 들어가는 숲길이 무척 아름답다. 수백 년 된 나무들이 터널을 이루는데 오리숲이라 한다. 8월 중순에서 9월초에는 노란상사화가 부끄럽게 피어 오리숲을 아름답게 만든다. 가을 갑사계곡은 단풍빛으로 만산홍엽을 이룬다. 갑사로 들어오는 도로변에는 은행나무가 노란 터널을 만든다. 추갑사라고 했으니 갑사의 가을 단풍이야 설명이 필요 없겠다.

15 기가 센 계룡산

'계룡산에서 도 닦았다'라는 말이 유행일 때가 있었다. 계룡산에 들어가면 도사가 될 것 같은 분위기였다. 그만큼 계룡산이 갖고 있는 영험한 이미지는 대단하였다. 지금도 계룡산 주변에는 점집과 굿당이 무수히 많다. 도사가 운영하는 점집, 무속인이 영업하는 굿당이 음식점보다 더 많다. 온갖 깃발과 간판이 제각기 기운이 넘치는 곳이라고 말하고 있다. 그런 곳이 계룡산이다.

계룡산(鷄龍山, 845m)은 한반도 중심부에 위치한 산악이다. 공주시, 논산시, 계룡시, 대전광역시가 계룡산 주위를 둘러싸고 있다. 주봉인 천황봉을 비롯해 높고 낮은 봉우리가 20여 개 늘어서 있다. 들쑥날쑥

계룡산 들쑥날쑥한 봉우리들이 닭볏을 쓴 용을 닮았다 하여 계룡산이라 하였다.

한 봉우리들이 닭볏을 쓴 용을 닮았다 하여 계룡산이라 하였다. 멀리서 보는 모습은 계룡을 닮았지만, 안으로 들어가면 그 자연경관이 더 빼어나 1968년 국립공원이 되었다. 지리산에 이어 두 번째로 지정된 국립공원이었다.

조선 개국 후 새로운 도읍 터를 물색할 때 처음에는 계룡산 아래 신도안이 선택되었다. 지금의 계룡시 남선면 일대다. 이때 동행한 무학대사가 산의 형국이 금계포란형(金鷄抱卵形), 비룡승천형(飛龍昇天形)이라 하며 풍수로 해석하였다. 여기서 '계'와 '용'을 따서 계룡산이라 했다는 설도 있다. 실제로 신도안에는 궁궐을 짓다가 만 흔적이 많이 남아 있다. 신도안이라는 말이 새로운 도읍이 될 뻔했기에 생긴 지명이다.

계룡산은 백제가 웅진에 도읍을 정할 때부터 중악(中岳)으로 제사를 받았으며, 통일신라 이후에도 신라 5악 중 서악(西岳)으로 대접받았다. 조선시대에는 묘향산 상악단, 지리산 하악단과 함께 계룡산 신원사에 중악단을 설치하고 봄 · 가을에 국가에서 제사를 지냈다.

이 산에 있는 유명사찰로는 갑사, 동학사, 신원사가 있다. 갑사는 가을 단풍이 아름다워 '추갑사'라 하였다. 또 '춘동학, 추갑사'라는 말도 있다. 동학사 들어가는 길에는 벚꽃이 터널을 이루어 상춘객들로 넘쳐난다. 동학사 계곡의 울창한 숲은 봄에 절정을 이룬다. 동학사는 대도시 대전과 가까운 이유로 행락객들을 위한 시설들이 밀집되어 있다. 신원사(新元寺)는 그리 큰 절은 아니지만, 산신제단인 중악단(中嶽壇)이 있어 특별한 기운을 갖추었다.

앞서 계룡산 자락에는 온갖 점집과 굿당이 있다고 하였다. 원래부터 불교, 유교, 무속이 공존했던 곳인데, 여러 풍수적 해석이 곁들여지면서 그 신성성이 부각되었다. 또 조선 말에 유포된 『정감록 鄭鑑錄』에서는 '계룡산 밑에 도읍하는 새 왕조가 나타날 것이다'라는 예언을 믿는 사람들이 늘어났다. 나라가 혼란스러우면 온갖 설이 난무하게 된다. 아주 오래전부터 풍수 명당이라는 곳을 들먹이면서 저마다 한 마디씩 내뱉었는데 그것이 먹힌 것이다. 이리하여 신도안 일대는 수많은 종교들이 생겨났다. 불교계, 무속계, 동학계, 유교계, 단군계, 도교계 심지어 기독교계도 있었다. 전성기에는 교단 수가 무려 104개에 달했다. 그야말로 신도안은 신흥종교의 본산이 되었다. 그러나 1984년 국방부와 육군참모 본부에서 3군을 통합하고 그 본부를 신도안에 둔다는 발표를 하였다. 신도안 일대에 삼군본부가 들어섬으로써 유사종교 집단들은 곳곳에 흩어지게 되었다. 그래서 국립공원 영역 외곽에 저마다 자리 잡게 된 것이다. 국립공원 내에서 무속행위가 금지되어 있기 때문이다. 갑사, 신원사로 가는 길 곳곳에 무수히 보이는 것들이 이때 흩어진 것이다.

시련을 극복한 흔적

14

좌절과 희망의 고개 – 우금티

1 동학농민군 2차 봉기

1894년, 탐관오리의 수탈에 견디다 못한 동학농민군이 들고 일어났다. 이들은 거대한 태풍이 되어 전라도 일대에서 정부군과 싸웠다. 진압군으로 보낸 관군이 속속 패하자, 고종과 명성왕후는 청나라 군대를 불러들였다. 임오군란과 갑신정변 때에 써먹던 방법이었다. 두 번이나 청(淸)의 도움으로 자리를 지킬 수 있었던 못난 왕과 왕비는 이번에도 같은 수법을 썼다. 그러나 이번엔 달랐다. 조선 정부의 요청을 받은 청군이 출병하자, 일본은 기다렸다는 듯이 이틀 후에 조선으로 들어왔다. 조선의 허락도 없이 저들 마음대로 군대를 끌고 들어온 것이다. 일본은 텐진조약에 근거한 출병이라 우겼다. 청과 일본이 맺은 조약이었다. 조선 땅에 군대를 파병하면서 조선 정부와 협의도 없이 저들끼리 맺은 조약을 들이민 것이다. 국제정세에 어두웠던 조선은 어떤 것도 결정할 수 없는 지경이었다.

청군과 일본군이 상륙하자 누란의 위기를 감지한 동학농민군은 조선 정부와 화약(和約:화목하게 지내자는 약속)을 맺고 해산했다. 이로써 청군과 일본군이 조선에 주둔할 이유가 없어졌다. 그러나 일본군은 물러날 생각이 없었다. 조선에 출병할 기회만 엿보고 있었고, 그 기회를 얻은 것이다. 일본군은 청군을 기습공격했다. 청일전쟁(1894)이 발발한 것이다. 일본의 일방적 승리로 수백 년 동안 누리던 청의 내정

간섭은 끝이 났다. 일본은 경복궁을 강제 점령하고 그들이 원하는 모습으로 조선을 개조하고자 했다.

동학농민군은 다시 일어났다. 2차 봉기는 〈輔國安民 보국안민! 除暴救民 제폭구민! 斥倭斥洋 척왜척양!〉을 기치로 내걸었다. 한양으로 가 왜놈들을 몰아내고, 나라를 구하기 위해서였다. 동학의 남접과 북접 농민군이 한양으로 가는 중요한 길목인 공주로 몰려들었다. 공주 사람들 또한 동학농민군과 합세했다. 공주 동학 접주 장준환, 공주창의소 의병대장 이유상이 함께했다. 무능한 조선정부는 일본의 압력에 굴복해 동학농민군을 토벌할 군대를 보냈다. 관군과 일본군은 공주로 몰려드는 동학농민군을 막기 위해 공주를 U자 모양으로 둘러싸고 있는 산줄기에 진을 쳤다.

1894년 10월 23일 공주 남쪽 이인전투를 시작으로 10월 24~25일 효포와 대교, 10월 25일 대교와 옥녀봉, 11월 8일 이인, 11월 9~11일 우금티, 송장배미, 오실마을 산자락에서 치열한 전투가 있었다. 특히 우금티전투는 1만 명의 농민군이 500여 명만 남을 정도로 치열했다. 농민군이 전진과 후퇴를 반복하기를 50여 차례, 농민군은 죽음을 두려워하지 않고 앞으로 나아갔다. 그러나 신식소총과 기관총 앞에 속절없이 허물어졌다. 어찌나 안타까웠던지 이를 본 사람들은 "무릎팍으로 내밀어도 나갈 수 있었는데, 주먹만 내질러도 나갈 수 있었는데"라고 하였다. 동학농민군은 중과부적으로 우금티에서 후퇴하였고, 얼마 후 지도부가 체포되자 2차 봉기는 막을 내렸다.

무능한 조선정부

조선 정부는 무능했다. 흥선대원군을 탄핵시킨 명성왕후는 민씨 척족을 세력화하기 시작했다. 요직에는 온통 민씨들이 차지하고 앉았다. 능력이라도 있으면 다행일텐데 무능력한 자들 뿐이었다. 임오군란과 갑신정변 때에 권력을 잃을 뻔했던 명성왕후는 청나라를 끌어들이는 방법으로 자리를 지켰다. 국내문제를 외국의 군대를 끌어들여 해결한 고종과 명성왕후는 스스로 망국으로 걸어가고 있었다. 고종은 무능했고 명성왕후는 영악했다. 온 나라를 민씨의 세상으로 만든 후 벼슬은 뇌물을 받고 팔았다. '민씨가 아니면 인간도 아니다!'라며 한탄하던 때였다. 뇌물로 벼슬을 산 자들이 선정(善政)을 베풀 리 없다. 이들은 탐관오리가 되어 백성을 수탈했다. 수령의 가혹한 수탈에다 일본의 경제침탈이 더해져 백성은 도탄에 빠졌다. 이에 동학농민군이 들고 일어나 굶주려서 죽게 생겼으니 수탈을 막아달라고 외쳤다. 그러나 왕과 왕비는 자식과 같은 제 백성을 죽이겠다고 외국의 군대를 끌어들였다. 입만 열면 민심(民心)은 천심(天心)이라고 하지 않았던가? 그런데 그런 백성을 죽이겠다고 외국 군대를 끌어들였으니 어찌 용서할 수 있겠는가? 어떤 변명으로도 용서할 수 없다. 명성왕후가 일인들의 만행으로 시해당했다고 해서 그를 영웅으로 떠받들어서는 안 된다. 모든 권력을 움켜쥐고 있었던 왕과 왕후였다. 망국의 책임은 전적으로 두 사람에게 있다. 백성의 소리에 귀를 닫고 아첨꾼들의 달콤한 말에 취해버린 결과였다.

우금티 동학혁명군위령탑은 공주 시내를 바라보며 서 있다. 동학농민군이 그토록 넘고자 했던 우금티 안쪽 공주를 바라보는 자리에 세워졌다. 위령탑은 동학군의 넋을 달래기 위해 1973년에 천도교가 주도하여 건립하였다. 위령탑에는 탑에 대한 설명과 도움을 주신 분들에 대한 감사문구가 있다. 그런데 몇몇 문구는 동학농민군의 정신과 맞지 않는다하여 지워지기도 했다. 지워진 문구는 '5.16혁명, 10월 유신, 박정희 대통령' 등이다.

위령탑 아래에는 넓은 주차장과 함께 기념관(우금티전적 알림터)이 건립되었다. 크지 않은 전시관이지만 우금티에 얽힌 안타까운 사실을 상세하고 알기 쉽게 전시하였다.

동학혁명기념탑

2 송장배미(용못)

이 연못은 동학농민군 최후의 전투인 우금티 전투에서 관군과 일본군에 밀리던 농민군이 전사한 곳으로 전해지고 있다. 용못 전투는 1894년 11월 9일 농민군이 고마나루에서 충청감영 쪽으로 이동하는 과정에서 일어난 것이다. 공주를 둘러싸고 있는 U자형 산능선을 따라 관군과 일본군이 방어선을 펴고 있었다. 동학농민군은 수적 우세를 앞세워 여러 곳을 동시에 공격하였다. 그중에 한 곳이 고마나루에서 공주 중심부를 향해 진격하는 것이었다. 그러나 관군과 일본군의 우세한 화력앞에 속수무책으로 무너졌다.

용못은 원래 큰 가뭄에도 마르지 않았다는 깊은 연못이었다고 하는데, 지금은 '송장배미'라는 이름으로 더 알려져 있다. 우금티전투에서 전사한 농민군의 송장이 논배미에 쌓여 있었기 때문에 송장배미라 부르게 되었다.

송장배미

시련을 극복한 흔적

15

공주의 기독교 유적

1 공주 역사의 막내 기독교 유적

공주는 백제 역사가 매우 강렬한 도시다. 그래서 공주엔 백제밖에 없는 줄 안다. 그러나 아주 오래전부터 불교와 동학(우금티)이 무거운 흔적을 남겼고, 기독교도 공주가 걸어온 역사에서 결코 가볍지 않은 지분을 갖고 있다. 충청감영이 공주에 있었기에 수많은 천주교도가 이곳으로 잡혀와 처형당했다. 개신교는 공주 역사에서 막내다. 막내라고 해서 미미한 것이 아니다. 매우 당당하고 강렬하여 마지막 페이지까지도 손에 땀을 쥐게 만든다.

국고개 언덕 위에 있는 중동성당, 박해 시대에 천주교도들을 처형했던 황새바위, 독립운동과 민족계몽운동의 중심역할을 했던 공주제일교회가 있다. 유관순, 조병옥이 다녔던 영명학교 또한 중요한 개신교 유적이다. 공주 답사에서 이들 유적만 둘러봐도 하루가 가득차게 될 것이다.

2 고딕양식의 중동성당

누구나 어디서나 사진을 찍을 수 있게 되면서, 일상을 SNS에 공유하는 것이 유행이다. 언젠가 이것도 한때의 유행이었다고 말할 때가 오겠지만 지금은 가장 뜨거운 유행이다. 그래서 사진이 예쁘게 나오는 장소는 그 내용과 관계없이 젊은이들로 붐빈다. 공주에서 그런 장소 중 한 곳이 오래된 중동성당이다. 유럽풍의 성당은 감성 사진을 찍기에 좋은 장소여서 SNS에 단골로 소개된다.

우리나라 초기 성당은 대부분 언덕 위에 있다. 종교 건축물은 경전의 내용에 근거해서 건축한다. 언덕 위에 성당을 짓는 것도 교리에 근거했다. 성경에 '여호와는 나의 요새, 방패, 산성이시로다' 는 구절이 있다. 그래서 높은 곳에 든든한 요새처럼 건축되었다. 유럽의 수도원은 난공불락의 성채처럼 지어졌다. 또 세상을 구원할 방주, 즉 노아의 방주라는 개념을 적용했다. 그래서 누구나 볼 수 있는 장소를 선정했고, 그것을 바라보고 구원을 받을 수 있도록 했다.

공주 중동성당은 1887년 파리 외방전교회 기낭 신부가 국고개 언덕 위에 교당을 세우면서 시작되었다. 1898년 기와로 성당과 사제관을 지었고, 1937년에 최종철 신부가 지금의 성당, 사제관, 수녀원을 완공하였다. 지금은 성당과 사제관이 남아 있다. 중동성당은 초창기부터 지금까지 충청남도 일대 선교의 중심지 역할을 해왔다.

이 당시 한국 선교는 파리 외방전교회에서 담당했기 때문에 성당 건축도 프랑스에서 유행하던 고딕양식을 채택했다. 완벽한 고딕이라기보다는 약간은 변형된, 시대에 맞게 변형된 고딕이다. 고딕양식은 둥근 아치보다는 뾰족한 종탑, 창문 등이 특징이다. 또 스테인드글라스가 창문마다 설치되어 예배당을 환하게 밝혀준다. 하늘에서 내려오는 구원의 빛을 상징한다. 성당 평면은 라틴식 십자가 모양이다. 붉은 벽돌

중동성당 높은 곳에 든든한 요새처럼 건축되었다. 유럽의 수도원은 난공불락의 성채처럼 지어졌다. 또 세상을 구원할 방주, 즉 노아의 방주라는 개념을 적용했다.

을 주로 사용하면서 검은 벽돌로 포인트를 주었다. 성당 옆에 있는 사제관도 붉은 벽돌, 검은 벽돌을 사용했고 군더더기 없이 심플하게 건축하였다.

중동성당은 벚꽃이 피는 계절이면 유난히 아름답다. 맞은편 언덕에 있는 충남역사박물관과 함께 벚꽃이 피면 봄 정취가 절정을 이룬다. 그러나 조용히 기도하고 싶거나 산책하고 싶다면 그 외 계절에 답사하는 것이 좋다.

3 황새바위순교성지

한국 천주교회사는 순교의 역사다. 이 땅에 천주교가 전해진 후 수많은 이들이 천주(天主,하나님)를 믿고 신앙을 가졌다. 그때마다 나라에서는 극심한 탄압을 하였고, 헤아릴 수 없는 순교자들이 생겨났다. 수백 년간 이어진 탄압과 순교의 역사 때문에 우리나라 안에는 불교 유적 못지않게 천주교 성지가 많다. 신앙을 지키기 위해 숨어 살았던 곳, 잡혀서 죽임을 당한 곳, 그들의 무덤이 있는 곳, 천주교회 지도자들이 태어난 곳 등이 성지로 지정되어 있다. 천주교 박해 역사를 간단하게 정리하면 다음과 같다.

1798년 정사박해

1801년 신유박해

1839년 기해박해

1865년 을축박해

1866년 병인박해

황새바위 공주는 감영이 있었기 때문에 천주교도들이 잡혀오는 장소가 되었다. 또 순교현장이 되었다.

천주교인이 많은 내포

공주는 충청도를 관할하는 감영이 있었기에 충청지역 천주교인을 체포하면 가장 먼저 보내지는 곳이었다. 충청도는 유난히 많은 천주교 순교자를 배출한 곳이었다. 서해를 통해 전해진 천주교가 가장 활발하게 전교되었고, 신앙이 급속히 확산된 곳이 내포지역이었기 때문이다. 내포지역은 당진, 서산, 태안, 홍성, 예산, 보령, 아산 등의 지역을 말한다. 아산만의 남쪽이면서 차령의 북쪽이다. 충청지역에 복음을 전하고 전교에 절대적인 공헌을 한 사람은 이존창이다. 그는 권일신으로부터 세례를 받고 충청도 지역으로 신앙이 확산되는데 지대한 역할을 하였다. 그리하여 그는 '내포지역의 사도'라 불렸다. 그는 여러 번 체포되었는데 그때마다 배교를 다짐하고 석방되었다. 석방된 후 배교하지 않고 전교에 힘쓰다가 체포되기를 반복하였다. 결국 그는 죽임을 당했다. 그의 마지막은 신앙을 지키는 것이었다. 반복된 배교에도 그의 전교를 받아들이고 천주교인이 되는 수가 늘어났다. 사람의 마음을 사로잡는 재능과 신앙의 뜨거움이 있었던 사람이었다. 그의 말을 들으면 누구나 가슴에 뜨거운 신앙이 솟아올랐다. 충청지역에서 탄생한 많은 교회지도자는 그의 전교 영향이었다.

천주교를 박해한 이유

충청도에서 체포된 천주교인은 공주감영으로 이송되어 갖은 고문을 당했다. 공주 감영 감옥 뒷산에는 황새바위가 있었다. 이 황새바위는 천주교인을 참수하던 곳이었다. 나라에서는 죽이는 것보다 배교하기를 바랬다. 배교자들을 통해 천주교의 허상을 공격하고 싶었던 것이다. 그래서 배교를 강요했다. 그럼에도 배교를 거부하면 온갖 방법으로 잔인하게 죽였다. 백성들이 천주교 신앙을 갖지 못하도록 하기 위해서였다. 박해는 지속적으로 진행되었다. 조선은 유교를 국가이념으로 하였다. 국가이념이 아닌 다른 것을 받들면 국가 전복세력으로 규정하여 탄압하였다. 대한민국은 민주주의를 국가이념으로 한다. 민주주의를 해치는 행위를 한다면 법에 따라 처벌받게 된다. 이처럼 조선에서 천주교도들을 처벌한 것은 국가이념을 무력화하고 국가를 전복할 세력으로 봤기 때문이다.

황새바위성지에서 순교한 교인들

반복되는 박해에 헤아릴 수 없는 이들이 순교당하였다. 순전히 유교국가를 유지하려는 이유에서 박해가 진행된 것도 있었지만, 집권세력이 정치적 궁지를 모면하려는 수단으로 사용하기도 했다. 황새바위에서 순교한 이들의 모습이 어떠했는지 황새바위순교성지에서 소개하고 있는 내용을 살펴보자.

이도기(1798 순교)는 심한 고문으로 몸이 짓이겨져 사람의 형상이 아니었다. 그럼에도 "정산 고을(청양)을 전부 주신다해도 천주를 배반하지 못하겠습니다."라고 하였다.

이국승(1801년 순교)은 신유박해로 체포되자 "신앙을 지키는 마음은 비록 형벌을 받아 죽는다 해도 마음을 바꾸지 않겠습니다."하며 29세의 나이로 순교했다.

손자선(1866 순교)은 병인박해 때 이렇게 말했다. "나는 솔직히 죽는 것을 몹시 무서워합니다. 그러나 나에게 죽는 것보다 몇천 배 더 무서워하는 것이 있으니 그것은 바로 나의 주님이시오, 아버지이신 하느님을 저버리는 것입니다." 그는 자진해서 관아로 찾아와 자신이 천주교 신자임을 밝혔고 체포되었다. 온갖 고문과 조롱에도 배교하지 않자 충청감사는 "네가 배교하지 않는다는 증표로써 이빨로 너의 손 살점을 물어뜯어 보아라."고 하였다. 그러자 손자선은 즉시 자신의 양팔을 물어 뜯었다. 그는 교수형당했다.

김원중(1866년 순교)은 스스로 관아에 나아가 자신이 천주교인이라는 사실을 밝혔고 "주님 명에 순종하면서 살다가 죽은 후에 천당에 가서 서로 만날 수 있기를 바라오."라고 하였다. 함께 체포된 이들을 격려하였다.

황새바위는 바위 주변을 둘러싼 나무에 황새가 서식했기 때문에 붙여진 이름이다. 금강과 제민천을 오가며 먹이를 잡고 번식했던 황새가 자리잡을 최적의 장소였던 것이다. 황새바위라 불리게 된 다른 설은 죄수의 목에 씌우는 칼인 항쇄에서 유래되었다고도 한다. 천주교도들이 목에 항쇄를 찬 채 끌려 나와 죽어 갔으므로 항쇄바위라고 불렀다 한다.

이곳은 충청감영의 감옥 뒷산이다. 신유사옥 이후 헤아릴 수 없는 천주교인들이 뒷산에서 공개 처형당했다. 공개 처형을 한 것은 서학

(천주교)을 받아들이면 이렇게 된다는 것을 보이기 위함이었다. 지금까지 자료조사를 통해 밝혀진 순교자는 총 337명이며, 미확인자까지 합하면 1천여 명이 넘을 것으로 보고 있다.

유학(儒學)이 제 역할을 하면

정조는 서학(천주교)가 성행하자 이런 말을 하였다. "우리 유학이 제 역할을 한다면 백성들이 서학을 믿을 이유가 없다." 조선 유학은 그 생명이 꺼져가고 있었다. 지배층은 입으로는 유학을 떠들었지만 성현의 가르침을 실천하지 않았다. 백성의 삶은 피폐해졌고 신분제로 인한 모순은 극심해지고 있었다. 가진 자는 가진 것을 지키려고, 가진 것을 동원해서 부정을 저지른다. 불법(不法)이 밝혀져도 가진 것으로 무마한다. 힘없는 백성은 살기 위해 발버둥 쳐도 저들의 손아귀를 벗어나기 힘들다. 유학은 지배층에서나 피지배층에서나 쓸모없는 것이 되었다. 그렇다면 새로운 시대를 열어줄 새로운 이념이 필요하다. 고려를 무너뜨린 조선이 불교 대신 유학(성리학)을 새로운 시대의 이념으로 받아들였던 것처럼 그 생명을 다한 유학은 새로운 것으로 대체되어야 했던 것이다. 수구세력은 마지막까지 발악을 한다. 그들이 가진 공권력으로 찍어누른다. 천주교도들을 붙잡아 갖은 고문과 잔학한 방법으로 처형한다. 그렇다고 천주교도들이 줄어들었는가? 오히려 더 늘었다. 결국 유학의 시대는 막을 내렸다. 외세에 의해 강제로 사라졌다. 과거의 유산이 되었다. 민주주의가 영원할 것 같은가? 사실 한국의 민주주의는 민주주의가 아니라 자본주의에 가깝다. 가진 자들이 가진 것을 지키려고, 가진 것을 동원해서 불법을 자행해도 처벌을 받지 않는 현상을 보면 조선 말기가 데자뷰된다. 불법을 처벌해야 할 사법권도 가진 자들이 되어 끼리끼리 놀고 있으니 말이다. 그러다가 조선은 망했다.

경당이 아름다운 성지

공산성과 마주하고 있는 산줄기에는 황새바위순교성지가 있다. 그곳에는 의미있는 여러 건축물이 있다. 성지 입구 예수상은 양팔을 벌려 이곳을 찾아오는 순례자를 마중한다. 경사진 길을 올라가면 큰 돌 하나를 깎아 만든 문이 있는데, 바늘귀 문, 천국의 문이라고 부른다. '부자가 천국에 들어가는 것보다 낙타가 바늘귀에 들어가는 것이 쉽다'라는 예수의 말씀에서 따왔다. 서양에는 '바늘귀'라는 표현이 없다. '바늘눈'이라 한다. '귀'가 아니라 '눈'이라 한다. 영어성경에 '바늘눈'으로 표현된 구절을 우리나라 글로 번역할 때에 어떻게 번역할지에 대해 논란이 많았다고 한다.

여하튼 '바늘귀문'을 들어서면 순교탑이 있다. 순교탑 앞에는 구멍 뚫린 돌이 놓여 있다. 구멍 뚫린 돌은 목에 건 밧줄을 집어넣어 반대편에서 잡아당기던 용도로 썼다. 구멍 뚫린 돌로부터 순교탑 꼭대기 십자가까지 층계가 놓여 있다. 죽음은 곧 천국으로 향하는 문이었다.

순교탑 반대편에 아주 작은 경당이 있다. 경당 왼편에는 축복하는

황새바위순교성지 경당 그들은 반석처럼 단단한 믿음을 지녔었다. 경당처럼 단단한 믿음을 지녔었다.

예수상이 있다. 예수상에는 순교자들이 천국으로 불려 올라가는 장면도 조각되어 있다. 경당은 매우 작은 집이다. 하지만 매우 단단하다. 천주교 박해가 극심할 때 조선사회에서 천주교도들은 매우 작은 존재였다. 그들은 힘이 없었다. 그러나 그들은 반석처럼 단단한 믿음을 지녔었다. 경당처럼 단단한 믿음을 지녔었다. 경당 안으로 들어가면 하늘에서 빛이 쏟아진다. 스테인드글라스를 통과한 빛은 순교자의 피처럼 붉다. 그리스도 앞에 꿇어앉아 기도하면 하늘문이 열리고 기도가 응답될 것 같다. 경당 지하실로 내려가는 층계는 매우 특이하다. 왼발, 오른발의 높이를 달리했다. 좁은 경당 한쪽에 지하로 내려가는 층계를 만들었기 때문에 한사람이 겨우 내려갈 구멍이다. 지하로 내려가면 가운데에 석관이 놓여 있다. 예수가 부활한 골고다 동굴무덤을 상징했다고한다. 지하실 벽에는 순교자의 이름이 빼곡히 기록되어 있다. 김춘겸(45세)과 딸(10여 세), 김춘겸의 딸 친구 2인(10여 세) 등 어린아이들도 있었다. 김루치아와 함께 잡힌 늙은이, 박서방, 이서방, 신서방, 장서방 등 이름 없는 순교자들도 많다. 이 땅에서는 이름없이 죽었지만, 천국에서는 큰 이름으로 기억된 이들이다. 경당 밖으로 나가는 통로는 따로 마련되어 있다. 내려온 층계로 다시 올라갈 필요가 없다.

경당 앞에는 12개의 돌기둥이 서 있다. 건축에 사용하라고 가져온 돌이었으나 사용할 수 없어 남겨두었는데 그 수가 우연히 12개였다고 한다. 그래서 크기에 상관없이 세워두었는데 12사도를 상징하는 것이라고 보는 이들마다 스스로 해석한다고 한다.

황새바위에서 처형이 있는 날이면 맞은편 공산성 성벽에는 구경나온 사람들이 가득했는데, 성벽을 따라 물결치는 듯했다고 한다. 순교의 피를 흘린 황새바위성지에서 신앙이 무엇인지 곰곰히 생각해보게 된다. 박해가 태풍이 되어 휘몰아칠 때도 흔들리지 않을 수 있었던 믿음은 어디에서 온 것일까? 작은 일에도 유불리를 따지며 신념을 버리거나 구부리는 일이 비일비재한 세상에서 황새바위는 큰 울림을 주는 곳이다. 기독교인이 아니더라도 이곳에서 깊은 사색에 잠겨볼 일이다.

4 공주제일교회와 독립운동

공주 구시가지 제민천변에 공주제일교회가 있다. 제법 너른터를 차지한 이 교회는 옛 교회당과 신식 교회당 등 두 개의 교회당이 있다. 교회 내부로 들어가지 않고 주변만 둘러보아도 교회가 걸어온 길이 만만치 않았음을 저절로 알게 된다. 역사관으로 사용되고 있는 옛 교회당, 3.1만세운동 민족대표인 신홍식 목사 동상, 샤프 선교사 동상, 유관순 열사와 사애리시 선교사, 공제의원 표석, 공주청년회관 표석 등이 있어 공주제일교회의 역사를 말해주고 있다.

충청선교, 교육의 중심

공주는 충청도의 중심이었다. 충청감영이 공주에 있었다는 것은 공주가 충청도 행정의 중심이라는 뜻이다. 따라서 미국 북감리회가 조선 선교를 시작하던 때에 충청지역 선교의 중심으로 공주를 주목한 것은 당연했다.

1902년 김동현 전도인을 통해 첫 교회가 세워진 후, 1903년 미국 감리교 선교사인 맥길과 전도사 이용주가 초가 2채를 구입하여 예배를 시작했다. 의료 선교사였던 맥길은 원산에서 활동하다가 공주로 들어왔다. 그래서 초가집 한 동은 예배당, 나머지 한 동은 진료소와 교육시설로 사용하였다. 신도가 늘어나 초가집으로는 감당할 수 없게 되자 ㄱ자 모양의 예배당을 지어서 입당하였다. 300명 이상을 수용할 수 있는 규모였다고 한다. ㄱ자 모양으로 지은 것은 남녀칠세부동석(男女七歲不同席)이라는 한국 전통 풍습을 존중했기 때문이다. 남녀가 따로 앉아서 예배드릴 수 있게 함으로써 수백 년 습성에서 비롯된 거부감을 없앴다. 이 시기 선교사들은 영명여학교, 영명남학교를 세웠고 영아원과 유치원도 설립하였다. 또 전국 최초 우유급식소를 설치 운영하면서 학생들의 영양에도 최선을 다하였다. 영명여학교와 영명남학교는 충청지역 최초의 사립학교였다. 공주제일교회는 의료와 교육을 통하여 공주지역 근대화에 중요한 역할을 감당하고 있었다.

교인 수가 점차 늘자 더 넓은 예배당이 필요하게 되었다. 그리하여 새로 지은 것이 지금 역사관으로 사용되고 있는 예배당이었다. 이

공주제일교회

예배당은 1931년에 완공되었지만 한국전쟁 때에 큰 피해가 있었다. 전쟁 후 옛모습대로 복원하여 오랫동안 사용하였다. 파괴된 정도로 본다면 완전히 새로운 교회를 지을 수 있었으나 복원을 선택한 것이다. 그래서 이 예배당은 문화재로 지정될 수 있었다. 머릿돌에는 '1930, 1955'라는 숫자가 뚜렷하게 새겨져 있다. 1930년에 머릿돌을 놓았고, 1955년에 복원을 했다는 뜻이다. '성전개축 1979'라는 머릿돌도 볼 수 있다. 복원과 개축 시에 교회당 모습은 조금씩 변하였다. 1955년 복원 시에 제단과 출입구가 서로 바뀌었다. 종탑도 측면에 있던 것이 출입구 가운데로 옮겼다. 1979년에 개축하면서 종탑 아래에 현관을 두었고, 현관 좌우 창과 제단 뒤에 스테인드글라스를 장식하였다.

공주제일교회는 역사의 고장 공주에서 막내다. 그러나 그 역사의 끝에서 결코 희미한 흔적이 아니라 당당하고도 임펙트 있는 지분을 지녔다. 역사는 사람의 이야기다. 공주제일교회와 관계있는 인물들의 면면을 보면 일제강점기, 해방과 한국전쟁 전후 교회가 공주에서 큰 역할을 하였음을 알게 된다.

'빼앗긴 들에도 봄은 오는가'의 시인 이상화가 서덕순의 여동생 서온순과 혼례식(1919)을 올린 곳이 공주제일교회였다. 서덕순과 서온순이 공주제일교회를 다니고 있었다. 시인 박목월도 1938년에 공주제일교회에서 유익순과 혼례식을 올렸다. 유익순이 공주제일교회에 다니고 있었기 때문이었다.

역사관으로 사용되는 옛 예배당

역사관 안으로 들어가면 가장 먼저 눈에 띄는 것이 스테인드글라스다. 스테인드글라스는 대개 성당에서 접할 수 있는데, 제일교회 예배당에도 설치되어있다. 스테인드글라스가 개신교 예배당에 설치되기 시작한 초기 작품이라 한다. 이 교회에 스테인드글라스를 설치한 이는 우리나라에서 스테인드글라스를 시작하고 이끌었던 이남규였다. 현관을 들어서면 볼 수 있는 스테인드글라스는 성경에 나오는 포도송이와 물고기를 형상화한 것이다. 예배당 정면에 설치된 작품은 삼위일체를 형상화한 것이다. 성부 하나님은 빛, 성자는 종려나무, 성령은 비둘기와 빨간 불로 상징화했다.

박물관 내에는 샤프 선교사가 공주로 오면서 가져온 오르간이 있는데 100년 이상 된 것이다. 초가 예배당, ㄱ자 예배당, 1931년에 건축된 예배당까지 모형으로 전시해 놓아서 교회의 변화과정을 알 수 있게 하였다. 1919년 평양에서 만세운동과 독립운동을 주도하다가 옥고를 겪고 1929년 공주제일교회로 부임해 와서 새로운 예배당을 완공했던 김찬흥 목사의 흉상도 있다. 박물관에 전시된 교회종은 1941년 일제가 교회종을 전쟁물자로 징발해 가자 정희병이 쌀 5가마를 봉헌해서 마련한 새 종이다. 유관순 열사가 사용하던 그릇도 전시되어 있다. 역사관 천장은 목조로 된 골조를 그대로 노출시켜 옛 교회건축의 일면을 살펴볼 수 있게 했다.

유관순과 영명학교

공주제일교회에서 가장 먼저 눈에 띄는 것은 유관순 열사다. 유관순 열사가 공주제일교회와 무슨 연관이 있는 것일까? 1905년 샤프 선교사의 부인 사애리시는 공주에 명설여학당을 설립하였다. 명설여학당은 보통과 4년제로 초등교육을 실시하였다. 1906년 윌리엄 선교사는 공주에 남학생을 위한 중흥학교(中興學校)를 설립하였다. 중흥학교는 보통과 4년제와 고등과 2년제를 갖추고 있었다. 1907년 명설여학당은 영명여학교로 개칭되었다. 1909년 중흥학교도 영명학교로 개칭하였다. 그후 영명여학교와 영명남학교가 통합(1934)되어 지금의 영명중고등학교가 되었다. 중흥학교 교장이었던 윌리엄 선교사는 공주제일교회 목사이기도 했다. 1914년 사애리시는 천안 매봉교회에 다니던 유관순을 공주로 데려왔다. 그녀는 유관순을 영명여학교에 입학시키고 후원하였다. 그리고 2년 후인 1916년 서울 이화학당에 입학할 수 있도록 주선해 주었다. 유관순은 이화학당 보통과 3학년에 편입하였다. 유관순이 공주에 살 때 공주제일교회, 영명여학당을 오며가며 생활하였기 때문에 이 두 곳에는 유관순 열사를 기억하기 위한 여러 시설이 있다. 당시 공주제일교회에는 민족대표 33인 중 한 분인 신홍식 목사가 이끌고 있었으며, 유관순의 오빠 유준석, 사촌 언니 유예도가 함께 다니고 있었다. 공주제일교회와 영명학교는 하나의 기관처럼 운영되고 있었다.

영명중고등학교 정문 앞 3.1중앙공원(구 앵산공원)에는 유관순 열

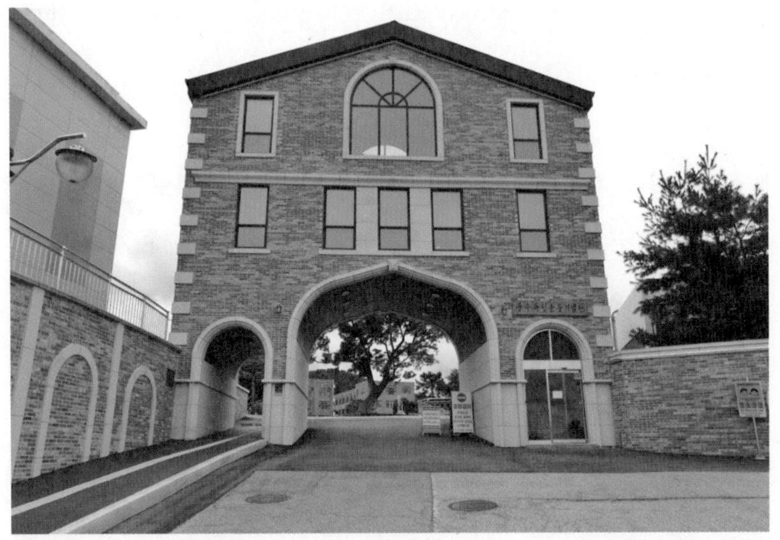

영명학교 유관순 열사, 조병옥 박사가 이 학교를 다녔다. 또 공주 3.1만세운동을 주도했던 학교였다. 실로 독립운동의 산실이었다.

사의 동상이 세워졌다. 태극문양의 기념공원 한가운데 유관순 열사의 동상이 있다. 유관순 열사가 다녔던 영명중고등학교 정문은 공주독립운동기념관으로 사용되고 있다. 학교 정문 역할을 하면서도 기념관으로 사용되는 독특한 건물이다. 학교 안으로 들어가면 개교 100주년(1906-2006) 기념탑이 우뚝 서 있다. 학교 설립자인 윌리엄(Willams, 한국명 우리암) 교장 흉상이 그 앞에 놓여 있다. 기념탑 뒤에는 독립운동가 황인식 교장, 영명학교 2회 졸업생 조병옥 박사 그리고 유관순 열사의 흉상도 함께 있다.

공주 구시가지가 내려다보이는 곳에는 유관순과 사애리시 선교사의 동상이 있다. 선생님과 제자의 다정하고 따뜻한 시선이 눈에 띄는 동상이다. 그 옆에는 <영명학교-공주 3.1운동만세시위준비지>라는 안내판이 있다.

이화학당에 재학중이던 박루시아는 귀향하여 이활란과 함께 영명 여학생들의 독립운동 참여를 고취하였으며 동경 청산학교 재학중이던 오익표, 안성호 등이 귀국하여 영명학교 교사, 동문을 중심으로 독립운동을 확산하였다.

최초의 시위모임은 현석칠, 김관회, 현언동, 이규상, 김수철 등이 참석했음. 김관회는 김수철에게 영명학교 학생들과 함께 독립선언서 1,000매를 인쇄할 것을 부탁하고 김수철은 방학중 집에 가 있던 유우석, 노명우, 강윤, 윤봉균, 신성우 등 학생들에게 공주로 올 것을 통보하였으며 또한 이규상에게 태극기를 만들어줄 것을 부탁하여 대형 태극기 4개를 제작하였다.

김수철과 학생들은 영명학교 기숙사에서 독립선언서 1,000매를 인쇄하였고 그 당시 서덕순, 김영배 등이 함께 도와주었다.

4월 1일 오후 2시경 공주읍내장터에서 김수철이 독립선언서를 낭독하고 만세를 불렀으며 참석인원은 대략 1,000명 정도 있었는데 만세시위에 앞장섰던 영명학교 교사와 학생들은 일본 순사에 의해 현장에서 체포(당시 충청남도 도청소재였던 공주에는 일본경찰서, 충남경찰부, 일본헌병대 등 주재)되었으나 곧바로 독립만세 시위 사건 연루자는 모두 석방(2년간 집행유예)되었고 사건은 종료되었다.

공주청년회관

공주청년회관은 일제강점기 항일단체인 신간회 공주지회를 말한다. 신간회는 민족유일당운동으로 생겨난 단체다. 일제의 간교한 분열 책동으로 독립운동 진영에서도 좌우익으로 나뉘고, 독립파와 타협파가 반목과 대립을 일삼았다. 그러던 중 6.10 만세운동을 계기로 민족주의 계열과 사회주의 계열이 하나로 단합될 수 있었다. 신간회는 그렇게 조직되었고, 전국적인 조직망을 갖추고 활동하였다. 1930년 신간회의 전국 지회는 140여 곳, 회원은 3만 9000명에 이르렀다.

각 지회에서 기독교 지도자들은 중요한 역할을 수행하였다. 이는 교회라는 공간이 있었고, 신도들을 조직화하기 쉬웠기 때문이다. 지회들은 저들이 속한 지역을 근대화하는 데 큰 역할을 하였다. 시민 개개인의 실력 양성과 민족적 정체성을 일깨워 독립에 대한 당위성을 갖도록 했다.

공주지역에서도 공주제일교회 목사들이 신간회 공주지회의 중요한 직책을 맡아 역할을 수행하였다. 이들은 민중계몽을 위한 강연회, 야학회, 토론회, 연극회, 체육회, 민립학교설립 추진 등을 하였다. 예배당은 강연, 야학, 토론을 위한 장소가 되었다. 교회 지도자들은 신도들을 일깨워 여러 조직의 지도자가 될 수 있도록 인도하였다.

율당 서덕순 선생 가옥터

일제강점기 민족계몽 운동가이며 초대 충남도지사를 지낸 독립운동가이자 선각자였던 서덕순 선생이 공주제일교회 옆에 살았다. 선대(先代)로부터 대지주가 되어 경제적으로 풍족하였다. 일본 유학에서 돌아와 공주 영명학교 교사를 지냈다. 영명학교에서 3.1만세운동을 준비하자 여러 가지로 지원하였다. 그는 신간회 공주지회 부회장직을

서덕순 선생 집터 일제강점기 민족계몽 운동가이며 초대 충남도지사를 지낸 서덕순 선생이 공주제일교회 옆에 살았다.

맡았고 그의 집은 항일단체인 신간회가 간부회의를 하던 장소로 사용되었다. 한글을 지키고자 1927년 결성된 정음연구회가 그의 집에서 결성되었다. 임시정부 밀사들이 국내로 잠입하면 서덕순의 집에 숨어 지내거나 그의 후원을 받았다. 공주지역 독립운동의 산실이자 독립운동가의 집이었던 서덕순 선생의 집은 6.25 전쟁 중에 소실되고 말았다. 서덕순의 여동생 서온순은 시인 이상화와 공주제일교회에서 혼인을 하였다.

TIP 공주 독립운동 유적답사

공주답사는 대부분 백제관련 유적을 찾는 일정이다. 그러나 제민천변을 중심으로 공주 구시가지에는 백제 외에도 답사할 것이 많다. 특별히 독립운동 관련 유적을 집중답사할 수도 있다. 영명중고등학교-3.1중앙공원-공주목 관아터-제민천-공주제일교회,역사관-서덕순집터 순서로 답사하면 된다. 도보로 3시간 정도 소요될 것으로 보인다. 모든 유적지가 대략 1km 안에 있다. 공주에는 백제만 있는 것이 아니다.

참고문헌

백제사, 이도학, 푸른역사

한국 고대사, 그 의문과 진실, 이도학, 김영사

고대 동아시아 문명 교류사의 빛, 무령왕릉, 권오영, 돌베개

유홍준의 한국미술사, 눌와

삼국유사, 김원중 옮김, 민음사

우리가 알아야 할 삼국유사, 고운기, 현암사

삼국사기, 한국학중앙연구원출판부

한권으로 읽는 백제왕조실록, 박영규,

경주–천년의 여운, 임찬웅, 야스미디어

강화도–준엄한 배움의 길, 임찬웅, 야스미디어

역사의 보물창고 백제왕도 공주, 충청남도역사문화연구원, 메디치

갱위강국 백제의 길, 충청남도역사문화연구원, 메디치

김봉렬의 한국건축 이야기, 돌베개

한국문화재 수난사, 이구열, 돌베개

발굴이야기, 조유전, 대원사

백제의 도성, 이형구, 주류성

백제를 걷는다, 윤용혁, 서경문화사

인물로 본 공주역사 이야기, 김정섭, 메디치

백제를 다시 본다, 최몽룡, 주류성

다시 찾은 백제문화, 엄기표, 고래실

명찰순례, 최완수, 대원사

한국의 산사 세계의 유산, 주수완, 조계종출판사

천 번의 붓질 한 번의 입맞춤, 권오영 외 공저, 진인진

한성백제박물관 도록